인류의 기원

시노다 겐이치 지음 | 김소연 옮김

AK

일러두기

1. 이 책에 나오는 외국 지명과 외국인 인명은 국립국어원 외래어 표기법에 따랐다.
2. 서적 제목은 겹낫표(『 』)로 표기하였으며, 그 외 인용, 강조, 생각 등은 작은따옴표를 사용하였다.

시작하며

스페인어 Bonanza는 '풍부한 광맥'이나 '번영'을 의미하는 단어다. 영어에서는 '예상치 못한 행운', '노다지'와 같은 의미도 있다. 언뜻 봐서는 친숙하지 않은 이 단어가 최근 수년간, 고대 DNA 연구의 활황을 나타내는 단어로 자주 사용되고 있다.

그 배경에는 차세대 시퀀싱의 실용화가 크게 관계되어 있는데, 자세한 것은 본문에서 설명하겠지만 차세대 시퀀싱 기술을 활용하면 샘플에 포함된 모든 DNA를 빠르게 해독할 수 있다. 이번 세기 초기까지는 기술적인 제약 때문에 고인골(古人骨, 고고학의 유적 따위에서 발굴되는 인골 가운데 화석 인골보다는 오래되지 않은 인골. 홀로세 층위에서 출토한 인골을 고인골이라 하고, 홍적세 이전 연대의 것을 화석 인골이라 하여 구별한다.: 역주)은 미토콘드리아 DNA(세포 안에 다수 존재한다)만 분석이 가능했다. 하지만 2006년에 차세대 시퀀싱이 실용화되자 대량의 정보를 갖는 핵의 DNA를 분석할 수 있게 되었다. 그 후 2010년에 네안데르탈인의 모든 DNA를 해독하는 데 최초로 성공하는 등 고대 DNA 분석에 기반한 인류 집단의 형성에 관한 연구가 대단히 활발히 이루어지고 있고, 현재에 이르러서는 세계 각지의 일류 과학지에 매주 논문이 게재되고 있을 정도다. 고대 DNA 연구는 그야말로 'Bonanza'의 시대를 맞이하고 있다고 할 수 있겠다.

독일의 막스플랑크 진화인류학 연구소의 교수이며 오키나와과학기술대학원대학(OIST)의 객원교수이기도 한 스반테 페보 박사가 2022년 노벨 생리의학상을 수상한 것이 바로 이를 상징한다. 그는 네안데르탈인의 뼛조각에 남은 극소량의 DNA를 추출하고 분석하는 기술을 확립하는 등, 네안데르탈인과 우리의 계통 관계를 밝히는 데 결정적인 역할을 한 인물이다. 노벨 생리의학상은 의학 응용 분야에서 획기적인 업적을 이룬 인물에게 수여되는 예가 많아, 진화인류학 같은 기초연구에 대한 시상은 대단히 이례적이라 할 수 있을 것이다. 페보 박사의 연구가 노벨 생리의학상을 수상한 것은 고대 DNA 연구가 중요 학문 분야로서 국제적으로 인정받았다는 사실을 의미한다고 생각한다.

이 책에서는 이러한 고대 DNA 연구의 최신 성과를 토대로 인류의 기원을 추적해 보고자 한다. 여기서 말하는 '고대'란 ancient의 번역어 정도로 생각하면 될 것이다. 그리고 해당 대상은 수만~수백 년 전에 걸쳐 광범위한 연대를 산 사람들이다.

미리 요약해 두자면 지금까지 우리 현생인류(호모 사피엔스)는 약 20만 년 전에 아프리카에서 발생했다고 알려져 왔지만 가장 근연 인류인 네안데르탈인의 DNA를 분석한 결과, 그들의 조상에서 갈라져 나온 것은 사실 약 60만 년 전이라는 사실이 밝혀졌다. 네안데르탈인과 호모 사피엔스의 DNA 비교를 통해 이 둘이 분기 후에도 이종교배를 거듭해 왔다는 사실도 밝혀졌다. 이뿐 아니라 다른 멸종 인류와도 이종교배를 했다는 사실 역시 알려져 있다. 호모 사피엔스의 진화 여정은 지금까지 우리가 상상했던 것보다 훨씬 복잡했던 것이다.

진화를 한 우리의 조상은 아프리카를 떠난 이후 어떻게 세계 각지로 퍼져 나가고 정착해 갔을까? 고대인들이 어떻게 이동하고 문화의 형성에 관여해 왔는지에 대해서는 지금까지 알 길이 없었다. 하지만 현대인의 DNA 데이터 분석, 그리고 고대인들의 뼈에 남아 있는 DNA를 비교 연구함으로써 그 실태가 조금씩 밝혀지고 있다. 그 여정은 중동에서 유럽과 남아시아로 향하고, 동남아시아와 오세아니아로 뻗어 나갔으며, 곧이어 동아시아와 아메리카 전역에까지 이르는 장대한 것이었다. 이 책에서는 그 여로를 따라 최근 밝혀진 형성사를 설명할 것이다.

각 장에서는 세계 각지로 퍼져 나간 사람들이 어떻게 현대의 지역 집단을 형성해 갔는지, 시대를 좇아 그 시나리오를 조망하고자 한다. 본문에서 언급했지만 고대 문명이 탄생하기 직전의 유럽과 인도에서는 그전까지의 상식을 뒤엎는 집단 차원의 대대적인 유전적 변화가 있었다는 사실이 밝혀졌다.

게다가 우리가 '민족'이라는 단어로 묶는 세계 각지의 집단이 DNA 측면에서 보면 전혀 성질이 다른 집단의 집합인 경우도 있다는 사실도 알게 되었다. 세계 각지에 퍼져 있는 인류 집단은 어떤 특정 지역에 대한 '지금까지의 인간 이동의 총화'라고도 할 수 있다. 때문에 특정 유전자 분포의 지역 차는 집단의 형성을 밝히는 유력한 실마리가 된다.

'고대 사료에 DNA가 분석 가능한 형태로 남아 있다'는 견해가 제기된 것은 1980년대의 일이다. 이 연구가 본격적으로 시작된 계기는 미량의 DNA를 증폭시키는 기술인 PCR법의 발명이었는데, 최근에는 바이러스 검출에 사용되면서 유명해졌다.

고대인의 뼈에 남아 있는 DNA의 양은 아주 적기 때문에 그것만 가지고는 분석을 할 수 없는데 이 PCR법이 돌파구가 되어 그 장벽을 극복한 것이다. PCR법은 의학 못지않게 인류학에도 지대한 영향을 미쳐 고대 DNA 연구라는 새로운 학문 분야를 탄생시키게 되었다.

고대 DNA 연구는 분자생물학의 기술혁신에 힘입어 발전을 거듭해 왔다. 특히 21세기 들어 인간 DNA를 해독하기 위한 다양한 방법이 개발되어 세계 각지에 있는 인류 집단의 DNA가 해독되어 왔다. DNA는 우리의 몸을 형성하는 설계도이자 체내에서 이루어지는 각종 화학반응을 제어하는 유전자를 기술하는, 말하자면 '문자' 같은 것이다. 이런 연구가 발달하면서 예를 들면 질병이나 약제에 대한 저항성의 차이가 DNA의 차이에서 비롯된다는 사실도 밝혀졌다.

고대 DNA 연구는 집단 형성의 시나리오뿐만 아니라 환경과 질병, 인간과의 관계를 밝힐 수 있는 가능성도 있다. 예를 들어 비만 유전자는 고대 인류에게는 생활에 적응하기 위한 것이었지만 현대에는 생활양식의 변화로 인해 질병의 요인으로 간주되고 있다. DNA의 변화를 추적하여 인간이 생물로서 어떻게 환경에 적응해 왔는가를 밝힐 수 있는 것이다. 이는 사회의 변화를 생각할 때 대단히 중요한 정보이다. 최근에는 '유럽인의 피부색이 현재의 상태에 가까워진 것은 언제부터인가' 등, DNA의 역할 자체에 주목한 연구도 이루어지고 있다.

19세기 이후, 생명과학 연구는 이전까지 종교나 인문사회과학 영역으로 여겨지던 분야로 진출하게 되었다. 다윈의 진화론은 '신'의 존재를 전제하지 않고 생물의 다양성을 설명할 수 있게 했고, 뇌 과학의 진보는 마음을 이해하는 데 커다란 진전을 이루었다. 이리하여 생명과학은 인간과 관계된 기존의 학문, 특히 인문과학 분야에 큰 영향을 미쳐 왔다. 일반인들에게는 아직 중요하게 인식되지 않을 수도 있지만 최근 수년간 이루어진 고대 DNA 연구는 고고학이나 역사학, 언어학 분야에 큰 영향력을 미치고 있고, 나아가 '인간이란 무엇인가'라는 거대한 질문에도 새로운 답을 제시하려 하고 있다.

당연히 이들 대부분은 현재진행형으로 연구가 진행 중이다. 연구의 진전이 거듭되면서 지금과는 다른 결론이 도출될지도 모른다. 그래도 현시점에서 밝혀진 것, 고대

DNA 연구의 지향점을 고찰함으로써 이 연구의 도달 지점을 통찰할 수 있을 것이다. 이 책이 그에 일조한다면 기쁘겠다.

목차

시작하며   3

1장 인류의 등장 - 선사시대의 호모 사피엔스   17

1. 인류의 기원을 어떻게 생각할 것인가   18
신화에서 과학으로 | 신화와 과학의 차이 | 인류에 붙여진 학명 | 인류의 기원을 나타내는 연대 | 인류의 대이동에서 문명의 탄생까지 | 문자 없는 시대에 관한 연구

2. 인류의 진화사   27
초기 원인 | 오스트랄로피테쿠스속 | 파란트로푸스속 | 호모속의 탄생과 진화 | 호모 에렉투스 | 호모 날레디 | 호모 하이델베르겐시스
칼럼1 뇌 용적의 변화와 사회구조   44

2장 우리의 '숨은 조상' - 네안데르탈인과 데니소바인   49

1. 게놈이 밝힌 인류의 '친족 관계'   50
가장 오래된 인간 게놈

2. 네안데르탈인의 DNA   53
호모 네안데르탈렌시스 | 네안데르탈인의 미토콘드리아 DNA | 호모 사피엔스와 네안데르탈인의 이종교배 | 고심도와 저심도 게놈 | 시베리아의 네안데르탈인 | 네안데르탈인의 확산 | 게놈 분석이 밝혀낸 집단의 변화

3. 베일에 싸인 데니소바인의 정체   66
기적의 데니소바 동굴 | 데니소바인의 게놈 분석 | 데니소바인의 정체 | ZooMS 혁명 | 데니소바인은 언제까지 존재했나 | 또 다른 미지의 인류 | 재현된 데니소바인의 모습

4. 호모 사피엔스 탄생의 시나리오   83
호모 에렉투스로부터의 진화 | 호모 하이델베르겐시스란 무엇인가 | 네안

데르탈인과 호모 사피엔스의 관계 | 호모 사피엔스의 본질 | 호모 사피엔스가 수용한 유전자와 배제한 유전자 | 이종교배의 시기 | 게놈 비교 | 네안데르탈인 게놈의 기능 | 유전자 편집 기술의 진보
칼럼2 DNA·유전자·게놈　　　　　　　　　　　　　　　　　　　104

3장 '인류의 요람' 아프리카
 - 초기 사피엔스 집단의 형성과 이동　　　　　　　　　　　111

1. '최초의 호모 사피엔스'에서 탈아프리카까지　　　112
아프리카에서 탄생한 호모 사피엔스 | 초기 호모 사피엔스의 모습 | 탈아프리카

2. 아프리카 내에서의 인류의 이동　　　　　　　　　121
언어와 유전자의 관계 | 아프리카 내에서의 초기 확산 | 아프리카 내에서의 집단 분기

3. 농경민과 목축민의 기원　　　　　　　　　　　　128
농경과 목축이 바꿔 놓은 집단의 분포 | 목축과 돌연변이 | 아프리카 전역의 게놈 분석 | 게놈 데이터 분석 | 아프리카의 고대 게놈 연구 | 반투족 농경민의 기원과 이동 | 고대 게놈과 현대 게놈 | 호모 사피엔스의 고향

4장 유럽 진출 - '유라시아 기층 집단'의 동서 분기　　149

1. 탈아프리카 이후의 전개　　　　　　　　　　　　150
탈아프리카 시기 | 탈아프리카의 경로 | 탈아프리카와 환경 변화

2. 유라시아 대륙으로　　　　　　　　　　　　　　157
유라시아 대륙에서의 인류의 확산 | 유라시아 기층 집단 | 유럽의 고대 미토콘드리아 계통 | 호모 사피엔스의 초기 확산 시나리오

3. 유럽 집단의 출현　　　　　　　　　　　　　　　164
유럽의 문화적 편년① 무스티에 문화, 프로토·오리냐크 문화, 샤텔페로니앙 문화 | 유럽의 문화적 편년②-그라베트 문화, 솔뤼트레 문화, 막달레니안 문화 | 유럽 수렵채집민의 유전적 변천 | 유럽에서의 집단 변천 시나리오 | 새로운 집단 | 초기 수렵채집민의 사회구조 | 혼인 네트워크

4. 농경, 목축은 어떻게 전파되었나　　　　　　　　179
농경의 시작과 인류의 이동 | 농경민의 이동 | 농경이 유럽으로 전파된 경

로 | 아이스맨 | 유럽인의 게놈을 변화시킨 목축민의 진출 | 폰토스·카스피 스텝

5. 현대로 이어지는 유럽인의 유전자 변이 191
얌나야 문화 집단 | 유럽 집단의 형성 경위 | 특정 유전자 빈도의 변천 | 세균의 게놈이 가르쳐 주는 병 | 페스트와 함께 온 얌나야 문화

칼럼3 가장 오래된 영국인의 초상 201

5장 아시아 집단의 형성 - 극동을 향한 '위대한 여정' 205

1. '아시아 집단'이란 무엇인가 206
구석기시대 유라시아에서의 집단 이동 | 조몬인의 게놈과 동아시아 집단 | 아시아 북상의 경로 | 신석기시대 유라시아 대륙에 존재한 '9개의 집단' | 유목기마 민족

2. 남·동남아시아 집단의 다양성 220
남아시아 집단의 형성 | 인더스문명 | 동남아시아 집단의 형성 | 언어와 게놈 | 만박 유적의 발굴 조사

3. 남태평양·오세아니아로 234
인류의 이동-동남아시아의 크고 작은 섬으로 | 오세아니아를 향한 초기 이동 | 폴리네시아를 향한 진출-탈타이완 모델 | 라피타인의 정체 | 폴리네시아인과 남미대륙

4. 동아시아 집단의 형성 243
홀로세 이후 동아시아 집단의 형성 | 숭국의 남북 지역 집단 | 일본 도래의 기원 | 지나·티베트어의 기원

6장 일본열도 집단의 기원 - 본토, 류큐제도, 홋카이도 253

1. 일본인의 경로 254
이중구조 모델 | 이중구조 모델의 관점 | 게놈 분석에 따른 지역별 비교 | 구석기시대 | 조몬인의 미토콘드리아 계통 | 조몬인의 지역 차 | 조몬인의 핵 게놈 분석 | 조몬인과 동아시아 현대인과의 관계 | 야요이 시대 | 야요이인의 게놈 | 열도 집단과 대륙계 집단 | 야요이인의 핵 게놈 분석

2. 류큐제도 집단 287
류큐제도 집단의 성립 | 류큐제도 집단의 미토콘드리아 DNA

3. 홋카이도 집단   292
홋카이도 집단의 성립
칼럼4 왜국대란을 시사하는 인골의 증거   296

7장 '신대륙' 아메리카로 - 인류 최후의 여행   299

1. '최초의 아메리카인' 논쟁   300
아메리카 원주민 | DNA가 말하는 신대륙 원주민의 기원 | 미토콘드리아 DNA로 본 형성사

2. 아메리카 원주민의 조상 집단   307
고대 게놈으로 알아보는 아메리카 신대륙의 확산 | 북미 대륙에서의 확산 | 아메리카 대륙 원주민의 유전적 특징 | 남미대륙에서의 중층적 확산 | 잉카의 DNA | 카리브해를 향한 인류의 이동
칼럼5 뱀파이어의 DNA   320

종장 우리는 어디서 왔는가, 우리는 누구인가, 우리는 어디로 가는가 - 고대 게놈 연구의 의의   323

과학적 탐구 | 게놈으로 본 인종 | 게놈의 차이가 의미하는 것 | 유전자의 역할 | 민족과 지역 집단 | 지역 집단의 유전적 특징 | 문화와 집단의 변천 관계 | 고대 게놈 연구의 목표 | 고대 게놈 연구의 의의

마치며   341
참고문헌   347
역자 후기   373

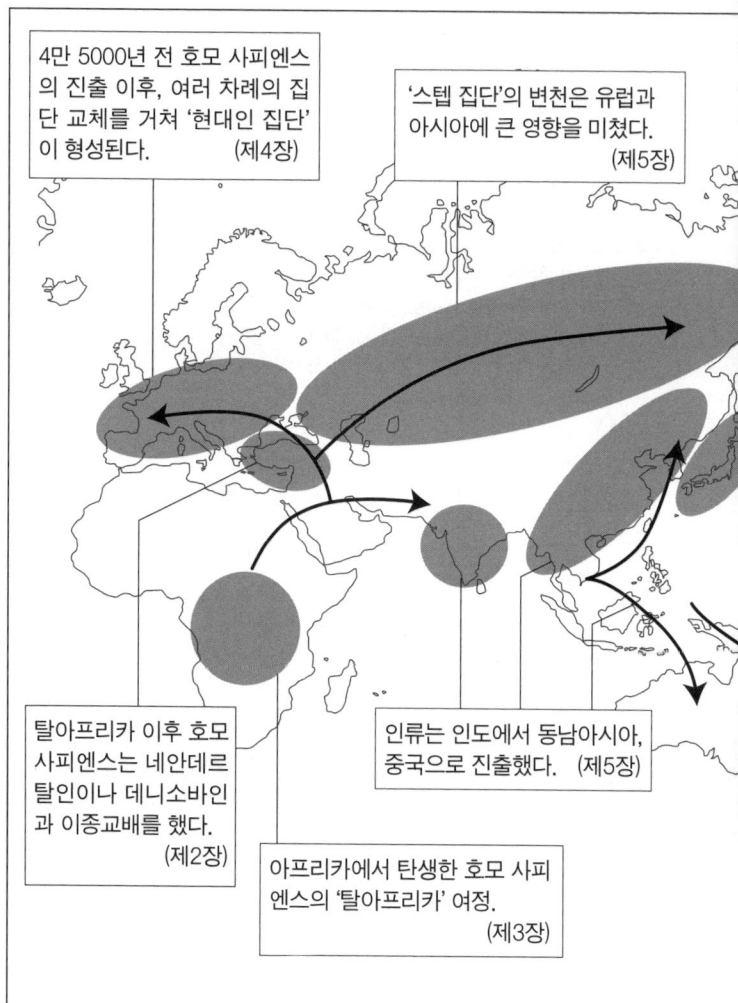

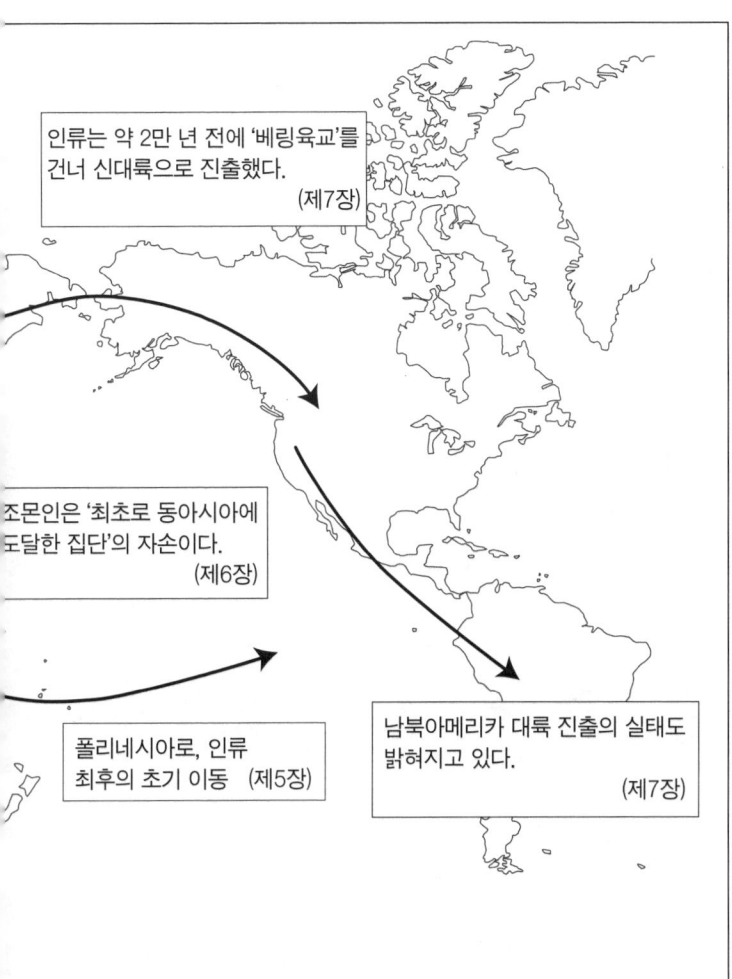

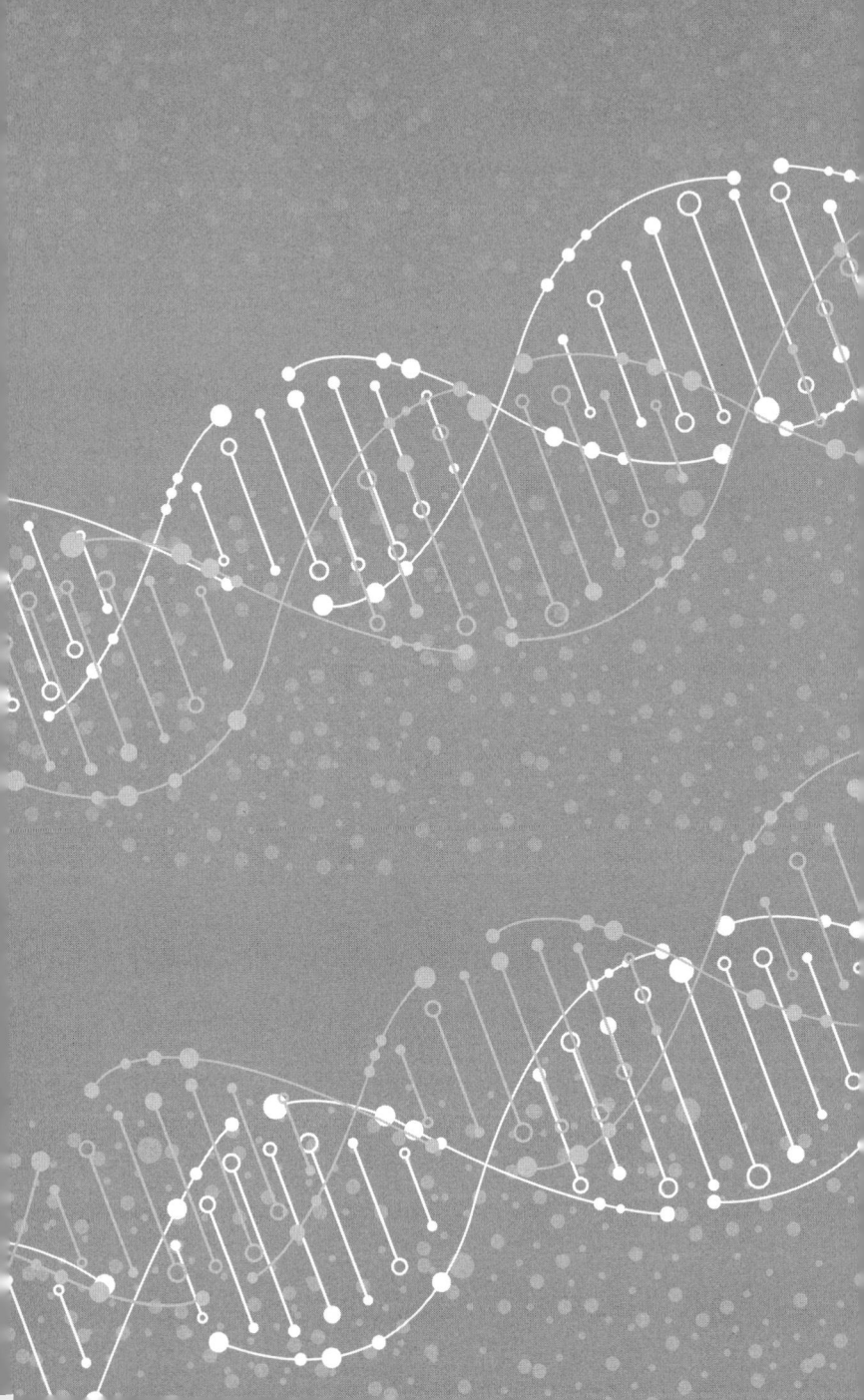

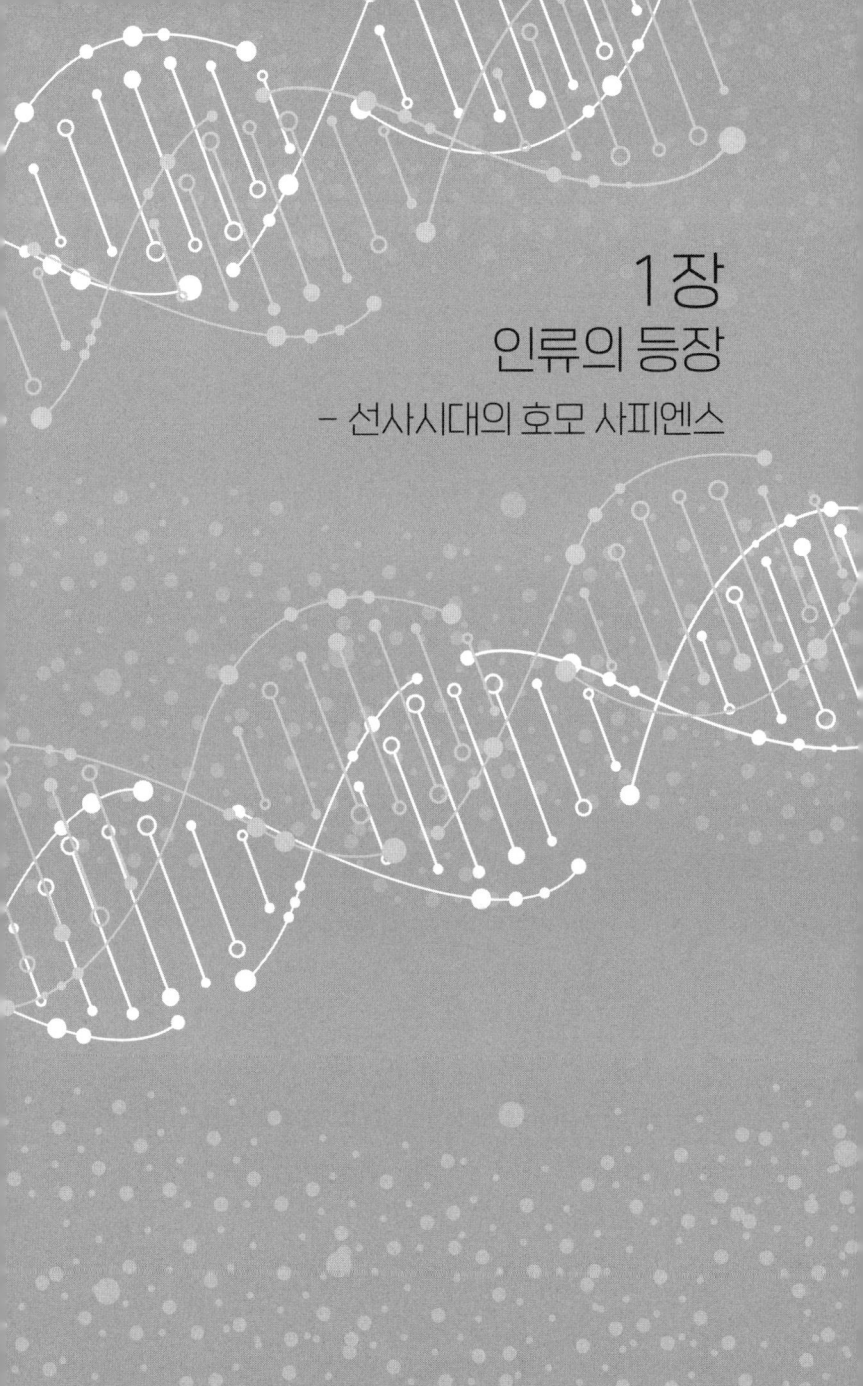

1장
인류의 등장
– 선사시대의 호모 사피엔스

1. 인류의 기원을 어떻게 생각할 것인가

신화에서 과학으로

이 세상 대부분의 문화에는 자신들의 유래를 설명하는 창세신화가 있다. 대부분 그런 신화에서는 '인간은 신에 의해 창조되었다'고 설명한다. 사람들은 삼라만상의 배후에 전지전능한 신이 있다고 가정함으로써 납득을 하고, 자신들의 기원에 대해서도 마찬가지라고 생각해 왔다. 하지만 14세기 이후에 시작된 르네상스 후의 과학의 진보는 우리의 세계관을 크게 바꾸어 놓았고, 자연현상은 과학으로 설명할 수 있게 되었다.

이런 흐름 속에서도 과학이 인간의 유래에 대해 언급하기 시작한 것은 상당한 시간이 흐른 뒤였다. 종교계의 반발도 있었고 인간과 다른 생물은 애초에 같은 선상에 놓고 고찰할 수 없다는 '상식'의 뿌리가 깊어 주제로 언급하는 것 자체가 어려웠을 것이다. 때문에 '생물이 진화한다'는 개념은 1859년 다윈의 진화론 발표가 있기 전까지 일반적이지는 않았다. 다윈은 '진화에 의한 변화'라는 개념을 제시하면서 신의 존재를 차치하고 인간의 유래를 자연과학으로 다룰 것을 선언했다. 그가 제창한 진화론이 지금의 과학에 그대로 통용되는 것은 아니라고 해도 과학사에 찬란히 빛나는 업적임에는 틀림없다.

다윈의 등장 이후 우리의 유래에 대해 안다는 것은 인간의 조상인 동물이 어떤 모습이었는지, 어떤 변화를 거쳐 현재에 이르렀는지를 밝히는 것이라고 인식하게 되었다. 그리고 화석을 토대로 한 검증이 인류의 유래를 알 수 있는 열쇠로서 중요해진 것이다.

그 후 많은 화석인류학자가 인류 진화의 증거를 찾아 지층 내부를 탐색해 왔다. 150년에 걸친 노력의 결과, 지금은 약 700만 년에 이르는 인류 진화의 대략적인 여정을 알 수 있게 되었다.

신화와 과학의 차이

그런데 과학에서는 종교처럼 처음부터 답이 제시되는 게 아니라, 관찰과 실험을 통해 가설을 검증해 가는 순서를 밟는다. 즉, 다양한 학설이 등장했다가 부정되고 수정되면서 현재에 이른 것이다. 이는 동시에 현재 정설로 자리매김한 것들 중 상당수도 언젠가는 반증될 운명임을 의미한다. 과학에 종사하는 이들에게는 진실에 도달하기 위한 부단한 노력이 요구되고, 그 발전의 여정은 잘못과 정정의 역사라고도 할 수 있을 것이다.

'과학은 틀리는 것'이라는 인식이 중요하다. 하지만 유감스럽게도 최근에는 오히려 과학의 오류 없는 절대성을 신봉하는 사람들이 많은 것 같다. "'틀림없이 그렇다'고 단언하는 이론만 과학으로 인정한다."는 사고방식은 인류의 진화를 이해하는 데 장애물이 될 수 있다.

다른 과학 이론과 마찬가지로 화석인류의 진화 이론도 우여곡절을 겪은 끝에 현재에 이르렀으며, 현재 과거의 학설은 대부분 부정되고 있다. 새로운 화석이 하나 발견됨으로써 지금까지 정설로 여겨져 온 인류 진화의 시나리오를 대대적으로 변경해야 하는 경우도 있다.

이렇게 말하면 화석인류학자의 말은 믿을 수 없고, 신빙성이 결여되어 있다고 생각하기 쉽다. 그래서일까? 미국에서는 지금도 절반 가까운 사람이 '인간은 신에 의해 창조되었다'고 믿는다는 조사 결과도 있다.

일본에서는 '신이 일본인을 창조했다'고 믿는 사람은 적을 거라 생각하지만, 그래도 자기 자신의 유래에 관한 얘기라면 과학적 연구에 기초한 이성적인 추론보다도 감정적인 논의에 더 힘이 실리는 경향이 강하다는 느낌이 든다. 근거 없는 말도 쉽게 확산되는 인터넷 시대이기에 더더욱, 인류의 진화나 집단 간의 연관성에 관한 과학적 논의가 사회적으로 널리 이해될 수 있는 방법을 고민하는 것도 연구자의 중요한 과제가 되고 있다.

이 책에서는 주로 고대 게놈 분석으로 밝혀진 데이터를 이용하여 인류가 어떻게 진화해 왔는지를 설명할 것이다. 물론, 현시점에서의 결론이기 때문에 앞으로는 반증이 될 내용도 있을 것이다. 이를 전제로 이 책을 인류 기원의 진실에 다가가는 과정의 중간보고 정도로 활용해 주면 감사하겠다.

인류에 붙여진 학명

우리 현대인의 학명이 호모 사피엔스(Homo sapiens)라는 것은 많은 분들이 알고 있을 것이다. 생물에 붙여지는 세계 공통의 명칭인 학명은 18세기의 생물학자 칼 폰 린네가 제창한 이명법(二名法. 생물의 속명과 종소명을 나란히 쓰고,

그다음에 그 학명을 처음 지은 사람의 이름 또는 성을 붙이는 방법이다.: 역주)이라는 방법에 따라 명명된다. 생물종의 속명과 종명으로 나타내기 때문에 인류의 경우는 호모가 속명이고 사피엔스가 종명이다. 라틴어로 호모는 사람, 사피엔스는 지혜롭다는 의미이므로(정말 그런지는 차치하고) 호모 사피엔스는 '지혜로운 사람'이라는 뜻이다. 또한 일본에서는 생물학상의 인간을 의미할 때는 'ヒト('히토'라고 읽으며 이 책에서는 '인간' 혹은 '인류'로 번역했다. '人'과 발음이 같다.: 역주)라고 가타카나로 쓰기로 약속되어 있다.

'속'은 어느 정도 근연 관계에 있는 종을 아우른 카테고리이다. 속과 종은 이름에 비유하자면 성과 이름의 관계이다. 일반적으로는 같은 속에 여러 개의 종이 포함되어 있는데, 호모속의 경우 현재 생존해 있는 것은 사피엔스 종뿐이고, 이 세상의 모든 인간은 생물학적으로는 호모 사피엔스라는 하나의 종이다. 우리가 일상적으로 사용하는 '인종'이라는 카테고리는 한 단계 더 하위 구분이며 생물학적인 실태는 없다. 이 책에서는 생물학적으로 자유롭게 교배하여 자손을 남길 수 있는 그룹이라는 관점을 중요시한다. 모두가 생물학적으로 같은 그룹에 속해 있다는 전제는 세계의 집단 형성을 이해하는 데도 중요하다.

인류의 기원을 나타내는 연대

다음은 인류 진화의 시간 규모에 대해 설명해 보자. 인류의 진화에 관한 서적은 수없이 많이 출판되어 있는데 인류의 기원을 나타내는 연대는 책마다 차이가 있기도 하다. 때문에 다소 혼란을 야기할 수 있으니 미리 정리하고 넘어가자.

우선, 인류의 기원을 700만 년 전이라고 보는 견해가 있다. 이는 우리와 가장 근연인 현생 생물 침팬지의 조상과 인류의 조상이 갈라진 연대가 화석이나 DNA 등의 증거를 통해 약 700만 년 전이라고 추정되는 것을 근거로 한 숫자다. 적어도 현재 살아 있는 모든 생물을 기준으로 했을 때, 지금의 인류로 이어지는 진화의 길은 700만 년 동안 독립되어 있다.

다만, 700만 년 전의 분기로부터 현재의 우리에 이르기까지는 몇몇 종이 존재했다. 그 계통에 대해서는 뒤에서 설명할 텐데, 외형상 호모속으로 인정되는 종이 등장한 것은 약 250~200만 년 전으로 추정된다. 완전한 직립 자세, 뇌 용적의 급격한 확대 등이 관찰되기 때문에 이 시대의 지층에서 출토된 화석이라면 우리의 동족으로 간주해도 될 것 같다고 판단하는 것이다. 그러므로 호모속의 탄생이 곧 인류의 탄생이라고 보는 입장에서는 인류의 기원은 대략 200만 년 전이 되겠다.

가장 오래된 호모 사피엔스가 등장한 곳은 현재까지 발견된 화석을 토대로 했을 때 30~20만 년 전의 아프리카로 알려져 있다. 인류의 기원을 20만 년 전으로 표기한 책도 있는데, 이 경우는 인류=호모 사피엔스라고 간주해 이 시대를 인류 탄생의 시기로 보는 것이다. 이처럼 인류의 탄생 시기를 판단하는 기준은 제각각이므로 독자 여러분도 주의가 필요하다.

세계적으로 베스트셀러가 된 유발 노아 하라리의 『사피엔스 전사』에서는 인류라는 호칭은 호모속을 가리키고, 사피엔스를 현생인류로 정의한다고 구분하고 있다. 그리고 저자는 현재를 기점으로 호모 사피엔스의 시대는 종말을 맞이할 것이고, 가까운 장래에 우리는 한층 진화된 새로운 인류가 될 것이라 말한다. 과연 역사가다운 관점이라고 생각한다.

일반적으로는 인류라 하면 우리, 즉 호모 사피엔스를 가리킨다. 다만, 인류 탄생까지의 역사를 보면 지금까지 지구에는 다양한 인류가 존재했고, 생물의 진화 이론 측면에서 생각하면 다른 종으로 변화해 갈 것임은 틀림없을 것이다. 현재 이 세상에는 호모 사피엔스라는 1속 1종의 인류만이 생존해 있지만 수만 년 전까지는 동시에 여러 종의 인류가 지구상에 살고 있었다. 이 책에서 말하는 '인류'는 다양한 동물의 총칭이라는 점을 기억해 주기 바란다.

인류의 대이동에서 문명의 탄생까지

호모 사피엔스는 6만 년 전부터 본격적으로 아프리카에서 전 세계로 퍼져 나갔다. 문화적으로 크게 발전한 것은 약 5만 년 전이라는 주장도 있는데 그래서 이 시기를 인류 탄생의 시기로 보는 견해도 있다. 이 경우 인류의 기원은 5만 년 전이 된다.

다만, 약 5만 년 전에 호모 사피엔스에게 인지 혁명이 일어났다고 보는 학설에는 몇 년 전부터 의문이 제기되고 있다. 아프리카 등지에서 발굴 조사가 활발해지면서 문화적 변화의 간격이 더 길었다는 사실이 밝혀졌기 때문이다. 때문에 앞으로는 '인류 5만 년'이라는 문구는 사용할 수 없게 될지도 모른다.

1만 년 전에는 세계 각지에서 농경이 시작된다. 그러므로 인류 역사 1만 년이라고 하면 농경이 시작된 이후의 역사를 기술한 책이 된다. 문명의 발달에 초점을 맞추면 인류의 역사는 5000년이 될 것이다.

기본적으로 우리가 학교에서 배우는 세계사는 이 5000년 동안에 일어난 사회의 변천을 기술하고 있다. 역사는 문자의 발명과 함께 시작하므로 당연한 일이지만, 호모 사피엔스가 늦어도 20만 년 전에는 탄생했다고 보면 학교 역사 수업에서 가르치는 것은 우리가 걸어온 총 여정의 40분의 1, 아프리카를 떠난 이후부터 생각해도 그 시간적 규모는 10퍼센트도 되지 않는다.

문자 없는 시대에 관한 연구

문자가 없던 시기에 일어난 일을 밝히는 학문이 고고

학과 자연인류학이다. 이들 연구에서 밝혀진 것, 즉 호모 사피엔스가 아프리카에서 태어났고 전 세계로 퍼져 나가 각지에서 문명을 일으켰다는 사실은 바꿔 말하면 전 세계의 문명이 인간이라는 공통 기반 위에 서 있다는 뜻이기도 하다. 역사적인 경위와 각 지역의 환경 차이는 있지만 그건 어디까지나 각지로 흩어진 사람들의 선택에 의한 '다양성'이라는 인식은 꼭 가져 주기 바란다. 이는 현실 세계를 이해하는 데 있어 반드시 필요한 관점이다.

2. 인류의 진화사

초기 원인

DNA가 그리는 인류 진화의 여정을 살펴보기 전에 지금까지 화석 연구로 밝혀진 호모 사피엔스에 이르게 된 경위를 살펴보기로 하자. 그림 1-1은 화석 증거를 토대로 만든 인류 진화의 계통수인데, 호모 사피엔스에 이르기까지 다양한 화석인류가 있었음을 알 수 있다. 진화의 여정을 거슬러 올라갈 때는 속이 다른 종도 포함해 생각해 필요가 있기 때문에 호모 사피엔스에 이르는 모든 종을 묶어 호미닌(hominin)이라 부르기로 했다.

앞서 말했듯 DNA 연구가 추측하는 현대인과 침팬지의 분기 연대는 700만 년 전이다. 그 시대의 인류로 이어지는 화석이 2001년 북아프리카의 차드공화국에서 발견된 사헬란트로푸스 차덴시스이다. 그전까지 인류의 조상 화석은 동아프리카나 남아프리카에서만 발견되어 인류의 발상지는 동아프리카가 유력했기 때문에 사헬란트로푸스 차덴시스에서 화석이 발견된 것은 기존의 설을 뒤엎는 사건이 되었다. 2005년 논문 발표와 동시에 일본의 아이치현에서 개최된 국제박람회에서는 가장 오래된 인류 조상의 두개골 형태를 복원 전시해 화세가 되었다. 이는 가장 오래된 인류의 얼굴인데 전문가가 아닌 이상 침팬지와 구분하기가 어렵다.

그 전해인 2000년에는 케냐에서 약 600만 년 전의 인류 화석인 오로린 투게넨시스도 발견되었다. 유감스럽게도 현재까지 발견된 오로린 화석은 두개골 대부분이 비어 있는 데다 차덴시스와 공통된 뼈의 화석도 적기 때문에 그 둘을 비교할 수는 없는 상황이다. 때문에 침팬지와의 공통 조상에서 갈라져 나온 뒤인 100만 년 동안 무슨 일이 일어났는지는 거의 알려지지 않은 것이 현실이다. 또한 이들 화석이 발견되고 이미 약 20년이 지났음에도 불구하고 이 시기의 화석이 추가로 보고된 것은 없다. 화석으로 인류 진화의 여정을 추적하는 일이 얼마나 어려운지 알 수 있는 대목이다.

그 후 시대의 것으로는 에티오피아에서 아르디피테쿠스속 2개 종의 화석이 발견되었다. 종의 이름은 각각 라미두스와 카다바이다. 카다바는 대략 580~520만 년 전, 라미두스는 약 440만 년 전에 살았을 것으로 추정되는 호미닌인데, 시대 차가 반영되었는지 카다바가 라미두스보다 다소 원시적인 특징이 있다. 아르디피테쿠스속의 발굴은 1992년부터 계획적으로 진행되고 있고 수많은 화석이 발견되었다. 특히 라미두스 화석 가운데 아르디라는 애칭으로 불리는 성인 여성은 전신 골격의 상당 부분이 남아 있는 덕에 신체적 특징이 명확히 밝혀졌는데, 의외로 아르디의 팔다리는 인간이나 침팬지와 닮지 않았고, 그렇다고 그 중간도 아닌 기묘한 형태였다.

일반적으로 침팬지와의 공통 조상에서 인류 계통이 분기된 것은 우리 조상이 나무 위 생활에 이별을 고하고 지상으로 내려와 직립두발보행을 시작한 것이 계기라고 알려져 있다. 인류의 가장 큰 특징인 뇌가 현저하게 커진 것은 침팬지와의 공통 조상에서 분기되고 수백만 년 후의 일이므로 직립두발보행이 인간화의 최대 요인이었을 것으로 추정된다.

다만, 아르디의 골격에서는 나무 위 생활에 적응한 특징도 관찰되기 때문에 그들이 우리의 조상이라고 가정하면 지상 생활에 쉽게 적응했을 거라고 단언할 수도 없을 거 같다. 때문에 아르디피테쿠스속을 인류 진화 계통수의 어디에 두어야 할까를 두고 전문가들 사이에서도 의견이 갈리며, 이 계통은 멸종했다고 보는 연구자도 있다.

현시점에서는 사헬란트로푸스속, 오로린속, 아르디피테쿠스속 등 셋의 관계는 거의 밝혀진 바가 없고 상호 관계에 대한 논의는 있지만 이들 속을 총칭하여 '초기 원인(猿人)'이라 부르고 있다.

오스트랄로피테쿠스속

인류는 지금까지 크게 원인(猿人), 원인(原人), 구인(舊人),

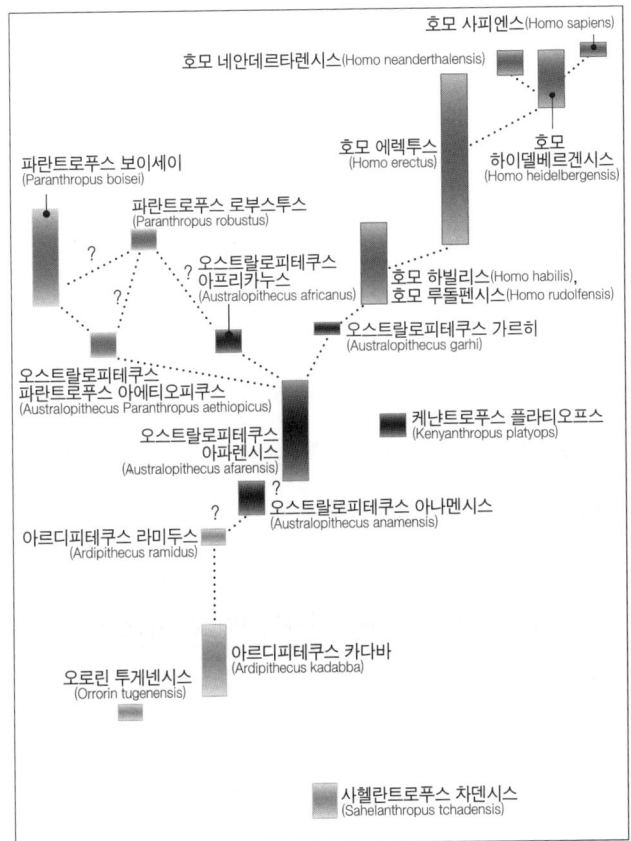

(그림1-1) 화석인류의 계통도

아래로 내려올수록 연대가 오래됨. 계통 관계가 확실하지 않은 것은 '?'로 표시했다.

신인(新人) 등 4단계를 거쳐 진화했다고 여겨져 왔고, 신인이 호모 사피엔스에 해당한다. 또한 호모 사피엔스는 마지막으로 출현한 인류라는 점에서 신인이라고 명명되었지만 20만 년도 더 전에 탄생했는데 신인이라는 이름은 상당히 괴리감이 있다. 아무튼 외적인 모습이나 뇌의 용적 등이 단계적으로 호모 사피엔스에 가까워진다고 생각해 화석인류에 이런 카테고리를 만들었다.

현재는 동시대에 다른 진화 단계에 속하는 종이 살았다는 사실도 밝혀졌기 때문에 이런 단계적 진화는 인류 진화의 실태를 정확히 표현하지 못한다는 시각도 있다. 그래도 전체적인 진화 경향을 파악하는 데 편리해서 지금도 자주 사용되고 있다. 그리고 3가지 속의 인류 화석이 발견됨으로써 초기 원인이라는 새로운 카테고리가 추가되었다.

아르디피테쿠스속에 이어 인류 진화의 무대에 등장한 것이 오스트랄로피테쿠스속이다. 화사형 원인(華奢型猿人)이라고도 불리는 이 그룹은 1924년에 제1호 두개골이 발견되었는데 몸집과 뇌가 작고 직립두발보행을 했다. 오스트랄로피테쿠스속의 화석은 주로 동아프리카와 남아프리카에서 발견되고 있으며 대략 420~200만 년 전에 존재했다고 알려져 있다. 가장 오래전에 존재했던 것이 1995년 케냐에서 발견된 오스트랄로피테쿠스 아나멘시스인데 약 420~370만 년 전의 것으로 추정된다. 훗날 리틀 풋이라 불리게 된 거의 동시대(약 367만 년 전)의 오스트랄로피테쿠스 전신 화석이 남아프리카에서 발견되었기 때문에 이 속은 탄생 후 비교적 이른 시기부터 아프리카의 광범위한 지역에서 살았을 것으로 추정된다.

가장 유명한 오스트랄로피테쿠스는 1974년에 에티오피아에서 발견된 루시라 불리는 전신 골격일 것이다. 골격의 약 40퍼센트가 발견되었고, 이를 바탕으로 만들어진 복원상은 여러 박물관에서 만나볼 수 있다. 그녀는 370~300만 년 전에 살았던 오스트랄로피테쿠스 아파렌시스의 일원이다. 아파렌시스는 생존 연대뿐 아니라 지리적 분포나 외형적 특징도 자세히 연구되어 있는데, 이 시대의 화석이 많이 발견되고 있어 인류의 조상에 대한 정보도 증가하고 있다.

아파렌시스는 뇌 용적이 385~550밀리리터, 성별에 따른 체격 차이가 크며, 상반신 팔의 형태로 보아 나무에 오르거나 나뭇가지에 매달리는 능력이 남아 있었음을 알 수 있다. 탄자니아의 라에트리에서는 370만 년 전의 발자국이 발견되었는데 이 역시 아파렌시스의 것으로 추정된다. 이 발자국은 원인(猿人) 행동의 직접적인 기록이며 신체의 구조나 보행 형태를 알 수 있는 실마리가 되고 있다.

또한, 화석의 오래된 정도로 보아 아나멘시스에서 아페렌시스로 점진적으로 진화했다고 보는 게 자연스러울 것 같지만 2019년에 380만 년 전 아나멘시스의 완전한 두개골과 390만 년 전 아페렌시스의 것으로 추정되는 두개골 화석이 보고되었기 때문에 양쪽이 10만 년 동안, 같은 지역에 공존했을 가능성도 제기되고 있다.

400~300만 년 전의 것으로는 다른 오스트랄로피테쿠스속 종의 것으로 추정되는 화석도 다수 발견되었다. 하지만 연구자들의 의견은 아직 분분하다. 화석을 발견한 사람은 자신이 발견한 화석을 신종이라 생각하는 경향이 강한 데다, 화석의 절대 수량이 적어 화석 간의 차이가 동일 종 내의 개체 차 범위에 드는지 아닌지 명확히 판단하기 어렵기 때문이다.

300만 년 전 이후의 오스트랄로피테쿠스속 화석으로는 남아프리카의 오스트랄로피테쿠스 아프리카누스와 1999년에 에티오피아에서 발견된 오스트랄로피테쿠스

가르히가 있다. 가르히는 대략 250만 년 전의 것으로 추정되는데 동아프리카에서 발견된 오스트랄로피테쿠스 중에서는 가장 나중에 등장한 종이다. 이 연대는 다음에 설명할 파란트로푸스속이나 초기 호모속이 생존했던 시기와 겹친다. 호모속으로 진화한 종이 동아프리카에 존재했을 거라는 추측이 가능해졌지만 아직 어떤 종인지 특정할 수는 없는 상태다.

파란트로푸스속

파란트로푸스속은 남아프리카와 동아프리카에서 발견되었으며, 오스트랄로피테쿠스속에서는 볼 수 없는 특징이 있는 두개골과 거대한 어금니를 가지고 있다. 남아프리카에서 발견된 것을 로부스투스, 동아프리카에서 발견된 것을 보이세이라는 별개의 종으로 구별하고, '완장형 원인(頑丈型猿人)'이라 총칭한다. 공통 조상 때부터 오스트랄로피테쿠스가 육식 경향이 강해진 데 반해, 파란트로푸스는 영양가가 적은 열대초원의 식물을 먹었을 것으로 추정되며, 연구자들은 이것이 이 두 속의 형태 차이를 유발했을 것으로 보고 있다.

그들은 늦어도 260만 년 전에는 출현하여 130만 년 전 이후에 멸종했을 것으로 추정된다. 파란트로푸스라는 이름 자체가 '인류에 병행하는 것'라는 의미가 있으며, 외형으로 봐도 그들이 호모 사피엔스로 향하는 길을 걸었다고는 생각되지 않는다(파란트로푸스는 두개골 상부에 뿔처럼 융기된 부위가 있고, 어금니와 턱, 두개골이 크고 튼튼했다.: 역주). 그들은 먹이를 바꿈으로써 처음에는 오스트랄로피테쿠스속, 나중에는 호모속과 공존하게 되었다. 만일 그들이 아프리카에서 멸종하지 않고 계속 살았다면 우리와 가장 가까운 생물은 침팬지나 고릴라가 아니라 바로 파란트로푸스가 되었을 것이고, 그들의 게놈은 오스트랄로피테쿠스에서 호모속으로 이행하는 시나리오를 밝히는 데 도움이 되었을 것이다. 이렇게 생각하면 그들의 멸종이 참으로 유감스럽다.

호모속의 탄생과 진화

호모속은 사피엔스종이 속한 그룹이며 일반적으로 인

류로 묶이는 그룹이다. 현재로서는 '완전한' 직립두발보행을 최초로 획득한 종이 최초의 호모속이라 여겨지고 있다. 다만, 우리가 다른 동물과 인류를 구별할 때 사용하는 특징의 대부분, 예를 들어 복잡한 사고나 행동, 사회구조, 혹은 이를 가능하게 하는 언어 등은 화석 증거로 남지 않기 때문에 과거의 연구자들은 어떻게 하면 화석을 가지고 호모속을 인류로 인정하고 정의할 수 있을까를 가장 먼저 생각해야 했다.

도구를 사용한다는 점이 인간의 특징이라고 간주되던 시절도 있었다. 지금은 동물들도 도구를 이용하는 것은 물론 만들 수도 있다는 사실이 밝혀졌기 때문에 이 기준은 정식으로는 도움이 되지 못하지만 물적 증거가 빈약한 화석인류 연구에서 일정 부분 기준이 될 수는 있을 것이다. 그런 경우, 인류인지 아닌지를 가르는 판단 기준은 석기를 이용했는지의 여부다. 케냐 북부에서는 330만 년 전의 커다란 박편석기(剝片石器. 구석기 시대에 큰 돌의 한 조각을 떼어 내어 만든 뗀석기. 고기 따위를 자르거나 베는 데에 쓰던 것으로 추정된다.: 역주)가 발견되었는데, 이로써 그곳에서 300~100만 년 전에 살았던 오스트랄로피테쿠스속 중 어떤 종이 우리 그룹인 호모속으로 진화했을 것이라고 추측할 수 있다.

하지만 결국, 언제 인간이 되었느냐 하는 문제는 화석의 형태적 특징으로 판단할 수밖에 없다. 우리와 다른 동물을 구분하는 것은 커다란 뇌와 아마 그에 힘입은 높은 지능일 것이다. 이것이 전제되면 인류의 진화는 뇌의 용적이 커지면서 시작됐다고 할 수 있다.

실제로 약 200만 년 전이 되면 이전까지의 오스트랄로피테쿠스속보다 뇌 용적이 큰 종이 등장한다. 이런 증거가 오스트랄로피테쿠스속에서 호모속으로 진화하기 시작한 것은 이 시기라는 주장에 설득력을 실어 준다.

다만, 뇌의 용적을 인간을 정의하는 기준으로 삼으면 대체 누가 우리의 조상인가 하는 문제를 간단히 해결할 수는 없게 된다. 역설적이지만 발견된 화석의 수가 적을 때는 계통 관계, 즉 어떤 종에서 어떤 종이 파생되었느냐 하는 문제가 그다지 어렵지 않았다. 아무튼 발견된 화석을 차례차례 연결하면 되니까. 하지만 동시대, 동일 지역에 수많은 화석인류가 있었다는 사실이 밝혀지면 대체 누가 우리의 조상인지 알 수 없게 된다. 오스트랄로피테쿠스속에서 호모속으로 이행한 시기가 바로 그런 상황이다.

그중에서 형태적 특징으로 보아 훗날의 호모속으로 이어졌을 것으로 추정되는 것이 동아프리카의 200만 년 전 지층에서 출토된 호모 하빌리스와 호모 루돌펜시스이다. 둘 다 초기의 호모속으로 구분된다. 한편, 남아프리카에서 출토된 195만 년 전의 오스트랄로피테쿠스 세디바에서도 호모속의 특징이 발견되었기 때문에 혼란스러운 상황이다. 이렇듯 우리로 직접 이어지는 호모속의 기원에 대해서는 아직도 많은 수수께끼가 남아 있다.

호모 에렉투스

약 190~150만 년 전으로 거슬러 올라가면 체형이나 크기가 우리와 비슷한 화석이 아프리카와 서아시아, 중국과 인도네시아의 자바섬 등지에서 발견된다. 이들은 소위 원인(原人)이라 불리는 그룹이다. 이들을 각각 별개의 종으로 보는 연구자도 있지만 일반적으로는 총칭하여 호모 에렉투스라고 부른다. 베이징원인이나 자바원인도 이 그룹에 속한다. 화석의 출토 상황으로 보아 그들은 약 200만 년 전에 아프리카에서 탄생했고 곧 전 세계로 퍼져 나갔다는 사실이 밝혀졌다. 호모 에렉투스는 최초로 탈아프리카에 성공한 인류이다.

자바섬 등지에서는 약 20만 년 전의 화석도 발견되었기 때문에 호모 에렉투스는 종으로서 약 180만 년이나 생존한 셈이다. 호모 사피엔스의 역사가 약 20만 년임을 생각하면 그들이 훨씬 오래 생존한 셈이다. 성인의 추정 신장은 140~180센티미터, 체중은 41~55킬로그램 정도, 뇌의 용적은 차이가 있어 550~1250밀리리터 사이였을 것으로 추정된다. 자바섬의 초기 종과 최후의 종을 비교하면 뇌의 용적은 1.5배 증가했기 때문에 에렉투스도 계통 내에서 독자적으로 진화했음을 알 수 있다.

인도네시아의 플로렌스섬에서는 2001년부터 시작된 발굴에서 이 호모 에렉투스에서 신화해 약 6만 년 전까지 생존했을 것으로 추정되는 종인 호모 플로레시엔시스가 발견되었다. 신장은 약 1미터, 뇌의 용적도 오스트랄로피테쿠스속과 비슷한 400밀리리터 정도밖에 되지 않는다. 호빗(J. R. R. 톨킨의 소설에 등장하는 소인족)이라는 별명이 있을 만큼 작은 인류이며 우리와는 거리가 있는 외형이었다. 이는 오랜 시간 좁은 섬 안에서 생존했기 때문에 섬의 법칙(Island rule. 식량 자원이 부족한 섬에서는 먹이가 부족한 큰 동물은 점점 작아지고, 포식자가 없는 작은 동물은 점점 커지는 현상. 제창자의 이름을 따 포스터의 법칙이라고도 한다.: 역주)이라 불리는 현상에 의해 몸이 소형화했기 때문이라고 해석되고 있다.

호모 날레디

2015년에는 남아프리카의 요하네스버그 근교에 있는 라이징 스타 동굴에서 호모 날레디라 불리는 화석 더미가 발견되었다. 약 30만 년 전의 것으로 추정되며 성인의 신장은 146센티미터, 체중은 39~55킬로그램, 뇌의 용적은 460~610밀리리터로 오스트랄로피테쿠스와 호모 에렉투스의 특징을 모두 지니고 있었다. 인류 진화의 시간상 상당히 최근에 생존했기 때문에 계통의 위치 선정에 대한 논의가 계속되고 있다.

100만 년 전 이후에는 세계 각지에 에렉투스나 플로레시엔시스, 날레디 외에도 다양한 인류가 생존해 있었다. 남유럽 스페인에서는 약 85만 년 전의 것으로 추정되는 호모 안테세소르 화석이 발견되었는데, 그 후 출현한 인류와의 계통 관계는 밝혀지지 않았다. 60~30만 년 전에는 호모 하이델베르겐시스가 유라시아 대륙과 아프리카의 넓은 지역에 분포했던 것으로 여겨진다. 그들은 체격이 커서 신장은 약 180센티미터, 체중도 70킬로그램 이상이었을 것으로 추정된다. 뇌의 용적은 약 800~1300밀리리터인데, 호모 에렉투스에 포함시키는 경우도 있으나 뇌의 용적이 증가했기 때문에 다른 종으로 보아 구인(舊人)으로 이행하는 단계의 종으로 분류하기도 한다.

호모 하이델베르겐시스

지금까지 하이델베르겐시스는 아프리카에서 탄생했으며, 그중 유럽으로 이주한 그룹에서 다음 장에서 다룰 네안데르탈인이 태어났고, 아프리카에 남은 그룹 중에서 약 20만 년 전에 호모 사피엔스가 탄생했다고 여겨져 왔다. 네안데르탈인은 약 30만 년 전에 출현해 약 4만 년 전에 자취를 감췄다는 게 정설이다. '약 30만 년 전에 출현'했다고 썼지만 네안데르탈인의 출현 시기에 대해서는 사실 유럽에서 발견된 40~30만 년 전의 화석을 하이델베르겐시스로 볼 것인가 네안데르탈인이라고 볼 것인가에 따라 견해가 갈린다. 20만 년 전 이후의 화석이 전형적인 네안데르탈인의 형질을 갖추고 있기 때문에 엄밀히 말하면 네안데르탈인의 탄생은 그 후로 봐야 한다는 의견도 있다.

네안데르탈인도 하이델베르겐시스와 마찬가지로 구인으로 불리며, 호모 사피엔스(新人)와 구별한다. 이 셋의 관계는 2016년에 스페인 북부에 있는 시마 데 로스 우에소스 동굴(스페인어로 '뼈 구덩이'이라는 뜻)에서 발견된 화석의 DNA 분석에 성공함으로써 크게 바뀌었다. 이 연구 성과가 발표된 후 인류 진화의 여정은 DNA 데이터로 다시 기술되기 시작했고, 이전까지 막연하게 이루어졌던 인류 진화 연구가 완전히 새로운 단계로 돌입하게 되었다.

칼럼1 뇌 용적의 변화와 사회구조

초기 원인(猿人)에서 현재의 우리에 이르기까지 뇌의 용적은 거의 3배로 증가했다. 다만, 뇌의 용적 증가가 순조로웠던 것은 아니다. 뇌의 용적은 새로운 종이 탄생했을 때 급격히 증가하고 차츰 안정기를 맞는 패턴이었다. 우리 조상 종의 뇌가 시간과 함께 커지면서 자연스럽게 다음 단계의 종이 탄생한 게 아닌 것이다.

440만 년 전 아르디피테쿠스속의 뇌의 용적은 300~400밀리리터 정도로 침팬지나 고릴라와 별 차이가 없었다. 그 후 약 400~200만 년 전까지 여러 종을 탄생시키며 존속해 온 오스트랄로피테쿠스속이나 거기서 파생한 파란트로푸스속은 뇌의 용적이 100밀리리터 정도 증가했다.

250~200만 년 전에는 오스트랄로피테쿠스속 가운데 뇌의 용적이 증가한 부류가 등장한다. 아프리카의 호모 에렉투스인 에르가스터의 뇌 용적은 760밀리리터로 오스트랄로피테쿠스보다 약 60퍼센트 증가했다. 그리고

후기의 베이징원인이나 자바원인은 930밀리리터까지 증가했고, 약 60만 년 전 아프리카의 호모 하이델베르겐시스는 1170밀리리터까지 증가했다.

네안데르탈인의 평균 뇌 용적은 1450밀리리터, 개중에는 호모 사피엔스(평균 1490밀리리터)를 능가하는 개체도 있었다는 사실이 밝혀지기도 했다. 다만, 네안데르탈인의 뇌에서 발달한 것은 주로 시각과 관련된 후두엽 부분인데, 이는 일조량이 적은 고위도 지방의 생활에 적응한 결과일 가능성도 있다. 한편, 호모 사피엔스는 사고나 창조력을 담당하는 것으로 알려진 전두엽이 발달했다. 이는 용적이 같더라도 우리와 네안데르탈인은 사회생활이나 인지가 달랐을 것임을 시사한다.

그런데 진화의 과정에서 뇌의 변화는 인류 사회에 무엇을 가져왔을까? 우선 뇌는 에너지를 대량으로 소비한다는 사실이 전제되어야겠다. 호모 사피엔스의 경우 몸이 소비하는 에너지의 약 20퍼센트는 뇌에서 사용된다. 때문에 뇌의 용적 증가는 생물에 커다란 부담을 준다. 뇌 용적이 증가함에 따라 필요한 에너지를 마련하기 위해 행동이나 식성, 사회구조 등을 크게 변경해야 했을 것이다. 물리적으로 남지 않는 이런 변화를 알기는 어렵지만

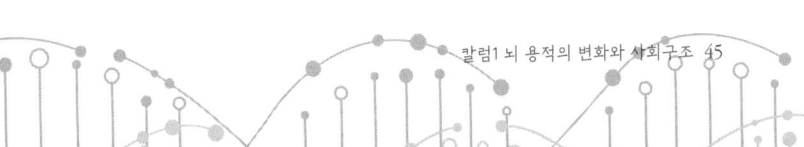

기존의 화석과 고고학적 증거에 더해 인류를 포함한 현생 영장류의 사회구조 연구 등을 통해 뇌의 크기와 사회 집단의 규모는 밀접한 관계가 있다는 사실이 밝혀져 왔다.

복잡한 사회를 만드는 일이 에너지를 효율적으로 섭취하게 했을 것이다. 인간 행동의 복잡성이나 사회 규모와 대뇌 신피질의 크기 사이에는 밀접한 관계가 있다. 공동체의 규모가 대뇌의 신피질에 비례한다고 생각하면 원인(猿人) 사회는 침팬지와 같은 50명, 원인(原人) 단계에서는 100명, 그리고 호모 사피엔스의 경우는 150명 정도가 된다. 실제로 호모 사피엔스는 수렵채집민에서 현대인 사회까지 150명을 하나의 사회 구성단위로 삼는다고 알려져 있다.

이 숫자는 제창자인 옥스퍼드대학 교수의 이름을 따서 '던바의 수'라 불린다. 150명은 사회를 구성하는 기본이 되는 숫자인 것이다. 우리가 연하장을 주고받는 사람의 수나 휴대전화의 주소록, 한 학년의 수 등을 평균 계산하면 대략 이 정도가 된다는 사실도 알려져 있다. 사회에서도 이 정도의 인원이 한계라고 한다. 요즘은 SNS로 수백 명(때로는 수천 명)과 항시 연결되어 있다는 사람도 있을지 모르지만, 우리 뇌의 처리 능력으로 얼굴과 이름을 일치시키고 그 사람의 생각이나 배경을 이해할 수 있는 인원은 이 정도이다.

호모 사피엔스의 뇌 용적은 탄생 이후 증가하지 않았다. 때문에 우리는 고작 던바의 수 정도의 이해력에 불과한 하드웨어로 탄생 이후의 역사를 써 왔다고 할 수 있다. 복잡한 사회를 형성하기 위해 만들어진 것이 언어와 문자, 이야기, 종교, 노래와 음악 같은 문화 요소였다. 이들은 사람들이 시간과 공간을 초월해 개념이나 사고방식을 공유하는 데 중요한 역할을 한다. 현재 우리는 대규모의 통신 네트워크로 많은 사람이 연결되고, 대량의 데이터가 오가는 엄청난 고도의 사회 환경에서 살고 있다. 자신의 뇌가 처리할 수 있는 것보다 훨씬 더 큰 대량의 데이터에 노출되는 탓에 정보 처리의 균형을 잡지 못해 사회적으로 혼란이 발생한다. 지극히 당연한 결과가 아닐까?

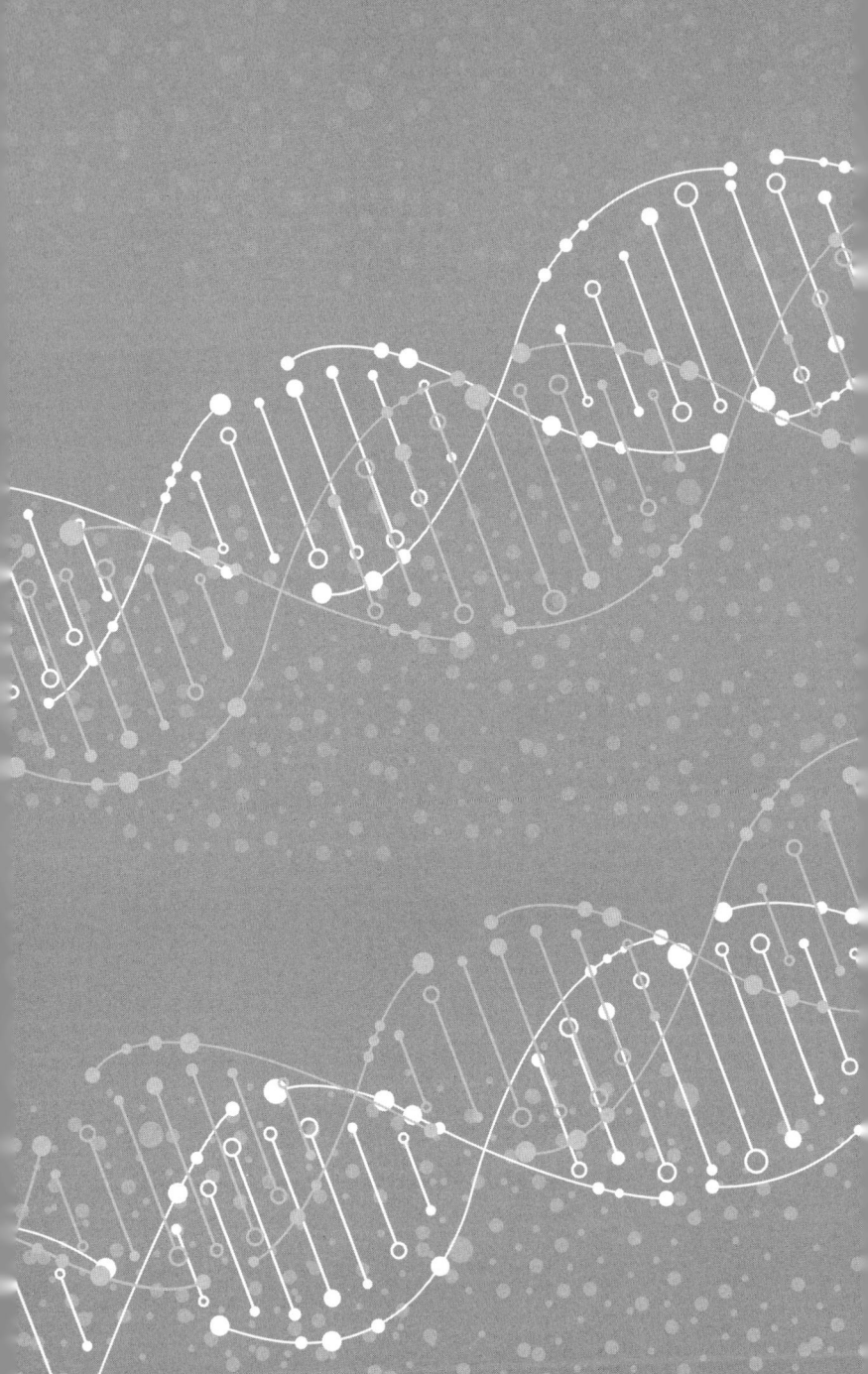

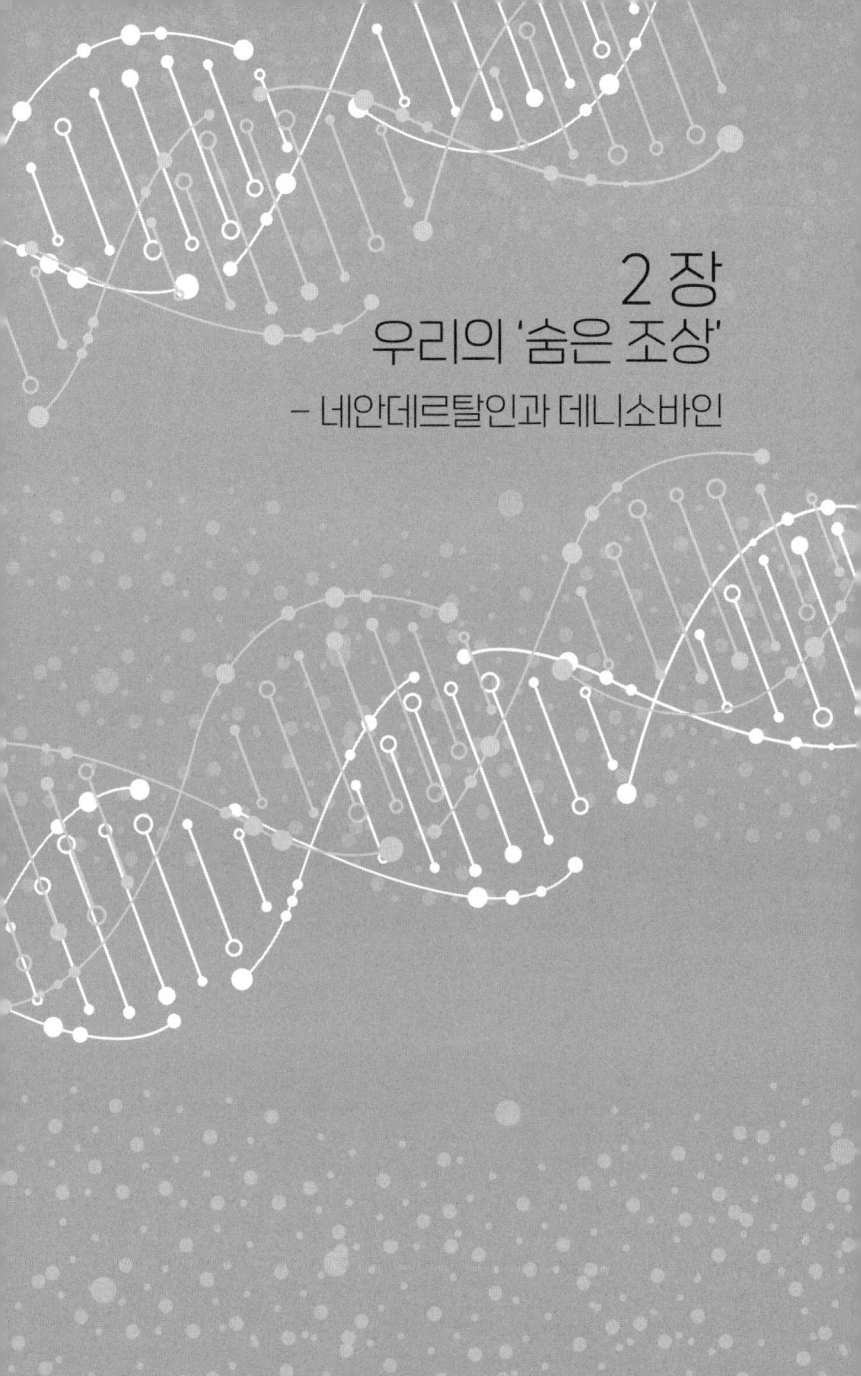

2장
우리의 '숨은 조상'
– 네안데르탈인과 데니소바인

1. 게놈이 밝힌 인류의 '친족 관계'

가장 오래된 인간 게놈

 조상을 찾기 위해 지금까지 우리가 해 온 노력은 주로 화석을 발견하고 그것을 해석하는 것이었다. 하지만 21세기 들어 생명이 지닌 DNA 서열을 자유롭게 해독할 수 있게 되면서 상황은 크게 달라졌다. '시작하며'에서도 말했듯 차세대 시퀀싱이 실용화됨으로써 2010년 이후는 고대인의 뼈에 남아 있는 핵 DNA까지 분석할 수 있게 되었고, DNA 데이터를 토대로 한 인류의 계통 연구에서 새로운 사실이 잇따라 밝혀지고 있다.

 현재, 가장 오래된 인류 화석의 DNA 정보는 앞 장에서 소개한 스페인의 시마 데 로스 우에소스 동굴에서 출토된 43만 년 전 인류의 뼈이다. 1976년부터 시작된 발굴에서 28개체의 인골이 발견되었는데 특히 최근 수년 동안은 DNA 분석을 염두에 두고 주의 깊게 조사가 이루어지고 있다.

 고대 시료에는 지극히 소량의 DNA밖에 남아 있지 않고, 게다가 상당히 짧은 단편이다. 이들 시료는 PCR법으로 증폭시켜 분석하는데 이때 문제가 되는 것이 외부 DNA의 혼입, 흔히 말하는 오염(contamination)이다. 이 문제는 고대 시료의 DNA 분석이 시작된 1980년대부터 연구자들을 괴롭혀 왔다. 고대 시료에 DNA가 분석 가능한 형태로 남아 있다는 사실을 최초로 보고한 이집트의 미라 연구 결과도 현대인의 DNA로 오염되어 있었다는 사실이 밝혀졌을 정도로 결과에 큰 영향을 미치는 골치 아픈 문제인 것이다.

현대인의 DNA가 혼입되는 문제는 발굴 조사 현장에서 실험실 분석에 이르기까지 모든 과정에서 일어날 위험성이 있다. 실험실 내의 절차에 대해서는 수많은 경험치를 쌓아 오기도 했고, 세계 주요 실험실은 오염의 위험성을 거의 불식시킬 수 있게 되었지만 발굴, 혹은 인골 시료를 보관할 때는 이런 문제가 발생하게 된다. 애초에 발굴하는 것은 고고학자나 형질인류학자이기 때문에 오염까지 신경을 쓰는 경우가 드물었다 볼 수 있다.

하지만 최근에는 추후에 DNA 분석이 이루어질 것을 전제로 하고 있어 발굴 시점부터 오염되지 않도록 신중하게 조치되고 있다. 시마 데 로스 우에소스 동굴에서 발견된 인골들은 지하 13미터 지점에서 출토되었다. 뼈가 안정된 환경에 있었던 것도 오랜 세월 DNA가 보존될 수 있었던 이유일 것이다. 발굴된 인골에 남은 DNA는 보관 상태가 나쁘면 서서히 분해되는데, 치아와 견갑골은 훗날 DNA를 분석할 것을 고려하여 2006년 발굴 당시부터 냉장 상태로 보관해 왔다. 이 샘플을 사용함으로써 지금까지의 상식으로는 생각도 할 수 없었던, 43만 년 전 고대 인골의 핵 게놈을 분석할 수 있었다(DNA와 게놈, 유전자 등 용어의 구분에 대해서는 칼럼2 참조).

시마 데 로스 우에소스의 인골은 형태상으로는 네안데르탈인의 특징이 많았다. 다만, 발견 당시에는 60만 년 전의 것으로 판단되어 하이델베르겐시스와 같은 종일 것으로 여겨졌다. 하지만 연대가 43만 년 전으로 수정됨으로써 약 30만 년 전 유럽에 출현한 네안데르탈인의 직접 조상으로 추정되었지만 분석 결과는 그리 단순하지 않았다. 왜냐 하면 DNA를 통해 최초로 그 존재가 밝혀진, 데니소바인이라는 제3자와의 관계가 드러났기 때문이다.

자세한 사정을 설명하기 위해 우선 네안데르탈인에 대해, 그리고 이어 아직 베일에 싸인 데니소바인에 대해 얘기해 보자.

2. 네안데르탈인의 DNA

호모 네안데르탈렌시스

네안데르탈인(호모 네안데르탈렌시스)은 화석인류 중에서는 가장 유명한 종이다. 19세기 초반에는 벨기에와 이베리아반도 최남단인 지브롤터에서 발견되었는데 호모 사피엔스와는 별개의 인종이라는 게 처음 인식된 것은 1856년에 독일 뒤셀도르프 교외에 있는 네안데르 계곡에서 발견된 개체이다. 이후의 발견으로 현재는 유럽에서 서아시아, 시베리아 서부에 이르는 유라시아 대륙 서쪽 일대에 분포했음이 밝혀졌다.

외형상 전형적인 네안데르탈인으로 추정되는 화석은 유럽과 서아시아의 유적에서 수없이 많이 발굴되고 있고 그들은 약 14~13만 년 전의 것으로 추정된다. 성인의 추정 신장은 150~175센티미터, 다부진 체격에 체중은 64~82킬로그램이었을 것이다. 뇌의 용적은 1200~1750밀리리터, 두개골은 앞뒤로 길며 눈썹 부분이 차양처럼 돌출되었고, 안면 전체가 앞으로 튀어 나오는 등 우리와는 다른 독특한 용모를 하고 있다(그림 3-1).

네안데르탈인과 호모 사피엔스의 관계를 연구할 때 중요한 것은 그들이 살았던 연대인데 사실 이를 특정하기가 상당히 어렵다. 연대를 측정하기 위해서는 대부분의 경우 방사성탄소가 5730년이면 절반이 되는 성질을 이용하는데, 이 방법으로는 5만 년 전 이전의 시대를 측정하기가 어려워 시간의 벽에 부딪히게 된다. 방사성탄소 연대측정법은 호모 사피엔스가 아프리카를 떠나 전 세계로 퍼져 나간 이후의 시대나 네안데르탈인의 멸종 시기를 특정하는 데는 적합하지만 그보다 오래된 네안데르탈인 화석의 연대를 알아내기 위해서는 다른 방법을 사용해야 한다.

네안데르탈인보다 오래된 오스트랄로피테쿠스와 같은 화석인류의 연대를 정할 때도 화산암의 생성 연대를 조사하거나 과거에 여러 번 발생했던 지구자기역전 현상을 이용해 암석에 남아 있는 자기로부터 그것이 생성된 시대를 측정하는 방법 등이 이용되어 왔다. 50~10만 년 전의 연대 측정에는 열 루미네선스 측정법이나 우라늄 계열 연대측정법 같은 방법이 이용되는데 이는 방사성탄소를 이용한 것보다 정확도가 현저히 떨어진다. 또한 조건에 따라서는 이들 방법을 활용할 수 없는 경우도 많기 때문에 방사성탄소연대측정법을 이용할 수 없는 시대의 화석 연구는 아무래도 불확실한 것이 많다. 그래서 네안데르탈인도 아직 연대가 불명확한 화석이 많으며, 네안데르탈인끼리의 관계를 밝히는 데 어려움이 따랐다.

하지만 게놈 분석이 가능해짐으로써 현재는 그 관계가 명확해지고 있다. 네안데르탈인이 발견된 19세기 이후, 그들과 우리의 관계에 대해서는 다양한 학설이 제기되어 왔다. 개괄적으로는 그들이 우리의 조상이라는 학설과 공통의 조상에서 파생한 친족이라고 보는 학설 등 두 가지가 있고, 이에 대한 논쟁이 수없이 거듭되어 왔다. 하지만 1997년에 네안데르탈인 미토콘드리아 DNA 일부 영역의 염기서열이 해독되면서 드디어 이 논쟁에는 종지부가 찍혔다.

네안데르탈인의 미토콘드리아 DNA

이 연구에서는 네안데르탈인의 미토콘드리아 DNA 염기서열은 호모 사피엔스의 변이 폭에서 크게 동떨어져 있어 그들은 우리와 70~50만 년 전에 갈라진 그룹이라는 결론이 났다. 단 분석된 것은 1개체뿐이고, 게다가 모계로 유전되는 미토콘드리아 DNA 일부의 정보만 확보할 수 있었기 때문에 부계 관련 정보가 없다는 이유 등으로 한정적인 결론이었다.

이후, 여러 개체의 네안데르탈인 미토콘드리아 DNA 염기서열 비교 연구를 통해 네안데르탈인끼리는 상당히 유사하지만 호모 사피엔스와는 다르다는 사실이 밝혀짐으로써 처음의 결론에 한층 더 힘이 실렸다. 또한 전 세계적으로 보더라도 호모 사피엔스 가운데 네안데르탈인에서 유래했을 것으로 추정되는 미토콘드리아 DNA는 없다는 사실도 밝혀졌기 때문에 21세기 초에는 이 둘은 교류가 없었고 네안데르탈인은 멸종한 것으로 알려졌었다. 하지만 차세대 시퀀싱에 의한 핵 게놈 분석이 가능해지면서 이 결론은 번복되게 된다.

호모 사피엔스와 네안데르탈인의 이종교배

2010년 크로아티아의 빈디자 동굴에서 발굴된 3개체의 네안데르탈인 여성 인골에서 채취한 DNA가 분석되었다. 3개체에서 총 40억 염기 분의 DNA 서열이 해독된 결과, 사하라 이남의 아프리카인을 제외하고 아시아인과 유럽인에게는 약 2.5퍼센트 정도의 비율로 네안데르탈인의 DNA가 혼입되어 있다는 사실이 밝혀진 것이다.

만약 네안데르탈인과 호모 사피엔스가 수십만 년 전에 분기했다면, 현대인이 네안데르탈인과 공유하는 변이는 아프리카인이나 다른 집단에서 모두 동등할 것이다. 하지만 그렇지 않다는 것은 호모 사피엔스가 아프리카를 떠난 이후, 네안데르탈인과 이종교배를 했다고밖에 생각할 수 없게 한다. 그래서 아프리카에서 탄생한 호모 사피엔스가 아프리카를 떠난 후 초기 이동 과정에서 네안데르탈인과 이종교배를 했다는 시나리오가 제시되었다.

유럽인과 동아시아인을 비교한 결과, 동아시아인의 네안데르탈인 DNA 비율이 약간 더 높다는 사실도 밝혀졌다. 네안데르탈인이 유럽에서 호모 사피엔스와 적어도 수천 년에 걸쳐 공존했다는 사실이 밝혀졌으므로 이종교배의 기회도 아시아인보다 높았을 텐데, 연구자들은 이건 아무래도 기묘한 현상이라고 의아하게 생각했다.

그리고 드디어 탈아프리카에 성공해 전 세계로 퍼져 나간 몇몇 초기 단계 호모 사피엔스의 게놈이 해독되면서 그 이유가 밝혀지기 시작했다. 전 세계로 퍼져 나가던 초기 단계, 즉 5만 년 전 이전의 최초 단계부터 호모 사피엔스는 몇몇 집단으로 갈라져 있었던 듯하며, 그중 하나가 네안데르탈인과 이종교배를 하고 전 세계로 퍼져 나간 것으로 추정되었다. 한편, 코카서스나 레반트(중동), 북이란 등에는 이종교배를 하지 않은 호모 사피엔스 집단도 존재하며, 이것이 현재 유럽인의 형성에 관여했기 때문에 상대적으로 현대 유럽인이 갖는 네안데르탈인의 DNA가 적어졌다고 추정되고 있다.

아무튼 네안데르탈인은 그냥 멸종된 게 아니라 우리의 숨은 조상이었다는 사실이 밝혀진 셈이다. 고대 게놈이 분석된 결과, 다양한 인류가 서로 교배했다는 사실도 밝혀졌는데 호모 사피엔스와 다른 인류와의 이종교배 이야기는 뒤에서 설명하기로 하고, 여기서는 게놈 분석으로 알 수 있는 네안데르탈인의 계통에 대해 해설하기로 하자.

고심도와 저심도 게놈

차세대 시퀀싱은 DNA 염기서열 읽기의 정확도가 낮기 때문에 정확한 서열 결정을 위해서는 같은 부위를 수십 번 읽어 확인해야 한다. 이를 위해서는 대량의 DNA 단편을 해독해야 하기 때문에 정확도가 높은 게놈 데이터를 얻기 위해서는 DNA의 잔량이 풍부한 샘플이 필요하다. 참고로 충분히 반복해서 읽은 것들을 모두 풀어놓고 서로 중복해서 읽으며 조금씩 틀리는 부분을 서로 보완해 정확도를 높인 경우에는 '고심도(High-depth sequencing, 또는 Deep sequencing)의 게놈 데이터를 얻었다'고 하고, 반대로 몇 번 정도밖에 읽지 못한 경우를 '저심도(Low-depth sequencing, 또는 Low-pass sequencing, Low-coverage sequencing) 데이터'라고 부른다(평균 10회 이상이면 고심도, 그 미만이면 저심도라고 한다.: 역주). 동일 구간의 중복 서열을 많이 얻은 게놈 데이터를 고심도, 적은 것을 저심도라고 부르는 것이다.

지금까지 현대인과 거의 같은 수준의 고심도로 게놈이 분석된 네안데르탈인 유골은 셋이다. 최초로 고심도 데이터가 보고된 것은 2014년인데 데니소바 동굴에서 발견된 네안데르탈인이었다. 이 개체는 데니소바 5호 혹은 알타이 네안데르탈인이라 불리는 여성으로 11만 년 전에 살았던 것으로 추정된다. 데니소바 동굴은 뒤에서 언급할 데니소바인도 발견된 21세기의 인류학에서 가장 중요한 유적이다.

이어 2017년에는 최초로 게놈이 해독된 빈디자 동굴 네안데르탈인(빈디자 33호)의 DNA가 재분석되어, 고심도의 게놈 정보를 얻을 수 있었다. 그리고 2020년에는 알타이산맥의 차기르스카야 동굴에서 발견된 8만 년 전의 네안데르탈인 여성으로부터 고심도의 게놈을 얻었다(차기르스카야 8호). 그리고 저심도이기는 하지만 지금까지의 연구에서 복수의 후기 네안데르탈인(4만 7000~3만 9000년 전)으로부터 게놈 데이터를 얻었다(그림 2-1). 이들 데이터를 고심도 데이터와 함께 연구함으로써 네안데르탈인 집단의 구조나 분화 양상도 재현할 수 있게 되었다.

시베리아의 네안데르탈인

차기르스카야 동굴은 데니소바 동굴로부터 100킬로미터 정도 떨어진 곳에 있다. 이 두 곳에서 출토된 인골의

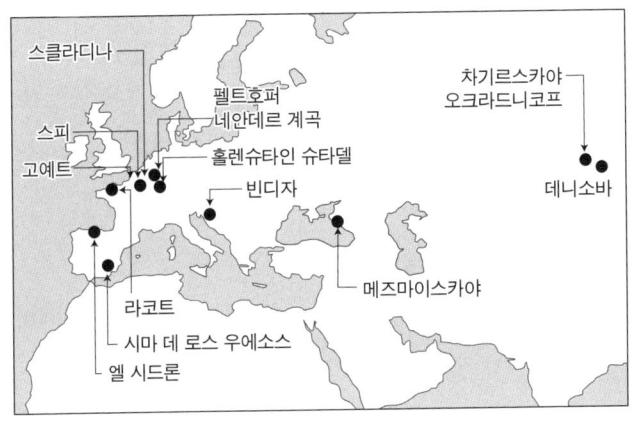

(그림 2-1) 고대 게놈 분석이 이루어진 주요 네안데르탈인 유적

연대는 3만 년 정도 차이가 나는데, 게놈 비교 결과 차기르스카야 동굴의 네안데르탈인은 지리적으로 가까운 데니소바 동굴의 네안데르탈인보다 유럽에 있는 빈디자 동굴의 네안데르탈인과 유사하다는 사실이 밝혀졌다. 즉, 차기르스카야 동굴의 네안데르탈인은 11~8만 년 전 어느 시점에 서유럽에서 동쪽으로 이동해 온 네안데르탈인의 자손이라는 얘기가 된다. 네안데르탈인이 남긴 유물을 통해서도 이러한 이동 경로를 알 수 있고, 차기르스카야 동굴에서는 중앙~동유럽 네안데르탈인의 유물과 비슷한 것들이 출토되었다.

2021년에는 차기르스카야 동굴과 그 인근에 있는 오클라드니코프 동굴에서 대략 5만 9000~4만 9000년 전의 것으로 보이는 네안데르탈인 열네 개체의 뼛조각이 발견되었고 게놈 분석이 이루어졌다. 이들 게놈을 비교한 결과, 이 네안데르탈인들은 두 개의 동굴에서 백 년 정도 살았던 것으로 밝혀졌다.

오클라드니코프 동굴에서 발견된 남녀 두 개체는 아버지와 딸인 것으로 추정된다. 그리고 차기르스카야 동굴에서는 남성 네안데르탈인의 인골 일곱 개체가 발견되어 그때까지 겨우 세 개체에서만 얻을 수 있었던 네안데르탈인 남성의 Y염색체 DNA를 더욱 자세히 분석할 수 있게 되었다. 이 Y염색체 DNA는 동일한 것도 많아서 성인 남성 약 30~110개체가 교배 집단을 형성한 것으로 추측되고 있다.

게놈을 비교한 결과, 이들 네안데르탈인은 앞서 분석된 차기르스카야 동굴과 마찬가지로 유럽 집단과 유사하다는 사실이 밝혀졌다. 이 둘의 혈연관계가 강한 것으로 드러나 동일 집단 내에서 혼인이 지속되어 왔다는 사실도 확인되었다. 한편, 미토콘드리아 DNA의 다양성이 높아서 네안데르탈인은 여성이 태어난 집단을 떠나 다른 집단으로 들어가는 혼인 형태를 취했을 것으로 추측할 수 있다.

네안데르탈인의 확산

게놈 분석 결과, 네안데르탈인의 공통 조상에서 데니소바 동굴의 네안데르탈인(5호)이 먼저 분리되고, 다음으로 차기르스카야 동굴 계통이 동쪽으로 이동했음이 밝혀졌다. 그리고 유럽에 남은 계통 중에서 빈디자나 서유럽의 네안데르탈인이 탄생했을 것으로 추정되고 있다.

동쪽으로 이동한 차기르스카야 동굴과 데니소바 동굴의 네안데르탈인은 비교적 소수 그룹, 구체적으로는 60명 이하의 집단 내에서 혼인을 했다는 사실도 밝혀졌다. 소수 인원 내에서의 혼인, 소위 말하는 근친교배를 거듭하면 양쪽 부모로부터 물려받은 유전자들이 점점 같아진다. 이를 조사함으로써 혼인의 양상을 유추할 수 있는 것이다.

데니소바 5호의 부모는 한쪽 부모가 다른 형제자매였을 것으로 추정되고 있다. 이런 상황은 서유럽의 네안데르탈인에게서는 발견되지 않았기 때문에 동쪽으로 이동한 그룹은 점차 숫자가 줄어들다가 결국 멸종에 이르렀을 것으로 여겨진다.

2021년 단계에서 열 곳 이상의 유적에서 발굴된 30개체 이상의 네안데르탈인 게놈이 분석되었다. 차세대 시퀀싱을 활용해 고대 게놈이 분석 가능해진 지 약 10년 만에 이 정도의 네안데르탈인 게놈 정보를 얻을 수 있게 되었는데, 더욱 상세한 분석을 위해서는 더 많은 게놈 데이터를 수집해야 한다. 하지만 네안데르탈인의 인골은 거의 출토되지 않고 있어 연구에 어려움이 있다.

게놈 분석이 밝혀낸 집단의 변화

하지만 이런 상황을 극복하는 연구도 2017년에 보고된 바가 있다. 동굴의 퇴적물에서 네안데르탈인의 미토콘드리아 DNA를 추출하는 데 성공한 것이다.

유물이 출토되고 거기에 고대인이 살았다는 사실이 밝혀져도 인골이 출토되지 않는 동굴은 수없이 많다. 이런 동굴의 토양에서 게놈 정보를 얻을 수 있으면 이 분야의 연구가 크게 진전될 것이다. 2021년에는 스페인의 갈레리아 데 라스 에스타투아스 동굴과 앞서 나왔던 차기르스카야 동굴의 퇴적물을 상세히 조사해 네안데르탈인의 미토콘드리아 DNA와 핵 게놈의 일부를 검출하는 데 성공했다.

특히, 갈레리아 데 라스 에스타투아스 동굴에서는 12만 년 전의 지층에서 검출된 미토콘드리아 DNA와 10~8만 년 전의 지층에서 검출된 것은 계통이 전혀 다르다는 사실이 드러나 이 동굴에서 네안데르탈인의 집단 교체가 일어났음을 보여 주었다. 차기르스카야 동굴에서 검출된 미토콘드리아 DNA에서는 이런 경향이 확인되지 않았다.

동굴의 퇴적물을 통해서도 고대 게놈을 검출할 수 있게 됨으로써 동일 지역의 집단 변천에 대해서도 탐구할 수 있는 가능성이 열렸다. 핵 게놈의 경우에는 입수한 데이터가 동일 개체의 것인지, 아니면 복수의 개체에서 유래한 것인지 등을 판별해야 하는데 인골에서 얻은 데이터보다 해석하기가 어렵다. 그래도 앞으로 이 방법은 네안데르탈인뿐 아니라 호모 사피엔스를 해석하는 데도 적용될 것이며, 화석 공백 지역 집단의 변천에 대해서도 새로운 정보를 얻을 수 있을 것으로 기대된다. 고대 게놈 해석은 인골 없이도 집단의 변화를 알 수 있는 길을 열어 주었다.

3. 베일에 싸인 데니소바인의 정체

기적의 데니소바 동굴

알타이의 네안데르탈인(데니소바 5호)이 출토된 데니소바 동굴은 러시아와 중국 그리고 몽골의 국경에서 가까운 시베리아 서부의 알타이 지방에 있다(그림 2-1). 2010년에 이 동굴에서 출토된 손가락뼈(데니소바 3호)와 어금니(데니소바 4호)의 DNA를 분석했는데 네안데르탈인인도 아니고 호모 사피엔스도 아닌 미지의 인류의 것이었다. 데니소바인이라 불리게 된 이 미지의 인류는 형태적인 특징이 불분명한 채, DNA의 증거만으로 신종으로 구분된 최초의 인류이다.

데니소바 동굴에서는 네안데르탈인뿐 아니라 호모 사피엔스가 만든 유물도 발견되어 적어도 세 종의 다른 인류가 이 동굴을 이용했음을 알 수 있었다. 동굴의 이름은 18세기에 이 동굴에 살았던 은둔자 데니스에서 따왔다. 네안데르탈인이라는 이름도 화석이 최초로 발견된 독일 뒤셀도르프 교외의 네안데르 계곡에서 따왔는데, 이 역시 거슬러 올라가면 이 계곡을 사랑했던 17세기의 성직자 요아힘 네안데르가 기원이다. 데니소바인도 네안데르탈인도 인류의 진화와는 아무 관계도 없는 인물의 이름에서 유래되었다니 재미있는 우연이다.

동굴 퇴적물과 인골의 연대 측정으로 이 동굴에 데니소바인은 약 20~5만 년 전, 네안데르탈인은 19만 3000~9만 7000년 전에 거주했을 것으로 추정된다. 이 동굴에서 출토된 인골에 대해 꼭 짚고 넘어가야 할 것은 DNA의 보존 상태가 월등하게 좋다는 점이다. 데니소바 동굴의 연평균 기온은 0도 이하로 알려져 있어 상당히 저온에서 안정된 상태로 있었던 것이 DNA의 장기간 보존에 도움이 되었다고 여겨지고 있다. 때문에 발견된 인골 대부분의 게놈이 분석되었고, 인류의 이종교배에 대해 새로운 정보를 얻을 수 있었다. 또한 이 밖에 데니소바인 게놈 중에는 1984년에 발견된 유치 어금니(데니소바 2호)와 2010년에 발견된 어금니(데니소바 8호)가 분석되었다.

〈2장〉 우리의 '숨은 조상'

데니소바인의 게놈 분석

우선 데니소바인의 게놈 분석 결과를 소개할까 한다. 데니소바인은 최초로 실시된 미토콘드리아 DNA의 계통 분석에서는 104만 년 전에 현생인류와 네안데르탈인의 공통 조상에서 갈라져 나온 인류로 보고되었다. 그 후의 핵 게놈 분석에서 약 80만 4000년 전에 데니소바인과 네안데르탈인의 조상이 우선 호모 사피엔스 계통으로 분기하고, 약 64만 년 전에 네안데르탈인과 데니소바인이 분기된 것으로 정정되었다.

이 셋의 분기 연대와 계통 관계는 미토콘드리아와 핵 게놈 분석으로 달라졌다. 당초 데니소바인은 미지의 원인(原人)으로부터 미토콘드리아 DNA를 물려받았기 때문에 그 데이터를 토대로 한 분기 연대는 한참 오래전으로 거슬러 올라갈 것으로 예상되었다. 미토콘드리아 DNA는 모계로만 유전되므로 부모 양쪽의 DNA를 물려받는 핵 게놈의 분기 결과 쪽이 현실을 반영한다고 생각할 수 있다.

그런데 시마 데 로스 우에소스 동굴에서 출토된 43만 년 전 인골의 게놈이 분석된 것을 계기로 이 문제는 의외의 결말을 맞이하게 된다. 게놈이 분석된 시점에는 네안데르탈인, 데니소바인의 공통 조상과 호모 사피엔스의 계통이 분기된 것이 77~55만 년 전, 네안데르탈인과 데니소바인이 분기된 것은 47~38만 년 전으로 추정되었다. 시마 데 로스 우에소스 동굴 인골의 연대와 게놈이 분석됨으로써 네안데르탈인과 데니소바인의 분기는 43만 년보다 더 이전이었다는 사실도 밝혀졌다.

신기하게도 시마 데 로스 우에소스 인골의 미토콘드리아 DNA는 데니소바인과 유사했고, 핵 게놈은 네안데르탈인과 유사했다. 시마 데 로스 우에소스의 인골이 초기 네안데르탈인이라면 이 핵 DNA의 분석 결과는 데니소바인과 네안데르탈인의 관계와 들어맞는다. 하지만 미토콘드리아 DNA는 왜 네안데르탈인보다 데니소바인과 유사했던 것일까?

이는 다음과 같이 생각하면 이해가 된다. 즉, 데니소바인의 미토콘드리아 DNA는 미지의 원인(原人)으로부터 전해진 것이 아니라, 원래는 네안데르탈인과의 공통 조상의 것이었는데 네안데르탈인 쪽의 미토콘드리아 DNA가 이후 호모 사피엔스의 것으로 대체된 것이다.

게다가 네안데르탈인은 부계로부터 자식에게 계승되는 Y염색체의 DNA 역시 데니소바인이 아닌 호모 사피엔스와 유사하다는 사실이 밝혀졌다. 양쪽의 Y염색체 DNA를 분석한 결과, 37~10만 년 전 어느 시점에 네안데르탈인의 Y염색체도 호모 사피엔스 계통으로 대체된 것으로 보인다.

네안데르탈인은 호모 사피엔스에게 DNA를 전달했으나, 반대로 네안데르탈인도 어느 시점에서인가 이종교배를 통해 호모 사피엔스로부터 미토콘드리아 DNA와 Y염색체의 DNA를 둘 다 계승했던 것이다. 미토콘드리아와 Y염색체의 DNA는 네안데르탈인에게 따로따로 혼입되었을 것이기 때문에, 이 둘 모두가 호모 사피엔스의 것으로 대체될 확률은 네안데르탈인 집단 안에서도 상당히 낮았을 것으로 예상된다. 우연히는 일어날 수 없다고 생각하는 게 자연스럽기 때문에 거기에는 뭔가 생물학적인 필연성이 있을 걸로 추측된다. 아직은 상상의 범위 안에 있지만 어쩌면 호모 사피엔스의 미토콘드리아 DNA와 Y염색체는 네안데르탈인의 것보다 생존에 더 유리했을지도 모른다.

여기서 알 수 있는 것은 네안데르탈인과 우리가 수십만 년에 걸쳐 이종교배를 거듭했을 가능성이 있다는 것이다. 미토콘드리아 DNA와 Y염색체의 교환과 관련된 초기의 이종교배는 네안데르탈인의 분포를 생각했을 때 아프리카에서 일어났을 걸로 보기는 어렵고, 호모 사피엔스의 조상 중 어떤 계통이 유라시아 대륙에 존재했을 가능성이 있다. 그러면 호모 사피엔스의 탈아프리카는 6만 년 전뿐 아니라, 40만 년 전 이후에도 있었다는 얘기가 된다. 혹은 호모 사피엔스가 유라시아 대륙에서 다른 인류로부터 진화했다고 생각할 수도 있다.

그들과 우리의 관계는 상당히 복잡해서 아직 완전히 밝혀졌다고 말하기에는 거리가 있기 때문에 앞으로도 정설을 번복하는 연구 결과는 계속 발표될 것이다.

데니소바인의 정체

데니소바 동굴과 관련해서는 2018년에 다시 한 번 놀라운 연구 결과가 발표되었다. 이 동굴에서 발견된 9만 년 전의 것으로 추정되는 1센티미터 정도의 긴뼈 파편(데니소바 11호)에서 추출한 DNA를 분석한 결과, 그는 네안데르탈인 어머니와 데니소바인 아버지 사이에서 태어난 혼혈인 것으로 판명된 것이다. 뼈의 길이로 봤을 때 13세

전후로 추정되며 게놈 분석 결과 여성이라는 사실도 알게 되었다. 데니소바 동굴에서는 네안데르탈인과 데니소바인 게놈이 발견되었기 때문에 이 둘이 이종교배를 했다 해도 이상하지 않지만 직접적인 증거가 발견된 것은 기적적인 일이라 할 수 있을 것이다.

우리는 부모에게 물려받은 게놈을 지니고 있다. 따라서 우리 자신의 게놈을 분석함으로써 부모의 게놈에 대해서도 알 수 있다. 흥미로운 사실은 데니소바 11호의 네안데르탈인 모계에서 온 게놈은 같은 동굴에서 발견된 네안데르탈인(데니소바 5호)보다도 후기의 서유럽 네안데르탈인과 유사하다는 점이다.

아마 어머니는 차기르스카야 동굴의 네안데르탈인 계통이었을 것으로 추정된다. 여기서도 서시베리아에서 네안데르탈인 내 집단 교체가 일어났음이 확인되었다. 그녀의 아버지(데니소바인)의 게놈에서는 수백 세대나 이전 조상 중에 네안데르탈인이 있었다는 사실도 판명되었다. 고대 게놈 해석이 가능해지면서 이렇듯 화석 증거로는 전혀 알 수 없었던 고대인 집단의 역사가 밝혀지고 있다.

데니소바인의 흔적은 손가락뼈나 어금니, 긴뼈의 조각

등 극히 한정된 작은 뼈나 치아밖에 남아 있지 않다. 어금니는 네안데르탈인이나 호모 사피엔스에 비해 커서 다른 종일 것으로 예상되나 외형이나 분포 범위에 대해서도 거의 밝혀진 바가 없다. 그야말로 수수께끼의 인류이지만 그 실태에 접근할 수 있는 것들이 발견되고 있고, 연구도 진행 중에 있다. 2019년에는 지난 1980년 티베트 고원에 위치한 중국 간쑤성 샤허의 바이시야 동굴에서 발견된 16만 년 전의 아래턱뼈가 데니소바인의 것으로 동정되기도 했다. 이 결과는 DNA가 아닌 콜라겐 단백질의 아미노산 서열을 통해 얻어졌다. 이 아래턱뼈는 데니소바 동굴 외의 다른 곳에서 발견되어 보고된 첫 데니소바인이다. 또한 2020년에는 이 동굴의 6만 년 전과 10만 년 전의 퇴적물에서 데니소바인의 미토콘드리아 DNA가 검출되었기 때문에 데니소바인은 상당히 오랜 기간 이 지역에 거주했던 것으로 예상할 수 있다.

이 아래턱뼈를 데니소바인의 것으로 규명한 방법에 대해 간단히 설명해 보자. 아미노산 서열은 DNA 정보에 의해 규정되므로 DNA 서열이 다르면 아미노산의 서열도 달라진다. DNA의 서열을 비교하는 것이 더 상세한 정보를 얻을 수 있지만 화학적으로 안정된 물질인 단백질은 손상이 더 큰 샘플에서도 정보를 얻을 수 있다. DNA와 마찬가지로 단백질 분석 기술이 발달하여 이런 분석이 가능해진 것이다.

ZooMS 혁명

ZooMS는 파편화되어 형태만으로는 종을 동정할 수 없는 생물종의 콜라겐 아미노산 서열을 질량분석계를 이용하여 동정(同定)하는 연구인데, 동물 고고학 분야에 혁명적인 진전을 가져왔다. 실제로 뼈 안에 있는 콜라겐 단백질은 아미노산이 수백 개나 연결된 펩타이드라는 작은 회합물이다. 동물의 유형이 다르면 펩타이드의 특징도 살짝 다르기 때문에 정체불명의 뼈가 갖는 펩타이드의 특징을 이미 밝혀진 동물의 것과 대조함으로써 동물의 과나 속, 때로는 종까지 알아낼 수 있다.

2008년 이후, 데니소바 동굴에서는 13만 5000개 이상의 뼛조각이 발굴되었는데 그 가운데 95퍼센트는 너무 작아 형태로는 종을 동정할 수 없다. 그래서 ZooMS 분석으로 인간의 뼛조각을 찾아내는 연구가 진행되었다. 뼛조각 대부분은 맘모스, 하이에나, 말, 순록, 털코뿔소 등 빙하기의 동물이었는데 인류의 뼈도 하나 발견되었다. 그것이 바로 앞에서 얘기한 데니소바 11호, 즉 데니소바인과 네안데르탈인 혼혈 소녀의 뼈였던 것이다.

 데니소바인의 분포를 증명하는 직접적인 화석 증거는 현재 데니소바 동굴과 티베트고원뿐이지만 게놈 해석 결과를 통해 그들이 더욱 광범위한 지역에 분포했음을 시사하는 증거가 드러나고 있다. 데니소바인의 핵 게놈을 분석하면서 동시에 호모 사피엔스 DNA와의 공통 부분을 찾는 연구도 진행되었는데 그 결과, 데니소바인의 DNA는 파푸아뉴기니인들에게 전해졌다는 사실이 밝혀진 것이다. 그들이 갖는 DNA의 3~6퍼센트는 데니소바인에게서 전해진 것이었다.

 이후의 상세 연구를 통해 남아시아나 동아시아 사람들, 나아가 아메리카 원주민들도 파푸아뉴기니인의 20분의 1 정도에 해당하는 데니소바인 유래 DNA를 공유하고 있음이 확인되었다. 또한 동아시아를 중심으로 한 데니소바인 집단의 게놈은 파푸아뉴기니인과는 다른 혼혈에 의해 전해졌다는 사실도 밝혀졌다. 즉, 데니소바인과 호모 사피엔스는 적어도 2번, 각각 이종교배를 했던 것이다.

파푸아뉴기니인들은 데니소바인뿐 아니라 네안데르탈인의 게놈도 2퍼센트 정도 물려받았는데, 양측을 상세히 연구한 결과 네안데르탈인과의 이종교배가 먼저 이루어지고, 그 후 데니소바인의 게놈을 물려받았다는 사실을 알게 되었다. 또한 티베트고원 현대인의 적혈구를 조사한 결과, 활발히 활동하는 변형 유전자가 데니소바인에게서 유래했다는 사실도 판명되었다. 이 변형 유전자는 산소가 적은 고지대에 유리한데, 호모 사피엔스가 고지대에 진출했을 당시 이종교배를 통해 데니소바인들로부터 이 변형 유전자를 전해받았을 것으로 추정된다. 티베트 고원에서는 16만 년 전 데니소바인의 화석이 발견되었고, 6만 년 전의 미토콘드리아 DNA가 검출되었기 때문에 그들은 고지대에 적응했던 것으로 생각할 수 있다. 하지만 호모 사피엔스가 티베트고원에 진출한 것은 약 1만 1000년 전의 일이므로 이 둘이 만날 수 있었다면 상당히 훗날까지 데니소바인이 생존했어야 한다. 이를 근거로 데니소바인들은 데니소바 동굴뿐 아니라 다른 지역에서도 수만 년 전까지 살았을 가능성이 제기되게 되었다.

데니소바인은 언제까지 존재했나

2019년에는 파푸아뉴기니나 피지 등 멜라네시아 집단에 전해진 데니소바인의 DNA 단편을 상세히 조사한 결과, 데니소바인과 멜라네시아인 조상의 이종교배 정황이 밝혀졌다. 데니소바인과 멜라네시아인의 조상은 4만 년 전과 3만 년 전에 적어도 2번 이종교배를 했고, 놀랍게도 1만 수천 년 전까지 생존했을 가능성이 제기되었다.

또한 뉴기니인과 오스트레일리아의 원주민(애버리진)이 갖는 데니소바인 유래 DNA를 데니소바인의 DNA와 비교하는 연구도 진행되었다. 그 결과, 데니소바 동굴의 데니소바인과 뉴기니인 조상에게 DNA를 전달한 데니소바인이 갈라진 것은 40~28만 년 전 사이임이 판명되었다.

네안데르탈인과 데니소바인의 분기가 43만 년 전보다 약간 더 오래된 시대라는 점을 생각하면, 이들 데니소바인 계통은 네안데르탈인에게서 갈라져 나와 비교적 이른 시기에 분기한 셈이 된다. 적어도 두 계통이 만난 것은 확실하고, 각자가 살았던 장소가 멀리 떨어져 있었다는 점, 분기한 연대가 오래되었다는 점을 생각하면 실제로는 더 많은 데니소바인 계통이 존재했을 것으로 추정된다.

2021년에 실시된 분석에서는 필리핀 원주민인 네그리토 가운데 데니소바인의 유전자 비율이 파푸아뉴기니 등지의 집단보다 높은 사람이 있다는 사실도 확인되었다. 이는 다른 멜라네시아 집단과는 별개로 네그리토와 데니소바인 사이에 이종교배가 있었음을 추측하게 하는 증거가 된다. 이 이종교배는 약 5만 3000년 전에 일어났을 것으로 추정되는데, 네그리토 집단이 살고 있는 루손섬의 칼라오 동굴에서는 2019년에 6만 6000년 전의 것으로 추정되는 호모속의 신종 인류, 호모 루소넨시스가 발견되었다. 이 인류가 데니소바인일 가능성도 있다.

또 다른 미지의 인류

일단 네안데르탈인 이야기로 돌아가 보자. 상세 분석을 통해 극소량이지만 네안데르탈인의 DNA가 현대의 아프리카인에게도 전해졌음이 밝혀졌다. 네안데르탈인과 이종교배를 한 아프리카 외부의 호모 사피엔스가 역사 속에서 다시 아프리카로 돌아와 그곳에 살고 있던 호모 사피엔스 집단과 이종교배를 함으로써 현대의 아프리카인에게도 네안데르탈인의 게놈이 포함된 것으로 생각된다. 다만, 그 양은 비아프리카인에 비해 3분의 1 정도라고 한다.

한편, 사하라사막 이남에 사는 아프리카인 중에는 네안데르탈인과의 혼혈이 없었던 것으로 보이는 집단도 있다. 그들과 네안데르탈인, 데니소바인의 유전적인 차이를 비교하니 원래라면 비슷한 수준이어야 할 차이가 데니소바인과 비교했을 때 다소 크다는 결과가 나왔다. 이를 근거로 데니소바인, 나아가 미지의 인류와의 혼혈이 이루어졌을 것으로 추측된다. 140~90만 년 전에 호모 사피엔스, 네안데르탈인, 데니소바인의 공통 조상으로부터 분기한 또 하나의 인류가 있고, 그들이 데니소바인과 이종교배를 했을 것으로 추정되고 있다.

재현된 데니소바인의 모습

데니소바인은 티베트의 고원에서 동남아시아의 밀림지대에 이르는 광범위한 지역에 살았으며 수만 년 전까지 생존한 것으로 추정된다. 이 시대의 동남아시아나 동아시아 지역에서는 다양한 화석인류가 보고되고 있는데, 소위 말하는 원인(原人) 단계의 화석인류로 유명한 베이징원인이나 자바원인 외에 중국에서는 35만 년 이후의 것으로 추정되는 다리, 마바, 쉬자야오, 진뉴산에서 발견된 화석이 있다(그림 2-2). 이들의 외형은 호모 에렉투스나 하이델베르겐시스, 혹은 네안데르탈인과 닮은 점도 있는 것으로 보여 계통 관계는 불명확하지만 이들 중 어느 것인가, 혹은 모두가 데니소바인일 가능성도 있다.

작은 뼛조각밖에 남아 있지 않은 데니소바인의 모습을 재현하려는 시도도 있다. 인간이 지닌 유전자가 어떤 작용을 하는지 모두 밝혀진 것은 아니지만 게놈 과학의 발전으로 서서히 메커니즘이 규명되고 있다. 인체를 구성하는 세포는 원칙적으로 인간 한 명을 만들기 위한 모든 유전자를 가지고 있지만 하나하나의 세포에 주목해 보면 모든 유전자가 똑같이 작용하는 게 아니라, 각 세포의 목적에 따라 필요한 유전자만 작용한다. 예를 들면 머리카락을 만드는 세포는 그를 위한 유전자만 활동한다.

이는 필요 없는 유전자가 발현하지 않도록 정지시키는 시스템이 있기 때문인데, 그 제어 방법 중 하나가 DNA의 특정 장소에 메틸기를 붙이는 '메틸화'이다. 일반적으로는 DNA의 서열을 결정해도 어느 유전자가 발현했는지 알 수 없지만 고대 DNA의 경우는 긴 시간을 거치면서 DNA가 분단되고 변성될 때 이 메틸화된 부분과 그렇지 않은 부분의 변성 방법이 달라진다는 사실이 밝혀졌다. 이 성질을 이용해 데니소바인의 DNA 메틸화 지도가 복원되었다. 이를 호모 사피엔스의 메틸화 지도와 비교해 세포 내 DNA의 역할 차이를 추정할 수 있다.

데니소바인의 전장 게놈(Whole Genome)은 뼈세포에서 얻은 것이므로 데니소바인의 뼈세포 DNA의 메틸화 상태를 알 수 있다. 2019년에 이 메틸화 데이터에서 데니소바인의 골격에 관한 32개의 특징을 추출했고, 그들의 골격을 재현하기 위한 시도의 결과가 보고되었다. 그에 따르면 데니소바인은 좁은 이마나 다부진 턱 등 많은 점에서 네안데르탈인과 유사하지만 머리의 폭은 네안데르탈인이나 호모 사피엔스보다 넓었던 게 아닐까 추측된다. 아래턱뼈의 특징이 티베트고원에서 발견된 것과 유사하다는 사실도 밝혀졌다. 이 두개골 형상은 쉬자야오의 인골 특징과 일치한다는 견해가 있고, 이 화석이 데니소바인의 것이라고 생각하는 연구자도 있다.

2010년에 작은 손가락뼈의 게놈이 분석되면서 세상에

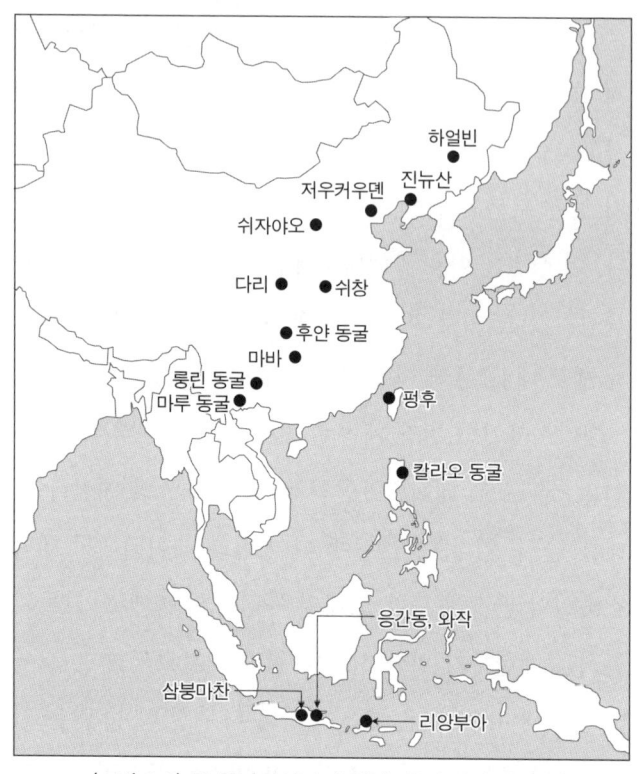

(그림 2-2) 동·동남아시아의 원인~구인 화석 발견지

알려진 데니소바인. 그 정체는 여전히 불명확한 부분이 많지만 지난 10년 간의 연구로 놀라운 실상이 밝혀지고 있다. 그들의 존재가 인류의 진화사에 미친 영향력은 크고, 지금까지 알고 있던 100만 년 전 이후 인류의 진화사는 이제 대대적으로 수정해야 할 상황에 놓여 있다. 화석

계통 연구에서는 거의 무시되어 온, 다른 계통 인류와의 이종교배가 장기간에 걸쳐 지속되었고, 그 영향이 호모 사피엔스가 지닌 유전자에도 남아 있다는 사실이 밝혀짐으로써 인류 진화에 대한 연구는 새로운 단계로 접어들고 있다.

4. 호모 사피엔스 탄생의 시나리오

고대 게놈이 분석되기 시작하면서 데니소바인이라는 미지의 인류도 그 구성원에 포함되었다. 이로써 기존의 학설은 대대적으로 변경할 수밖에 없게 되었다. 이번 장에서는 원인(原人, 호모 에렉투스)로부터 구인(舊人, 호모 하이델베르겐시스와 네안데르탈인)과 신인(新人, 호모 사피엔스)의 탄생 경위에 대해 화석과 게놈 데이터를 통해 알려진 것들을 정리해 보자. 그림 2-3은 지금까지 알려진 100만 년 전 이후에 생존했을 것으로 추측되는 인류의 계통이다. 여러 호모속이 같은 시기에 생존했다는 사실이 밝혀졌지만 그 관계성에 대해 현시점에서는 거의 연구된 바가 없다.

호모 에렉투스로부터의 진화

호모 에렉투스가 200만 년 전부터 아프리카를 떠남으로써 그 시대 이후에는 구대륙 각지에서 인류 화석이 발견되고 있다. 하지만 각각의 관계에 대해서는 동일 지역의 집단은 기본적으로는 연속성이 있다는 정도의 인식이 있을 뿐이다. 이렇듯 100만 년 전 이후 인류의 진화 여정은 사실 그다지 알려져 있지 않다.

이는 발견된 화석이 계통을 논할 정도로 많지 않다는 게 직접적인 원인이지만 애초에 인류 진화 연구에서는 '원인(原人) 단계에서 세계 각지로 퍼져 나간 인류가 각 지역에서 독자적으로 진화하고, 각지에 사는 호모 사피엔스가 되었다'고 생각하는 다지역 진화설이 오랫동안 지배적이었던 이유도 있다. 인류는 단계적으로 진화했을 것으로 추정되고 있었기 때문에 여러 종이 동일 지역에서 동시에 사는 상황을 상정하는 일은 거의 없었다.

호모 에렉투스로 추정되는 화석 중에는 특징이 다른

것들도 있어 몇몇은 다른 종일 것이라고 보는 연구자도 있다. 예를 들어 아프리카의 호모 에렉투스로 유명한 케냐의 투루카나호 서쪽 나리오코토메에서 발견된 약 160만 년 전의 전신 골격은 호모 에르가르스터라는 명칭으로 분류된다. 하지만 이는 예외적인 것이며 중국이나 자바에서 발견되는 베이징원인(70~40만 년 전)이나 자바원인(160~25만 년 전)과 같은 화석인류는 모두 호모 에렉투스로 분류되고 있다.

새로운 화석이 발견되면 연구자가 독자적으로 속명이나 종명을 정하기 때문에 현재 호모 에렉투스로 분류되어 있는 화석에 붙여진 명칭은 속명만 해도 4개 이상, 종명은 10개가 넘는다. 그런데 게놈 연구는 이를 하나로 묶는 데 대해 근본적인 문제를 제기하고 있다.

아시아의 호모 에렉투스가 언제 자취를 감췄는지에 대해서는 거의 알려진 바가 없지만 중국에서는 적어도 30만 년 정도 전까지는 살아 있었을 것으로 추정되고 있다. 네안데르탈인과 데니소바인은 43만 년 전 이전에 분화했을 것으로 추측되기 때문에 그 후의 아시아에서는 후기 호모 에렉투스로 분류되는 화석인류 중에 데니소바인이 있었을 가능성이 있다. 게놈 분석으로 아시아에는 데니소바인과 이종교배를 한 미지의 원인(原人)도 존재했을 가능성이 제기되고 있다. 이처럼 유라시아 대륙으로 이동한 인류의 계통이 상당히 복잡했음을 알 수 있다(그림 2-3).

아프리카에서는 원인 단계의 몇몇 종이 같은 지역에 존재했던 사실이 밝혀졌기 때문에 넓은 유라시아 대륙으로 퍼져 나간 인류의 계통을 단일 종으로 생각하기에는 무리가 있다. 고대 게놈이 해독됨으로써 지금까지 호모 에렉투스로 일괄되어 있던 인류의 계통을 근본부터 다시 생각해야 할 필요성이 대두된 것이다.

호모 하이델베르겐시스란 무엇인가

한편, 유럽에서도 호모 하이델베르겐시스로 분류되어 온 화석인류에 대한 재검토가 필요해지고 있다. 유럽에서 가장 오래된 인류 화석은 스페인에서 발견되고 있는데, 시마 데 로스 우에소스 동굴 근처에 있는 그란 돌리나 동굴에서 85만 년 전 이전의 인골이 여러 개체 발견되어 호모 안테세소르라 명명되었다. 크게는 호모 에렉투스로 구분되는 종인데 서식 연대나 지역을 고려하면 호

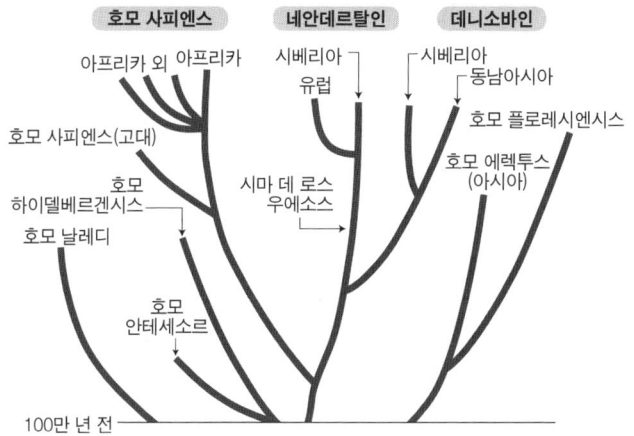

(그림 2-3) 현시점에서 알려진 100만 년 전 이후 호모속의 계통
복수의 호모속이 존재하고, 상호 이종교배가 있었음을 추측할 수 있다.

모 사피엔스, 네안데르탈인, 데니소바인의 공통 조상 후보 중 하나가 된다. 안테세소르는 두개골과 아래턱뼈, 치아 형태는 에렉투스와는 다르고, 두개골과 쇄골, 네다리뼈는 호모 사피엔스나 네안데르탈인과 닮았다고 한다. 다만 현재로는 계통 위치가 불분명하고 이를 특정하기 위해서는 같은 연대의 화석 증거가 추가로 필요하다. 약 100만 년 전의 화석이니만큼 DNA 분석이 어려울 것으로 예상되기 때문에 한층 더 안정된 콜라겐 등의 아미노산 서열 정보를 토대로 한 분석 가능 여부가 계통을 정확히 하기 위한 열쇠가 될 것이다.

하이델베르겐시스는 기존의 정설에 따르면 60~30만 년 전 유라시아 대륙과 아프리카의 광범위한 지역에서 분포했던 인류다. 게놈으로 밝혀진 분기 연대를 생각하면 이 시대에는 호모 사피엔스로 이어지는 계통과 데니소바인 및 네안데르탈인의 공통 조상이 살고 있었고, 시대가 흐르면 거기서 분기한 각각의 자손이 존재했을 것이다. 하이델베르겐시스는 유럽에 살다가 멸종한 계통인지, 아니면 호모 사피엔스와 네안데르탈인, 데니소바인의 조상을 모두 포함한 그룹인지 현재로서는 결론이 나지 않았다. 호모 사피엔스가 등장하게 된 경위를 밝히기 위해서는 앞으로 유라시아 대륙 인류의 계통 연구가 중요해질 것이다.

네안데르탈인과 호모 사피엔스의 관계

호모 사피엔스의 탄생에 대해서는 20세기 말까지 다지역 진화설이 지배적이었으나 21세기 들어 '아프리카에서 20만 년 전에 탄생한 호모 사피엔스가 약 6만 년 전에 아프리카를 떠나 구대륙에 있던 호모 사피엔스 이외의 인류를 쫓아내면서 전 세계로 퍼져 나갔다'는 신인(新人)의 아프리카 기원설로 대체되었다. 또한 2010년 이후에는 호모 사피엔스가 전 세계로 퍼져 나가는 과정에서 다른 인류의 유전자를 받아들인 사실이 밝혀졌다.

네안데르탈인이나 데니소바인이 우리 유전자의 구성에 기여했다는 것이 구대륙의 인류가 현대인의 형성에 관여한 사실을 인정하는 것이므로 부분적으로는 다지역 진화설을 지지하는 게 된다. 이 두 학설은 20세기 말부터 21세기에 걸쳐 인류 진화학 분야에서 대립하면서 큰 논쟁을 불러일으켰지만 아프리카 기원설이 다지역 진화설의 일부를 포용하는 형태로 수습이 된 것이다.

게놈이 밝힌 호모 사피엔스, 네안데르탈인, 데니소바인의 계통 관계를 보게 되면, 뒤에서 자세히 설명하겠지만, 호모 사피엔스의 화석 증거는 발상지로 알려진 아프리카 대륙에서도 30~20만 년 전까지만 거슬러 올라갈 수 있다.

호모 사피엔스 계통이 네안데르탈인과 데니소바인의 공통 조상과 분기한 것은 64만 년 전으로 추정되지만 화석 증거만으로는 분기 후 30만 년 동안 어떤 진화의 길을 걸었는지는 전혀 알 수 없다. 덧붙여 말하면 이 분기가 아프리카에서 일어났다는 증거도 없고 유라시아 대륙에서 일어났을 가능성도 있다. 이보다 더 자세한 것을 알기 위해서는 더 많은 화석이 발견되고, 게놈 분석이 진전되기를 기다리는 수밖에 없는 게 현실이다.

호모 사피엔스의 본질

호모 사피엔스, 네안데르탈인, 데니소바인 등 세 가지 종의 인류는 수십만 년에 걸쳐 공존했으며, 이종교배를 통해 서로 유전자를 교환했다는 사실도 밝혀졌다.

앞에서 설명했듯 티베트에 살고 있는 현대인 중에는 데니소바인과의 이종교배를 통해 계승했을 것으로 추정되는 고지대 적응 유전자가 있다. 네안데르탈인과 데니소바인의 혼혈도 발견되었기 때문에 이 둘 사이에 유전자 교류가 있었음도 확실하다. 아무래도 이 셋 사이에는 이종교배를 가로막는 문화적 장벽이 낮았을 가능성이 있다. 이들 3자가 이종교배를 했다는 사실은 왜 네안데르탈인아 데니소바인이 자취를 감추고 호모 사피엔스만 남았는지, 그 수수께끼를 풀 수 있는 열쇠이기도 하다.

 네안데르탈인이나 데니소바인 게놈 분석의 최대 목표는 각각의 게놈을 면밀하게 비교하여 분기 후 호모 사피엔스의 게놈이 어떻게 변화해 갔는가를 밝히는 것이다. 이것이 바로 우리를 탄생시킨 DNA의 변화이고, 우리는 무엇인가를 알려 주는 유전자적 증거가 되기 때문이다. 2014년 1월, 데니소바 동굴 네안데르탈인의 게놈이 현대인과 같은 정확도로 분석된 이래로 네안데르탈인과 호모 사피엔스의 게놈을 비교하는 연구가 계속 진행 중이다. 그리고 연구 결과 이종교배를 통해 계승된 유전자와 계승되지 않은 유전자가 있다는 사실이 밝혀졌다.

 이종교배 1세대는 네안데르탈인과 호모 사피엔스의 유전자를 반반씩 갖게 된다. 그 후, 호모 사피엔스끼리의 혼인이 계속되면 2세대에서는 네안데르탈인의 유전자는 4분의 1이 되고, 대를 거듭할수록 반감하게 된다. 하지만 머지않아 조상 중에 네안데르탈인이 있는 개체끼리의 혼인도 증가하기 때문에 최종적으로는 호모 사피엔스 집단에 어느 정도 네안데르탈인의 유전자가 남게 된다.

 네안데르탈인이나 데니소바인에게서 유래한 DNA의 어느 부분을 물려받았는지는 개인에 따라 다르다. 그것들은 현대인의 게놈 안에 산재해 있기 때문에 다수 사람들이 갖는 네안데르탈인 유래 DNA를 이어 붙이면 네안데르탈인 전장 게놈의 70퍼센트에 달할 것이라는 견해도 있다. 이처럼 네안데르탈인 유래 DNA는 호모 사피엔스 안에 널리 산재해 있기 때문에 앞으로 완전히 소멸될 일은 없을 것이다. 네안데르탈인 게놈은 호모 사피엔스가 멸망하지 않는 한 존재하게 된다.

각각의 유전자에 주목해 보면, 네안데르탈인 유래 유전자가 생존에 유리하면 그것을 갖는 개체는 더 많은 자손을 남기게 되고, 그 유전자는 호모 사피엔스 집단 안에서 생존하게 될 것이다. 반대로 생존에 불리하면 서서히 집단에서 제거되어 갈 것이다. 즉, 이 둘의 혼혈은 호모 사피엔스 집단 안에서 유리하게 작용하는 유전자와 불리해지는 유전자를 식별하는 장대한 실험이었다고도 할 수 있겠다.

호모 사피엔스가 수용한 유전자와 배제한 유전자

또한 피부색이나 몸털과 관련된 유전자가 네안데르탈

인에서 호모 사피엔스로 유전되었다는 사실도 밝혀졌다. 유라시아 환경에 적응한 네안데르탈인과의 이종교배가 호모 사피엔스의 한랭 기후 적응을 가능하게 했을 것으로 추정되고 있다.

한편, 아직 확실하지는 않지만 네안데르탈인의 면역계 유전자를 해석한 연구에서는 유럽인이 보유한 HLA(사람백혈구항원)의 일종인 수용체가 네안데르탈인에게서 유래했을 가능성도 제기되고 있다. 이처럼 병원체나 질병에 유리한 유전자는 집단 차원에서 중요성을 갖는다.

Toll(유사수용체)이라는 면역 관련 단백질이 있다. 이는 생체에 침투한 병원체, 예를 들면 세균이나 곰팡이, 기생충 등을 재빨리 인식하여 병원체 배제에 필요한 생체방어 반응을 활성화하는 중요한 분자다. 외부에서 침입한 전령(RNA)도 인식하여 자연면역을 활성화시키기 때문에 코로나바이러스 백신 주사를 맞았을 때 부작용을 일으키는 원인이 되기도 한다. 지금까지 인간에게는 11종의 Toll이 있는 것으로 밝혀졌는데 이 수용체 유형 중 둘은 네안데르탈인에게서, 하나는 데니소바인에게서 물려받았다고 보는 견해도 있다.

신종 코로나바이러스 감염증을 중증화시키는 유전자

가 네안데르탈인에게서 유래했을 가능성도 제기되고 있다. 중증화된 사람들의 게놈을 조사해 보니 3번 염색체의 어떤 영역이 관련되어 있다는 사실이 밝혀졌는데 빈디자 동굴에서 발견된 네안데르탈인이 바로 이 중증화되는 유형의 염색체를 가지고 있었던 것이다. 알타이 지방의 네안데르탈인에게서는 발견되지 않았기 때문에 이 유형은 유럽 네안데르탈인 계통에서 발생해, 어느 시점에 호모 사피엔스에게 전달된 것으로 추정되고 있다. 이 유형은 남아시아계인의 보유율이 높은데, 특히 방글라데시인의 60퍼센트 이상이 보유하고 있다. 유럽계도 20퍼센트 이하의 보유율을 보이지만 아프리카계와 동아시아인은 거의 보유하고 있지 않다.

이런 큰 빈도의 차이가 우연히 발생했다고 설명하기는 어렵고, 이 유형을 갖는 사람은 과거 신종 코로나바이러스 이외의 어떤 종의 병원체에 대한 저항력이 있었을 가능성이 있을 것으로 추정된다. 이는 계승된 시점에는 유리하게 작용했던 유전자가 역사 속에서 거꾸로 작용하게 된 예라 할 수 있을 것이다. 이 유전자를 가져온 것이 네안데르탈인이었을 가능성이 있다는 것은 호모 사피엔스가 과거에 다른 인류와 이종교배를 했다는 사실이 밝혀진 후에야 비로소 이해되기 시작했다.

또한 호모 사피엔스의 언어능력 유전자로 알려진 FOXP2 유전자를 둘러싼 게놈 영역에서는 네안데르탈인에게서 유래한 것은 전혀 발견되지 않는 것으로 판명되었다. 이에 근거해 언어 관련 유전 영역이 네안데르탈인과 우리의 차이를 발생시켰을 가능성도 제기되고 있다. 또한 유전자의 발현을 제어하는 조절 영역에서는 네안데르탈인 유래의 유전자가 배제되는 경향이 강하다는 사실도 밝혀졌다.

앞으로 연구가 진행됨에 따라 다양한 사실이 밝혀지고, 우리의 유전적 기초에 대해서도 더욱 상세한 정보를 얻을 수 있을 것이다. 그리고 생식에 관여하는 X염색체 유전자는 데니소바인과 네안데르탈인 양쪽 모두 호모 사피엔스 집단으로부터 배제되고 있다. 생식 관련 능력은 호모 사피엔스의 유전자가 우수했던 것 같다. 어쩌면 우리가 살아남은 이유는 단순히 자손을 남기는 데 유리해서였는지도 모른다.

이종교배의 시기

 40만 년 전부터 10만 년 전 사이 어느 단계에서 아프리카의 호모 사피엔스와 네안데르탈인은 처음으로 이종교배를 하고, 네안데르탈인의 미토콘드리아 DNA와 Y염색체가 호모 사피엔스 조상의 것으로 대체되었다. 그 후, 전 세계로 퍼져 나가는 중에도 호모 사피엔스는 네안데르탈인이나 데니소바인과 다시 이종교배를 하게 되었다. 우리가 보유한 이들 선행 인류의 DNA는 이때 물려받은 것인데, 좀 더 정확한 시기에 대한 연구가 진행되고 있다.

 2014년 시베리아 서부 우스티·이심 인근의 이르티시 강 강둑에서 발견된 호모 사피엔스 남성의 왼쪽 넙다리뼈에서 얻은 게놈 분석 결과가 발표되었다. 약 4만 5000년 전에 살았던 이 인물의 게놈은 현재까지 분석된 호모 사피엔스의 게놈 중에서 가장 오래된 것인데, 네안데르탈인에서 유래한 영역이 약 2퍼센트인 것으로 확인되었다. 하나하나의 단편은 우스티·이심에서 발견된 인골이 훨씬 길지만 비율은 현대인과 거의 차이가 없다.

 호모 사피엔스 집단 가운데 네안데르탈인 유래의 게놈 영역은 세대를 거듭할수록 단편화되어 간다. 따라서 조상이 갖는 네안데르탈인 게놈 단편이 자손의 것보다 길다. 이 성질을 이용하면 단편의 길이로 호모 사피엔스와 네안데르탈인의 이종교배 시기를 계산할 수 있다. 분석 결과, 우스티·이심인이 살았던 시대보다 약 300세대 전, 시간으로 계산하면 1만 3000~7000년 전에 이종교배가 있었다는 사실이 밝혀졌다. 지금까지 중동에서 있었을 것으로 여겨지는 네안데르탈인과의 이종교배는 대략 8만 6000~3만 7000년 전이었을 것으로 추정되어 왔는데, 인골 게놈 분석으로 이 시기가 약 6~5만 년 전 사이로 좁혀지게 되었다.

다만 이종교배가 이때 한 번만이 아니었다는 사실도 밝혀졌다. 2002년에 루마니아의 페슈테라 쿠 오아세 동굴(뼈가 있는 동굴이라는 뜻)에서 발견된 오아세 1호라 불리는 4만 2000~3만 7000년 전의 호모 사피엔스로 추정되는 남성 인골을 게놈 분석한 결과, 네안데르탈인 유래 DNA가 6~9퍼센트나 된다는 사실이 밝혀졌다. 우스티·이심인보다 더 훗날의 호모 사피엔스가 더 많은 네안데르탈인 DNA를 보유하고 있었던 것이다.

또한 네안데르탈인 유래 DNA 단편의 길이로 4~6세대 전의 조상들과 네안데르탈인 사이에 이종교배가 있었던 것으로 추정되었다. 그때까지, 현대 아시아인과 유럽인 쌍방이 네안데르탈인 유래 DNA를 보유하고 있다는 점을 근거로, 네안데르탈인과 호모 사피엔스의 이종교배는 지리적 중간 지점인 중동에서 이루어졌고, 거기서 동서로 퍼져 나갔을 것으로 추정되어 왔다. 하지만 이 연구에서는 약 4만 년 전의 루마니아에서 혼혈이 일어났을 가능성이 제기되었고, 네안데르탈인과 호모 사피엔스의 이종교배가 상당히 오랜 기간, 게다가 광범위하게 이루어졌다는 사실이 시사되고 있다. 또한 고대 시베리아의 호모 사피엔스 중에는 마찬가지로 네안데르탈인에게서 유래한 단편을 보유한 개체가 있다는 사실도 밝혀졌다. 이 역시 다른 이종교배의 증거로 볼 수 있다.

게놈 비교

호모 사피엔스와 네안데르탈인, 데니소바인은 약 60만 년 전에 공통의 조상으로부터 분기했기 때문에 그 시점에는 같은 게놈을 보유했다는 얘기가 된다. 그 후의 이종교배로 서로 DNA를 교환하는 일이 있었다고는 하지만

60만 년에 걸친 진화의 여정에서 호모 사피엔스는 독자적으로 DNA를 획득하기도 했을 것이다. 이것이 우리의 게놈에서 어느 정도의 비율을 차지하고 있는가에 대한 연구도 진행 중이다.

이 셋의 게놈을 비교한 결과, 호모 사피엔스 고유의 게놈은 전체의 약 1.5~7퍼센트라는 사실이 밝혀졌다. 60만 년은 인류 진화의 전체 여정 중에 10퍼센트에도 미치지 않는 기간이므로 이 정도의 변이밖에 없다는 것도 이상한 일은 아닐 것이다. 하지만 그 가운데 우리를 우리답게 만드는 DNA의 변화가 있었음은 틀림없는 사실이다.

고대 게놈 연구가 진행되면 호모 사피엔스와 근연인 한층 더 복잡한 인류 종 사이의 이종교배의 역사도 더욱 명확해질 것이다. 현재는 지구상에 유일하게 남은 인류가 된 호모 사피엔스이지만 그 게놈 안에는 과거 수십만 년에 걸쳐 공존해 온 다른 인류의 게놈이 포함되어 있다. 일반적으로 생물 진화에서는 격리로 인해 집단이 분열되고, 그 상태가 길어지면 종이 분화되어 다른 종이 생겨난다. 플로렌스섬에서 발견된 호빗 등은 그런 과정을 거쳐 호모 에렉투스로부터 분화되었을 것이다. 그렇지만 수십만 년 인류 진화의 역사를 훑어보면 호모 사피엔스를 형성하는 데는 분화와 함께 이종교배도 중요했음을 알 수 있다. 우리는 고립의 결과로 지구상에 유일하게 남은 종이 아니다. 그 안에 과거의 많은 인류를 포함하고 있는 것이다. 이 사실이야말로 인류라는 특수한 생물의 본질을 말해 주고 있는 것 같기도 하다.

네안데르탈인 게놈의 기능

2020년도 노벨 화학상은 2012년에 크리스퍼-카스9 유전자 가위라는 유전자 편집 기술을 발표한 에마뉘엘 샤르팡티에 박사와, 제니퍼 다우드나 박사에게 수여되었다. 이전까지 특정 유전자의 염기서열을 편집하는 것은 상당히 수고스러운 일이었는데 이 기술이 개발됨으로써 분자생물학의 세계는 단번에 게놈을 자유자재로 편집할 수 있는 시대로 돌입하게 되었다. 특정 유전자의 서열을 바꿈으로써 그 변화가 세포의 작용에 어떤 영향을 주는지를 간단히 알 수 있게 된 것이다. 개발 후 얼마 지나지 않아 노벨상이 수여된 것도 당연했다.

2021년에는 이 기술을 활용해서 네안데르탈인의 뇌세

포 기능을 조사하는 연구가 진행 중임이 보고되었다. 이 연구에서는 지금까지 알려진 네안데르탈인 및 데니소바인과 호모 사피엔스의 전장 게놈 서열을 비교했다. 그 결과 네안데르탈인과 데니소바인은 가지고 있고, 호모 사피엔스에는 없는 유전자가 예순한 개 발견되었다. 그중 하나가 신경 발생을 조절하는 유전자인 NOVA1이다. 네안데르탈인과 데니소바인은 NOVA1이 만드는 단백질의 200번째 아미노산은 예외없이 이소루신인데, 호모 사피엔스는 모두 발린으로 변이되어 있었다.

유전자 편집 기술의 진보

이 변화의 의미를 살펴보기 위해 야마나카 신야(ips, 즉 유도만능줄기세포 개발과 그 응용 과정에 기여한 공로로 2012년 존 거던과 노벨 생리·의학상을 공동 수상한 일본의 의학자이자 줄기세포 연구자: 역주) 박사가 개발한 ips세포가 사용되었다. 이 세포는 각종 조직이나 장기 세포로 분화하는 능력과 거의 무한대로 증식하는 능력이 있다. 호모 사피엔스의 NOVA1 단백질의 200번째 아미노산을 지정하는 유전암호 서열을, 크리스퍼-카스9 유전자 가위로 편집한 후 ips세포에 주입하면 NOVA1 유전자에 한해서는 네안데르탈인이나 데니소바인과 같은 ips세포를 얻을 수 있게 된다. 이 연구에서는 이 세포를 배양하여 뇌의 피질과 유사한 조직인 오가노이드(인체 줄기세포를 시험관에서 키워 만드는 장기 유사체: 역주)까지 만들 수 있었다.

이 오르가노이드는 현대인의 것과 비교하면 약간 작고 표면이 많이 울퉁불퉁하며 신경세포들을 연결하는 시냅스의 수가 감소되어 있었다. 뇌에서 작용하는 한 유전자의 단 한 곳의 서열이 바뀐 것만으로 육안으로 관찰할 수 있을 정도의 변화가 나타난 것이다. 미세한 전극이 다수 심어진 측정기에 올려 기능을 측정한 결과, 이 오가노이드는 신경 활동량은 많지만 동조성은 낮아, 호모 사피엔스 쪽이 기능적으로 더 뛰어나다는 사실을 알게 되었다. 다만, 배양된 조직의 크기는 지름이 1밀리미터 정도여서 고차원인 뇌의 기능을 조사하지는 못했다.

유전자 편집 기술의 발달로 이런 연구가 가능해진 것이다. 발견된 나머지 예순 개 유전자의 변화에 대해서도 연구가 진행되면 네안데르탈인이나 데니소바인과 우리의 차이가 더욱 명확해질 것이다. 한편, 이런 기술의 진전은 이론적으로는 네안데르탈인이나 데니소바인을 부활시킬 수도 있다. 인간에게 유전자 편집 기술을 적용하는 것은 중대한 윤리적 문제를 내포하고 있고, 현재로는 그런 연구가 진행될 거라고는 생각할 수 없지만 적어도 배양세포 차원에서는 연구가 이루어지고 있는 것이다.

칼럼2 DNA·유전자·게놈

이 책에서는 최근 수년간의 DNA 분석으로 밝혀진 인류의 진화나 지역 집단의 형성 시나리오를 해설하고 있다. 그중에서 아무래도 피할 수 없는 것이 분자생물학이나 유전학에서 사용되는 용어와 그 의미를 이해하는 일일 것이다. 이를 본격적으로 설명하면 전문 서적 한 권 분량은 될 것이기 때문에 여기서는 독자들이 이 책의 내용을 이해하는 데 필요한 기본적인 용어와 그 뜻에 대해 간단히 설명하고자 한다.

유전자는 우리의 몸을 구성하고 있는 다양한 단백질의 구조와 그것이 만들어지는 타이밍을 기술한 설계도이다. 인간은 약 2만 2000종의 유전자를 가지고 있고, 그 정보를 토대로 만들어지는 단백질이 우리의 몸을 만들고, 세포 안에서 일어나는 다양한 화학반응을 제어하여 일상의 생활을 가능하게 한다. 이 설계도를 적는 '문자'에 해당하는 것이 DNA이다.

DNA의 정식 명칭은 데옥시리보 핵산이며 G(구아닌), A(아데닌), T(티아민), C(사이토신)이라는 네 종류의 화학물질을 함유하고 있다. 이 4종은 통칭 '염기'라는 특별한 명칭으로 불리기 때문에 DNA와 염기는 거의 동의어가 된다. DNA는 복제를 만들기 위해 두 가닥의 사슬 모양의 구조로 되어 있고, G와 C, A와 T가 각각 쌍을 이루어 존재하기 때문에 보통은 이를 '염기쌍'이라고 표현한다.

　인간의 DNA에는 총 약 60억 개의 염기쌍이 존재하고, 세포의 핵 안에 접힌 실의 상태로 있는 DNA를 펼치면 길이가 약 2미터에 달하는데, 우리 몸에 핵이 있는 세포는 약 20조 개이므로 인간 한 명이 갖는 DNA의 전체 길이는 자그만치 400억 킬로미터가 된다. 여기서 우리는 DNA가 얼마나 가느다란지 알 수 있다.

　그리고 설계도라 하면 치밀할 것 같지만 실제로는 그렇지 않고, 인간의 DNA에는 의미 없는 부분이 다량 포함되어 있다. 실제로 단백질을 기술하고 있는 부분은 2퍼센트 정도밖에 되지 않는다고 한다. 우리의 몸을 만드는 설계도는 대부분이 의미 없는 단어의 나열로 이루어져 있고, 중간중간에 잠깐 생각난 듯 의미 있는 문장을 포함하고 있는, 상당히 기묘한 형태인 것이다.

게놈이라는 단어는 인간을 구성하는 유전자의 최소 세트를 가리키는 명칭이다. 따라서 게놈은 한 사람 한 사람을 만들기 위한 전체 유전자 세트이고, 그 유전자를 기술하고 있는 것이 DNA라고 생각하면 된다. DNA가 설계도를 그리기 위한 문자이고, 유전자는 개별 활동을 담당하는 설계도, 그 전체를 합하면 인간의 몸을 만드는 전체 설계도(게놈)가 완성된다. 그러므로 게놈은 한 사람이 갖는 DNA의 총체라고도 할 수 있다.

그런데 게놈을 최소한의 세트라고 말한 데는 다른 뜻도 있다. 세포가 분열하여 두 개가 될 때, DNA는 굵고 짧게 뭉친 막대 형태의 염색체가 된다. 인간의 염색체는 전부 23쌍이 있고, 양쪽 부모로부터 물려받은 한 세트씩 두 세트가 쌍을 이룬다. 즉, 실제로 우리 세포에는 2인분의 설계도가 들어 있는 것이다. 이 두 세트의 유전자를 섬세하게 제어하여 한 명의 인간이 만들어진다.

우리는 자신이 가지고 있는 이 2인분의 유전자를 뒤섞어(재편성하여) 한 세트의 게놈을 만들고, 배우자의 게놈과 합쳐 자손에게 전달한다. 즉, 아이는 부모로부터 유전자를 절반씩 받게 되는 것이다. 하지만 여기에는 예외가 둘 있다. 하나는 세포질에 있는 미토콘드리아 DNA인데 이

것은 어머니의 것이 그대로 아이에게 전달된다. 다른 하나는 남성을 만드는 유전자인 Y염색체인데 아버지로부터 아들에게 전해진다.

적혈구 등의 일부 예외를 제외하면 대부분의 세포에 이 게놈 세트가 수납되어 있다. 즉, 몸 안에는 막대한 수의 게놈 사본이 존재하는 것이다. 몸을 만드는 세포는 분열과 사멸을 하면서 항상 바뀌기 때문에 그때마다 DNA도 복제된다.

이 복제 기구는 대단히 교묘해서 거의 실수를 저지르지 않고 원래의 염기서열을 복제하지만 드물게 실수를 할 때가 있다. 우리는 이 현상을 돌연변이라고 부른다. 체세포에서 돌연변이가 일어나면 암 등을 유발할 수 있는데 아이를 만들기 위한 생식 계열의 세포, 즉 정자와 난자의 세포에 발생한 돌연변이는 자손에게 전해진다. 생식세포에 발생한 돌연변이가 생물 다양성의 근간이 되고, 또한 이를 분석함으로써 집단의 역사를 알 수도 있다. 이 책에서 설명하고 있는 것은 바로 그 성과에 해당하겠다.

미토콘드리아와 Y염색체의 DNA는 각각 어머니로부

터 아이에게, 아버지로부터 아들에게 직접 물려준다. 따라서 그 다양성은 원래 하나의 DNA 서열에서 태어난 것이므로 그 변화를 거꾸로 되짚어가면 조상까지 거슬러 올라갈 수 있는 것이다.

이 방법을 계통분석이라 부르며, 이를 이용하면 남성과 여성이 어떻게 전 세계로 퍼져 나갔는지 밝힐 수 있다. 이 변화의 순서를 복원하는 다양한 수학적 방법이 개발되어 있기 때문에 요즘은 DNA 서열만 입수할 수 있다면 그것을 컴퓨터에 입력하여 계통수를 작성할 수 있다.

그림 2-4는 미토콘드리아 DNA의 계통분석 결과이다. 각 개인이 가진 미토콘드리아 DNA나 Y염색체의 서열을 하플로타입이라 부르는데 종류가 아주 많다. 예를 들어 집단의 기원에서 어느 정도 거슬러 올라가 조상이 같아지는 하플로타입을 모아 하플로그룹으로 묶는다. 하플로타입이나 하플로그룹은 혈액형 같은 것이라서 개인마다 고유한 것을 갖게 된다. 같은 하플로그룹에 속한 이들의 모계를 거슬러 올라가면 하플로그룹이 다른 이들보다 먼저 공통의 조상에 도달한다. 그림에서 왼쪽 위의 검은 동그라미(L)가 인류 공통 조상의 하플로그룹이다. 거기서 갈라져 나온 L로 시작하는 하플로그룹은 모두 아프

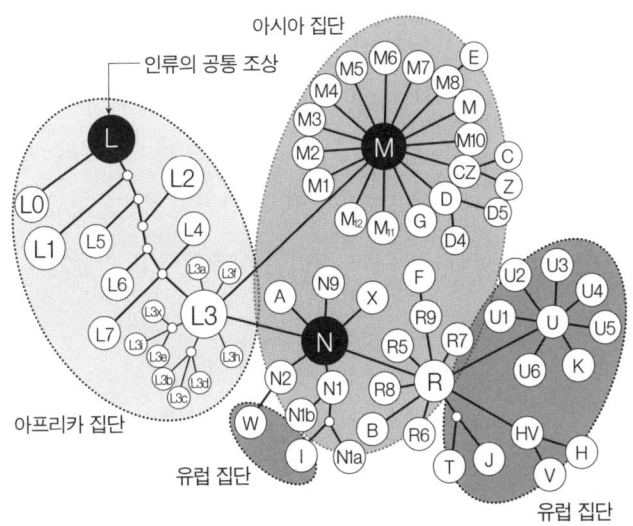

(그림 2-4) 미토콘드리아 DNA의 계통분석 결과

리카인이 속한 하플로그룹이다. 그중 L3라는 하플로그룹에서 M과 N이라는 두 개의 하플로그룹이 탄생했고 전 세계로 퍼져 나갔다. 현재는 M에서 파생한 하플로그룹은 아시아인, N에서 파생한 하플로그룹은 아시아인과 유럽인에게 전해졌다.

양쪽 부모로부터 물려받는 핵의 DNA에도 돌연변이가 일어난다. 인간 DNA의 서열에는 대략 문자 1000개당 한 개의 비율로 변이가 있다는 사실이 밝혀졌고, 이 변이를 단일염기서열 다형성(SNP)이라 부른다. SNP는 교배를 통해 자손에게 전달되는데 돌연변이로 새롭게 만들어진 SNP는 혼인 집단 내로 퍼지게 된다. 이 성질을 이용하면 집단끼리의 근친성을 알 수도 있다. SNP를 공유하는 집단은 가까운 과거에 분리되었다고 판단할 수 있고, 공유가 없는 집단끼리는 계속 격리된 상태였다고 판단할 수 있기 때문이다.

A라는 현대인 집단을 조사했는데 다른 집단이 과거에 각각 고유하게 지니고 있던 SNP의 조합을 가지고 있는 걸로 드러나면 A집단은 그 두 집단이 결합하여 만들어진 것이다. 양쪽 부모로부터 물려받은 SNP가 같은(동형접합) 것이 다수라면 집단 내의 혼인이 이어져 왔다고 추정할 수 있다. 반대로 SNP가 다른 염기를 갖는(이형접합) 것이 많을 때는 다른 SNP를 갖는 이들끼리 혼인이 이루어졌다고 추정할 수 있는 것이다.

3장
'인류의 요람' 아프리카
- 초기 사피엔스 집단의 형성과 이동

1. '최초의 호모 사피엔스'에서 탈아프리카까지

 인류는 아프리카를 떠나 전 세계로 퍼져 나갈 때까지 10만 년 이상 그 땅에서 살았다. 그사이에 아프리카의 다양한 환경으로 진출하여 몇 번의 큰 환경 변화를 극복한 것이 이후의 세계 진출을 용이하게 했을 것으로 인식되고 있다. 이 장에서는 호모 사피엔스가 아프리카에서 어떻게 퍼져 나갔는지 DNA가 가르쳐 주는 대로 따라가 보기로 하자.

아프리카에서 탄생한 호모 사피엔스

 현재는 호모 사피엔스가 아프리카에서 탄생했다는 것이 거의 정설로 굳어 있다. 무엇보다 아프리카의 약 30만 년 전 지층에서 오래된 호모 사피엔스의 화석이 발견되었고, 그 후 시대의 화석도 아프리카에서만 발견되고 있기 때문이다.

하지만 네안데르탈인과 데니소바인의 공통 조상에서 분기한 것이 약 60만 년 전임에도 불구하고 탄생 후 상당히 오랫동안 호모 사피엔스의 조상으로 판단되는 화석이 발견되지 않았다는 점이나 수십만 년 전에 네안데르탈인과의 사이에서 이종교배가 있었던 점 등을 생각하면 호모 사피엔스의 최초의 조상은 아프리카가 아닌 유라시아 대륙에 있었던 게 아닐까 하는 해석도 어느 정도 설득력을 갖는다. 유라시아에 있던 원인(原人) 집단 안에서 호모 사피엔스, 네안데르탈인, 데니소바인이 탄생하고 30만 년 전 이후에 아프리카 대륙으로 이동한 호모 사피엔스 그룹이 훗날 전 세계로 대이동을 하는 아프리카의 호모 사피엔스가 되고, 유라시아에 남은 그룹은 네안데르탈인과 이종교배를 한 다음에 멸종했다는 시나리오도 생각해 볼 수 있다.

현재 발견되고 있는 유라시아나 아프리카의 원인(原人)과 구인(舊人) 화석만으로 이 시나리오의 정당성에 대해 논하기는 어렵고, 결론을 얻기 위해서는 더 많은 화석 증거를 모으고 검증할 필요가 있다. 아무튼 게놈 데이터를 통해 다른 인류 집단 간에 이종교배가 있었음이 밝혀짐으로써 지금까지 아프리카만을 대상으로 해 온 호모 사피엔스의 기원에 대한 연구가 지리적인 범위를 더 넓혀야 할 필요성이 생긴 것은 확실할 것이다.

초기 호모 사피엔스의 모습

일반적으로 호모 사피엔스는 네안데르탈인 등 다른 화석인류와 비교하면 작고 섬세한 안면부, 돌출된 아래턱 하단, 낮고 아치 모양을 한 눈구멍 위의 융기, 높고 둥근 마루뼈 등을 특징으로 들 수 있다(그림 3-1).

아프리카에서는 모로코의 제벨 이르후드에서 발견된 전신 골격을 포함한 5개체(30만 년 전), 남아프리카의 플로리스바드에서 발견된 안면부와 마루뼈 화석(26만 년 전), 에티오피아의 오모·키비쉬(kibish. 23만 3000년 전)와 헤르토(herto, 16만 년 전)의 각각 1호와 2호의 두개골 등 30만 년 전 이후의, 소위 초기 호모 사피엔스로 추측되는 몇 개체분의 화석이 발견되었고, 그들의 형태학적 특징상 초기 호모 사피엔스(고대형 호모 사피엔스)의 특징이 추정되고 있다. 다만, 30~15만 년 전까지는 아프리카 전역에서 문화적으로는 균일했을 거라고 여겨지지만 연구 결과 이들 화석 간의 형태는 차이가 컸다.

제벨 이르후드의 두개골은 후면부의 형태는 호모 사피엔스라고 할 수 있으나, 마루뼈는 네안데르탈 등 구인과 닮았다. 때문에 완전히 호모 사피엔스의 범주에 들지는 않는다고 생각해 1935년에 발견된 플로리스바드 두개골과 함께 다른 종으로 분류된다는 의견도 있다. 마찬가지로 호모 사피엔스와는 형태가 다르다는 이유로 헤르토 역시 다른 종으로 보는 연구자도 있다. 또한 오모·키비쉬에서 발견된 두 두개골은 1호는 비교적 현대적인 데 반해 2호는 원시적인 특징이 있어 형태상의 차이가 있음이 지적되고 있다. 실제로 현대인처럼 높고 둥근 마루뼈는 아프리카에서는 10만 년 전 이후에 출현한 것으로 여겨지고, 고대 화석의 두개골 용적은 현대인과 거의 같지만 모양은 다르다.

개개의 화석을 하나하나 살펴보면 30만 년 전부터 약 10만 년 전까지의 아프리카에서는 호모 사피엔스의 특징과 그 이전 화석 인골의 특징이 모자이크처럼 흩어져 있다. 시간이 흐름에 따라 이것들이 서서히 현대형 호모 사피엔스로서 완성되어 가는 것처럼 보이는 것이다. 최종적으로 현대인과 같은 호모 사피엔스로서 완성되는 것은 대략 10만 년 전 이후의 일이라고 여겨지고 있다.

이런 현상은 하나의 호모 사피엔스 계통이 단독으로 진화해서 탄생한 것이 아니라, 넓은 지역의 다양한 교류 속에서 현대형 호모 사피엔스가 형성되었다고 생각하는 편이 이해하기 쉽다. 현대에는 아프리카에 살던 고대형 호모 사피엔스의 다양한 계통이 현대인의 형성에 관여했다고 여겨지고 있다. 콩고나 나이지리아에서는 고전적인 특징을 갖춘 호모 사피엔스의 2~1만 년 전 화석도 발견되고 있다. 그러므로 초기 계통에 속하는 호모 사피엔스도 상당히 나중 단계까지 생존했다고 생각할 수 있다.

13만 5000~7만 년 전까지의 아프리카는 극단적 건조와 온난 다습한 기후가 번갈아 나타나는 큰 기후변동을 반복했다. 대륙 내부에 시대에 따라 상이한 각종 생태계가 출현했을 것이다. 호모 사피엔스 집단도 각자 다른 환경에서 생활하고, 각자가 독자적으로 적응해 갔다고 상상할 수 있다. 자연의 혜택에 의지하는 그들의 생존이 위협받는 사태도 많았을 것이다. 마찬가지로 호모 사피엔스는 이 시기에 다양한 문화적 요소를 발달시켜 갔음에 틀림없다. 생존의 위기는 새로운 능력을 익히는 기회이기도 하다. 물론 적응에 실패해 멸망한 집단도 다수 존재했겠지만 문화적으로 환경에 적응해 낸 집단이 생존의 가능성을 높여 가고, 때로 이종교배를 하면서 현대형 호모 사피엔스가 완성되었을 것이다.

아프리카의 현대인의 형성에서는 사하라사막의 남과 북쪽의 형성의 역사가 크게 다르다는 점에 주의해야 한다. 사하라사막보다 남쪽 지역(사하라 이남)은 진정한 의미에서 인류가 탄생한 땅으로 여겨지고 있고, 인류사에서 각별히 중요한 의미를 지니고 있다. 아프리카를 인류의 고향이라고 할 때는 보통 이 사하라 이남 지역을 가리킨다. 사하라사막은 인류의 이동에 큰 장벽 역할을 하기 때문에 그 남과 북쪽에서 집단의 형성에 관해 다른 시나리오가 그려지는 것이다.

다만, 화석을 증거로 한 초기 호모 사피엔스의 진화에서는, 아프리카 전역에서 화석이 발견되어 사하라는 큰 장벽이 되지 않는 것처럼도 보인다. 이는 10만 년을 뛰어넘는 긴 간격으로 역사를 생각할 때는 지구의 한랭화와 온난화 사이클의 영향으로 사막이 온난 다습화한 시기를 포함하기 때문에 그 영향이 보이지 않게 됨을 나타낼 것이다.

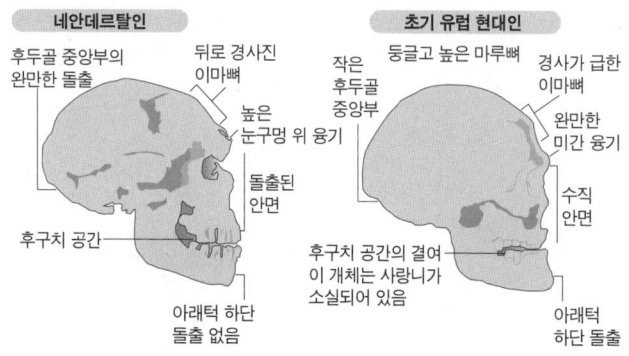

(그림 3-1) 네안데르탈인과 호모 사피엔스의 형태 차이

탈아프리카

게놈 분석을 통해 수십만 년도 더 이전에 호모 사피엔스와 네안데르탈인의 이종교배가 있었다는 사실이 확실해졌기 때문에 호모 사피엔스가 아프리카에서 탄생했다고 해도 그 무렵에는 이미 아프리카를 떠난 뒤였을 가능성도 낮지 않다. 이런 의미에서 '탈아프리카'의 무대가 되는 곳은 아프리카와 육지로 이어진 레반트라 불리는 동부 지중해 연안 지방이었을 것으로 짐작된다. 특히 이집트와 접하는 현재의 이스라엘에서는 네안데르탈인과 호모 사피엔스 쌍방의 화석이 출토되고 있어 호모 사피엔스의 탈아프리카를 다룰 때 중요한 증거를 제공하고 있다.

이스라엘 카르멜 산록에 있는 나할 메아롯 계곡은 히

브리어로 '동굴군의 계곡'을 의미하는데, 네안데르탈인과 호모 사피엔스의 화석이 출토된 타분과 스크홀이라는 동굴이 있다. 이 지역에서 가장 오래된 네안데르탈인 인골은 타분 동굴에서 출토되었는데 17~10만 년 전의 것으로 추정된다. 아무드 동굴이나 케바라 동굴 등 이스라엘의 다른 지역에서 발견된 네안데르탈인 인골은 모두 약 6만 년 전의 것으로 추정되어, 타분 동굴의 네안데르탈인과는 시간적으로 큰 차이가 있다.

한편, 스크홀 동굴에서 발견되고 있는 호모 사피엔스의 화석은 13~10만 년 전의 것으로 추정되어 타분 동굴의 네안네르탈인보다 더 후대일 가능성이 있다. 그래도 다른 네안데르탈인보다는 오래되었다. 이스라엘평야에 있는 카프제 동굴에서 출토된 호모 사피엔스는 약 9만 년 전의 것으로 추정되어 이것 역시 신구 네안데르탈인의 서식 시기 사이에 끼어 있다.

2018년에는 타분 동굴, 스크홀 동굴처럼 카르멜 산중에 있는 미슬리야 동굴에서 2002년에 발견된 호모 사피엔스의 위턱 화석이 거의 18만 년 전의 것이었다는 연구 결과가 발표되었다. 이 지역에서 가장 오래된 네안데르탈인보다 더 이전에 호모 사피엔스가 진출했을 가능성이 제기된 것이다.

일반적으로 서아시아에서는 한랭기에는 네안데르탈인이 거주하고, 온난기에는 호모 사피엔스가 거주했을 것으로 추정된다. 유럽이나 중동에 살았던 네안데르탈인의 남하와 아프리카 호모 사피엔스의 북상이 이 지역에서 시차를 두고 교차했을 것으로 여겨져 왔던 것이다. 그런데 미슬리야 동굴에서 호모 사피엔스가 발견됨에 따라 타분 동굴의 네안데르탈인과 호모 사피엔스가 동시대에 살았을 가능성도 생각해 볼 필요성이 생겼다. 동시대에 같은 곳에서 생활했다면 당연히 이종교배가 일어날 가능성이 있으므로 그 옛날 이 둘의 이종교배 장소는 이 지역이었을 가능성이 있다.

자, 레반트에 주목해 보자. 호모 사피엔스의 '탈아프리카'는 약 20만 년 전까지 거슬러 올라가게 된다. 하지만 아프리카에 인접한 이 지역으로 진출한 것은 호모 사피엔스의 역사에서 그다지 큰 의미가 있지는 않다. 더 먼 곳으로 진출한 사실이 중요하다. 현대인의 게놈 분석으로 호모 사피엔스의 대이동은 6만 년 전 이후로 추측되고 있다.

다만, 중국 남부의 몇몇 동굴에서는 12~8만 년 전의 것으로 보이는 호모 사피엔스의 화석이 보고된 바 있고, 2019년에는 그리스의 아피디마 동굴에서 발견된 화석이 21만 년 전의 호모 사피엔스의 것이라고 발표되기도 했다. 6만 년 전보다 오래된 호모 사피엔스 화석은 동남아시아나 오스트레일리아에서도 보고된다. 다만, 모두 형태나 연대에 문제가 있어 당장 이들을 호모 사피엔스의 탈아프리카가 더 이른 시기에 일어난 증거로 인정하기는 어렵지만, 호모 사피엔스의 대이동이 게놈 분석으로 추측되는 것보다 더 이전에 일어났다는 증거는 앞으로도 증가할 것이다.

2. 아프리카 내에서의 인류의 이동

언어와 유전자의 관계

돌연변이는 세대를 거듭할 때마다 축적되기 때문에 개체 간의 유전적인 차이는 같은 지역에 오래 살수록 커진다. 호모 사피엔스는 다른 어떤 지역보다 아프리카 대륙에서 오래 생활했기 때문에 아프리카인들끼리는 다른 대륙 사람들보다 큰 유전적 변이를 갖고 있다. 실제로 인류가 갖는 유전적 다양성 가운데 무려 85퍼센트를 아프리카인이 가지고 있다고 추정하고 있다. 한편, 언어도 DNA처럼 시간과 함께 변화한다. 이 속도는 DNA의 변화보다 훨씬 빨라 1만 년만 거슬러 올라가면 언어적 계통 관계를 추적할 수 없을 정도로 변한다고 하는데, 비슷하게 변하기 때문에 언어의 분포와 집단의 역사 사이에는 밀접한 관계가 있을 것으로 예상된다.

아프리카에는 전 세계에 존재하는 언어의 3분의 1에 해당하는 약 2000개의 언어가 존재한다. 이는 장기간에 걸쳐 사람들이 아프리카 대륙에 살았다는 증거이기도 하다.

아프리카에서 사용되는 언어는 크게 4개의 그룹으로 나뉘는데, 북쪽부터 아프로·아시아어족, 나일·사하라어족, 니제르·콩고어족, 코이산어군이 분포한다. 다만, 코이산어군은 다시 5개의 그룹으로 나뉘는데 이들 사이의 공통점은 거의 없다고 한다. 먼 옛날에 분기한 일군의 어족을 통칭하는 것으로 생각하면 되겠다. 하지만 언어 그룹의 분포 양상과 집단의 유전적인 구성에는 밀접한 관계가 있음이 밝혀졌다.

아프리카 대륙에는 사막과 열대초원, 습지대와 고산지대 등 서로 크게 다른 생태 환경이 존재한다는 점, 그리고 그것이 시대와 함께 크게 변화해 온 점도 인류 집단의 분화나 확산에서 잊어서는 안 되는 요인이다. 각각의 환경에 적응해서 수렵채집민이나 농경민, 그리고 주로 목축 생활을 했던 사람들 등 서로 생업이 다른 사람들이 살고 있다. 현재의 아프리카 지역 집단은 환경과 생업, 언어와 유전자가 역사 속에서 복잡하게 얽혀 형성되었다. 이는 아프리카에만 국한된 얘기가 아니라 앞으로 살펴볼 전 세계 모든 지역에서도 같은 프로세스를 관찰하게 된다. 아프리카의 역사를 보는 것은 전 세계 집단의 형성사를 이해하는 일이다.

참고로 아프로·아시아어는 아프리카의 북부 및 동부의 목축민이나 목축농경민이 사용하는 언어이고, 나일·사하라어족은 주로 중앙 및 동아프리카 목축민의 언어이다. 코이산어군을 말하는 사람들은 동아프리카와 남아프리카에서 수렵과 채집이라는 자연의 혜택에 의존하는 생활을 하고 있다. 니제르·콩고어족은 농경민의 언어인데, 특히 그중 반츠어는 초기 농경민의 언어였을 것으로 추정되며 농경이 전파되면서 이 언어는 아프리카의 넓은 지역으로 퍼진 것으로 추측되고 있다. 즉, 아프리카에서는 목축민에게는 다른 두 개의 언어 계통이 있고, 농경민과 채집수렵민은 각자 하나의 언어 계통으로 묶인다. 언어나 생업, 지리적 분포의 차이는 과거에 있었던 집단의 이동이나 융합의 결과로 생각할 수 있기 때문에 화석과 DNA, 나아가 고고학적인 증거와 언어 계통을 연구함으로써 현대 아프리카 집단의 형성 시나리오를 다각적으로 그릴 수 있다.

아프리카 내에서의 초기 확산

먼저 현대 아프리카인의 미토콘드리아 DNA의 전체 염기서열을 사용한 계통 연구를 바탕으로 아프리카에서 있었던 집단의 역사를 살펴보기로 하자. 아프리카인이 갖는 미토콘드리아 DNA의 계통은 크게 두 갈래로 나뉜다는 연구 결과가 있다(그림 2-4).

계통분석 결과 아프리카인의 공통 조상은 20~15만 년 전에 존재했을 것으로 추정된다. 그들은 전 세계 호모 사피엔스의 공통 조상이 되는데, 최초로 갈라진 하플로그 룹(L0)의 빈도가 높은 것은 칼라하리사막에 사는 채집수렵민인 코이산어군 사람들이며, 때문에 코이산이 호모 사피엔스의 가장 오래된 계통에 속하는 사람들일 것으로 추정되어 왔다.

다음으로 미토콘드리아 DNA의 계통수에서 분기한 것은 중앙아프리카의 밀림 지대에 사는 피그미족이 속한 하플로그룹(L1)인데 약 7만 년 전에 갈라져 나왔다. 코이산의 본거지는 동아프리카에서 남아프리카에 걸친 지역이었을 것으로 예상되며, 피그미족도 거기서 적도 지역의 서쪽으로 이동했을 것으로 추정된다. 약 8500년 전에 이주의 물결은 남으로 향해 코이산 사람들은 칼라하리사막에 도달했을 것으로 판단되고 있다. 이 둘은 채집수렵민으로서 서서히 영역을 확대해 나간 결과, 다양한 환경에 적응해 가는 기술을 익혔을 것이다.

이처럼 미토콘드리아 DNA의 계통분석을 통해 아프리카 채집수렵민의 확산 양상이 재현되고 있다. 다만, 이 분석으로 알 수 있는 것은 여성의 확산과 이주의 역사이다. 초기 확산에서는 남성도 함께 움직였을 것으로 생각되기 때문에 인류 이동의 역사를 어느 정도는 반영한다고 생각할 수 있지만 모두를 재현할 수는 없다. 현대인을 대상으로 한 연구에서는 역사 속에서 소멸해 버린 계통을 추적할 수는 없기 때문에 그런 집단의 역사를 알 수 없는 한계도 있다.

아프리카 내에서의 집단 분기

최근에는 전장 게놈 데이터를 활용한 아프리카 내부의 집단 분기 양상을 고찰한 연구도 진행되고 있다. 집단은 분기를 했어도 다시 합류하기 때문에 단순한 분기 모델은 실태를 나타내지 못하지만 그래도 대략적인 집단 형성 과정을 이해하는 데는 편리하다.

DNA 데이터를 활용한 분석에서는 몇 가지 계산 모델이 도출되었는데 무엇을 사용하느냐에 따라, 혹은 계산에 사용하는 집단의 선정, 한 세대당의 연수와 돌연변이율 등의 모수에 따라 결과가 달라지므로 주의가 필요하다. 그렇다고는 하나 지금까지의 분석 결과를 보면 분기 연대에는 시간차가 있으므로 분기 순서는 어떤 방법을 선택해도 변하지 않는다.

아프리카에서 일어난 집단의 분기 양상을 보면 호모 사피엔스 공통 조상의 최초의 분기는 43~20만 년 전으로, 미토콘드리아 DNA의 계통분석과 마찬가지로 맨 처음 코이산 그룹이 분기한다. 코이산 그룹은 다시 남북 그룹으로 갈리는데, 분기 추정 연대의 시간 폭이 넓어서 17~3만 년 전 어디쯤일 것으로 추정된다. 호모 사피엔스 공통 조상의 존재 시기는 화석 증거가 남아 있는 대략 30만 년 전이라는 숫자와 일치하지만 거기서 더 거슬러 올라가는 네안데르탈인이나 데니소바인의 공통 조상으로부터 분기했을 것으로 보이는 대략 60만 년 전까지의 상황에 대해서는 거의 연구된 바가 없다.

코이산 그룹에서 갈라진 그룹에서 최초로 분기한 것은 중앙아프리카의 수렵채집민 그룹으로 이 역시 분기 추정 연대의 폭은 넓지만 35~7만 년 전 어디쯤일 것으로 추정되고 있다. 뒤에서 설명하겠지만 카메룬에서 발견된 8000년 전 인골의 게놈도 이 분기가 일어난 시기와 거의 같은 시기에 분기하기 때문에 그사이에는 지금은 소멸한 그룹이 다수 존재하고, 미지의 집단이 분기를 거듭했을 것으로 추정된다. 그리고 14~7만 년 사이에 동아프리카의 수렵채집민이 분기하고, 훗날 전 세계로 퍼져 나가는 집단이 그룹 내에서 등장하게 된다.

3. 농경민과 목축민의 기원

농경과 목축이 바꿔 놓은 집단의 분포

 다음으로 현재로부터 가장 가까운 시대의 농경민과 목축민의 역사에 대해 지금까지의 고고학과 언어학, 그리고 유전학으로 밝혀진 사실들을 살펴보자. 모두 충적세(신생대 제4기의 마지막 시기. 약 1만 년 전부터 현재까지를 이른다. 홀로세라고도 한다.: 역주) 중기, 5000년 전 이후 시대의 집단의 형성 과정이 되겠다.

 아프리카에서의 집단의 분기에 가장 큰 영향을 미친 것은 대략 4000년 전 아프리카 서부, 즉 현재의 카메룬과 나이지리아에 해당하는 지역에서 시작된 농업, 그리고 그 결과 촉발된 초기 농경민의 이동이라고 여겨지고 있다.

 농경의 시작은 도시의 발달이나 문명의 탄생과 연관되

는 경우가 많은데, 농업의 시작에 따른 인구의 비약적 증가 자체가 집단의 그 후의 활동에 큰 영향을 미친다. 때문에 농경의 시작을 식량 생산 혁명이라 부르는 경우도 있다. 인간이 자연을 이용해 식량을 얻는 농경이라는 생업 유형은 수렵채집보다 훨씬 많은 인구를 부양할 수 있기 때문에 이를 계기로 촉발된 초기 농경민의 확대가 세계 각지 언어족의 분포와 밀접하게 관련되어 있음도 밝혀졌다.

초기 농경민의 이동은 수렵채집민 영역으로 진출한 것이기 때문에 거기서 집단의 융합이나 교체가 일어났을 것이다. 실제로 그 증거는 각지 아프리카인의 게놈 안에 남아 있다. 다만, 그들이 왜 이동하기 시작했는지, 그 동기에 대해서는 명확히 밝혀진 바가 없다. 그들이 재배하던 식물이 우연히 약 5000년 전의 건조화로 향하는 기후 변동에 적합했던 것이 직접적인 원인이라고 보는 연구자도 있다.

현재의 아프리카 집단에 큰 영향을 미치는 또 다른 요인은 나일·사하라어족을 사용하는 사람들의 이동이다. 그들의 본거지는 현재의 수단에 해당하는 지역으로 1만 5000년 전부터 약 8500년 전의 충적세 초기에 상당히 건조했던 기후가 습윤한 기후로 바뀌면서 남쪽과 서쪽으로 영역을 넓혀 갔다고 추정되고 있다. 북쪽으로 이동하여 사하라사막의 동편에 도달한 다음 서쪽으로 향한 그룹 중에는 약 8000년 전에 아프로·아시아어족을 사용하는 그룹과 접촉, 융합하여 언어가 바뀐 그룹도 있을 것으로 추측된다.

사하라사막 동편에서 북쪽으로 향한 그룹 중에는 소를 중심으로 목축을 하는 그룹도 등장했고, 이후에는 목축민으로서의 이동 생활이 주가 되었다. 그들은 7500년 전 이후의 습윤화로 인해 사하라사막의 중앙부로 진출했다.

그리고 드디어 수단에서 남쪽으로 향하는 목축민도 등장했다. 함께 목축을 생업으로 하는 아프로·아시아어족을 사용하는 사람들과 나일·사하라어족을 사용하는 사람들이 동아프리카에서 다양하게 이종교배를 한 사실도 게놈 분석으로 밝혀졌다. 수단이나 에리트레아, 이집트에 거주하는 아프로·아시아어족의 일파인 쿠시어를 사용하는 사람들은 북아프리카에서 에티오피아의 홍해 연안 지역으로 이동했고, 9세기 초에는 바다 건너 중동 지역과 교역을 했으며, 14세기에는 아라비아에서 시작된

낙타 유목 생활을 도입했다. 이는 아프리카 이외 지역에서 비롯된 집단 이주가 아프리카 집단의 유전자 구성에 영향을 미친 전형적인 예라 할 수 있다.

목축과 돌연변이

목축은 가축에게 풀을 먹여 키워 우유나 피, 고기를 얻음으로써 사람들의 생활을 가능하게 하는 생업이다. 목축의 발명으로 호모 사피엔스는 농경이 불가능한 건조한 스텝 지역으로 진출할 수 있게 되었다.

다만, 그런 생활을 가능하게 하기 위해서는 인간 유전자의 특정 부분에 돌연변이가 일어나야 하는데 '락타아제'라는 효소가 관련되어 있다.

포유동물은 그 이름처럼 출생 후 한동안은 어머니의 우유로 자란다. 하지만 모유에 함유된 유당을 분해하는 락타아제는 수유기를 지나면 활성이 저하되어 분해를 할 수 없게 된다. 이렇게 됨으로써 이유가 촉진되므로 포유동물에 있어 락타아제의 활성 저하는 성장의 중요한 과정이다. 우유를 마시면 설사를 하는 사람이 있는데 락타아제의 분해 효소 활성이 저조해서 생기는 경우가 있다. 락타아제 합성을 지령을 내리거나 합성을 담당하는 유전자는 통상은 성인이 되면 변이가 발생해 락타아제를 합성하지 않게 된다. 하지만 성인기에도 유제품에 함유된 유당을 계속 소화하는 변이가 있다는 사실이 밝혀졌다. 이처럼 변이한 유전자를 유당내성 유전자라고 부른다.

가축의 우유를 영양원으로 삼기 위해서는 이 유당내성 유전자가 필수적으로 있어야 한다. 목축 집단에서 이 변이가 없는 사람은 영양원이라고는 유제품밖에 없는 시기에 생존하기가 불리해진다. 때문에 유당내성 유전자는 목축민 집단 내에서는 급속히 빈도가 높아진다. 이처럼 특정 유전자의 빈도가 집단 내에서 상승하는 시기를 '양성 선택이 진행되고 있는 상태'라고 표현한다.

유럽 신석기시대의 농경민 인골에서 추출한 DNA에서 이런 유전자 변이가 발견되는 경우는 거의 없으나 북유럽 현대인들의 95퍼센트가 이 유전자를 가지고 있다. 따라서 이 유전자의 변이는 목축과 함께 유럽 전역으로 퍼져 나간 것으로 추정된다.

유럽인이 가지고 있는 유당내성(유아기가 지난 포유류는 유당 분해 효소인 락타아제가 더 이상 생성되지 않는데, 유럽과 중동에 사는 이들 중 약 70~90퍼센트는 특이하게 락타아제를 계속 만드는 돌연변이, 즉 유당내성 유전자를 가지고 있다.: 역주) 유전자는 2번 염색체에 있는 락타아제 유전자인 13910 염기 상류(上流)의 SNP를 동반한다는 사실이 확인되었다. 북아프리카의 일부 유목민도 유럽인과 같은 변이를 가지고 있는데 아프리카의 다른 유목민들에게서는 이 유전자의 다른 부분에 변이가 있는 유당내성 유전자 몇 종류가 보고되어 있다. 여기서 아프리카인이 지닌 유당내성 유전자는 유럽의 그것과는 별개로 독립적으로 탄생한 것으로 추정된다.

아프리카인의 유당내성 유전자는 7000~3000년 전 사이에 양성 선택이 작용해 왔다고 알려져 있다. 서로 다른 유목민들 사이에 공유되는 유당내성 변이는 과거 집단 간에 교류가 있었음을 시사한다. 예를 들어 남아프리카에 목축이 유입된 경로는 이 지역의 반츠어족 목축민들 사이에서 발견되는 유당내성 유전자의 변이가 약 2000년 전 동아프리카에서 온 소수 집단에 의해 유입되었다는 사실이 유력한 단서가 된다. 이것도 생업과 유전자, 그리고 언어 사이에 밀접한 관계가 있음을 보여 주는 하나의 예이다.

아프리카 전역의 게놈 분석

2015년에 아프리카인 게놈 변이 프로젝트(African genome variation project)라 불리는 대규모 게놈 분석 결과가 발표되었다. 이 프로젝트에서는 아프리카 전역 7개의 민족 집단에서 얻은 320명의 전장 게놈과 18개의 민족 집단에서 얻은 1481명의 SNP가 분석되었고, 그 데이터와 아프리카 외 지역까지 포함한 33개 민족, 2864명의 게놈 데이터를 이용한 연구가 진행 중이다. 그로부터로 5년 후인 2020년에는 아프리카의 50개 민족으로부터 426명의 게놈 데이터를 수집한 한층 더 큰 규모의 분석 결과가 발표되었다. 둘 다 저명한 과학 잡지인《네이처》지에 논문 형태로 발표되었다. 2015년 연구는 21개 연구 기관에 속한 연구자 42명의 공동 연구였는데 이 가운데 아프리카에 있는 연구 기관에 속해 있던 이는 16명이었다. 2020년의 연구는 저자 32명 가운데 23명이 아프리카 연구 기관 소속이어서 아프리카인 당사자들에 의한 연구라는 성격이 강했다.

인류의 기원이나 이동에 관한 유전자 연구는 기본적으로 아프리카 이외의 나라에서 진행된 의학 연구에서 얻은 데이터를 사용하는 경우가 많다. 한편, 지금까지 이루어진 아프리카인 대상의 게놈 분석은 집단의 이동이나 형성에 관한 흥미 차원에서 이루어진 것이 대부분이었다. 의학 관련 연구에서도 아프리카 이외의 지역에서 볼 수 있는 유전적인 변이가 아프리카인에게도 해당되는지 조사하는 것이 주목적이고, 아프리카인에게서만 인정되는 유전적인 변이는 거의 관심을 끌지 못했다.

2020년의 연구는 '아프리카의 인간 유전과 건강'(Human Heredity and Health in Africa; H3Africa) 협회의 프로젝트로, 아프리카인의 건강에 관한 유전적인 기초를 밝힌다는 목적을 내걸고 있다. 이 연구에서는 아프리카인에게만 있는 300만 개나 되는 SNP를 발견하여 아프리카인 특유의 면역이나 대사 관련 변이를 특정했다.

또한 지금까지 사용되어 온 유럽과 미국인에게서 발견되는 변이를 타깃으로 한 유전자 진단키트가 아프리카인에게는 적용 불가능할 가능성이 있다는 사실도 밝혀졌다. 2020년이 되어서야 드디어 아프리카인 대상의 게놈 연구가 다른 선진국들과 같은 목적으로 이루어지게 되었다고 할 수 있는 것이다.

게놈 데이터 분석

이들 연구에서 수집된 게놈 데이터는 아프리카 소재 집단의 형성 과정을 밝히는 데 어떤 역할을 할까? 아프리카 각지에 있는 집단의 유전적인 관계를 주성분 분석(데이터의 주성분을 추출하여 고차원의 데이터를 저차원으로 환원시킴으로써 데이터의 시각화 및 분석을 용이하게 하는 방법이다.: 역주)이라는 방법으로 도식화한 것을 보면, 각지의 민족 집단이 거의 지리적인 관계를 유지하고 있음을 알 수 있다. 또한 지리적으로 가까운 집단은 서로 어느 정도 유전적 교류가 있다는 사실도 보여 주고 있다.

이런 관계는 아프리카 대륙 전체를 대상으로 데이터를 수집할 수 있었기 때문에 비로소 밝혀질 수 있었다. 제1축(가로축)은 집단의 동서 방향의 분화를 나타내고 있는데, 여기에는 다른 어족 간의 차이가 반영되어 있다. 제2축(세로축)은 아프리카 대륙 서쪽에서 일어난 남북 방향의 분화를 나타내고, 이쪽은 니제르·콩고어족 내부의 분화에 대응하고 있다.

주성분 분석은 SNP 데이터 분석에서 자주 이용되는 다변량 분석이라는 데이터 분석법의 하나로 다양성이 큰 변이를 순서대로 추출하여 밝히는 통계 방법이다. 이 분석에서 제1축이 3개의 언어 그룹을 나눴다는 것은 아프리카인의 유전적인 변이는 언어 그룹 사이에서 가장 크다는 것을 나타낸다. 제2축으로부터는 초기 농경민의 이동이 현대 아프리카 집단의 유전적인 특징의 형성에 큰 역할을 했다는 사실을 알 수 있다. 또한 한층 더 상세한 분석을 통해 초기 농경민은 현재의 앙골라에서 동쪽으로 향해 잠비아에 도달했고, 거기서 동아프리카와 남아프리카로 퍼져 나간 것으로도 추정된다.

이 연구에서 양성 선택이 작용한 유전자 62개가 추가 발견되어 이런 유전자는 지금까지 발견된 것을 포함해 전부 107개가 되었다. 그중에는 박테리아나 바이러스 감염과 관련된 면역계의 유전자가 포함된다. 어떤 종의 질환 관련 유전자에서도 양성 선택이 인정되었다. 또한 대사 관련 유전자 중에는 지역별로 다른 선택압(자연 돌연변이체를 포함하는 개체군에 작용하여 경합에 유리한 형질을 갖는 개체군의 선택적 증식을 재촉하는 생물적, 화학적 또는 물리적 요인: 역주)이 작용한다는 사실도 드러났다. 아프리카 내부에서도 유전적인 분화가 있다는 사실이 알려져 있고, 그 대표적인 예는 말라리아에 대한 내성이다.

말라리아는 말라리아 원충에 감염된 모기에 물려 발생

하는 질병이다. 전형적인 증상은 오한과 고열인데 중증인 경우에는 장기도 손상시킨다. 지금도 아프리카나 동남아시아를 지역에서 연간 2억 명 이상이 감염되고 40만 명 이상이 목숨을 잃는 무서운 질병이다.

말라리아에 내성을 갖는 유명한 전염병으로 겸상 적혈구 빈혈증(적혈구의 모양이 낫 모양으로 되는 유전자 돌연변이이다.: 역주)이 있다. 이 겸상 적혈구 빈혈증 환자는 말라리아가 비교적 많이 발생하는 서아프리카와 동아프리카에 많다는 사실이 밝혀졌다. 겸상 적혈구 빈혈증의 원인 유전자의 분포와 말라리아 내성 유전자의 빈도가 높은 지역이 일치하는 경향이 있는 것이다. 최근에는 이 밖에도 말라리아에 내성을 갖는 몇몇 유전자가 발견되었다. 다만, 말라리아가 만연하는 지역의 집단이라도 이들 내성 유전자의 빈도가 낮은 그룹이 있는 듯하다. 이는 그 집단이 비교적 최근 들어 유입되었음을 보여 주는 증거로 여겨지고 있는데, 유전자의 빈도를 분석함으로써 인간의 이동에 관한 정보를 얻을 수 있는 좋은 예라고 할 수 있다.

그 형성의 역사를 봐도 확연하지만 아프리카인의 게놈의 다양성은 크고, 집단 구조가 복잡하여 아직 모두 규명되지 못했다. 향후의 의료 기반 게놈 분석이 현대 아프리카인 형성에 관한 상세 시나리오를 쓰기 위한 데이터가 될 것으로 기대되고 있다. 또한 이 논문의 제1 저자는 남아프리카 위트워터스랜드대학의 연구자인데, 이 대학의 의학부는 오스트랄로피테쿠스 아프리카누스의 발견자인 레이먼드 다트가 설립에 크게 기여했다. 그로부터 약 100년의 시간이 흐른 지금, 이 대학은 인류 화석의 진화 연구뿐 아니라 아프리카인의 형성에 관한 중요 데이터를 제공하는 게놈 연구를 주도하고 있다.

아프리카의 고대 게놈 연구

대부분의 지역이 열대나 사막으로 점령당한 아프리카는 사실 화석 인골에 DNA가 남기 어려운 환경이다. 때문에 인류의 요람이면서도 지구 다른 지역보다 고대 게놈 연구가 늦게 시작되었다. 최초로 아프리카에서 고대 게놈이 보고된 것은 2015년인데 약 4500년 전 에티오피아에서 발굴된 것이었다.

2018년에는 현재 시점에서 가장 오래된 것으로 알려진 1만 5000년 전의 인골 게놈이 분석되었는데, 현재로서는 이보다 더 오래된 고대 DNA를 입수하지 못했기 때문에 호모 사피엔스의 형성 과정을 게놈 데이터 기반으로 추측하기는 불가능하다. 앞으로 20~10만 년 전의 고대 게놈을 입수할 수 있는지의 여부가 호모 사피엔스 형성의 시나리오를 규명하는 열쇠가 될 것이다.

남아프리카에서는 약 2000~300년 전쯤에 발견된 석기시대 인골 3개체를 분석하여 근현대의 혼혈의 영향을 받지 않은 코이산과 반투계 농경민의 게놈 정보를 얻을 수 있었다. 그 분석 결과를 통해 호모 사피엔스가 분기하고 확산한 것이 35~26만 년 전인 것으로 추정되었다. 현대인의 미토콘드리아 DNA를 분석해 얻은 연대보다 더 오래전이다.

또한 현대 아프리카인 Y염색체의 DNA 계통 중 하나가 특별히 오래전에 분기한 것이 있어, 현대 아프리카인의 기원이 한층 더 시간을 거슬러 올라갈 가능성도 제기되고 있다. 이 계통은 아프리카계 아메리카인에게서 최초로 발견되었는데, 이후의 연구를 통해 카메룬 부근에서 기원했다는 사실이 밝혀졌다. 분기 연대는 약 34만 년 전으로 추정되기 때문에 현재로서는 혼혈을 통해 아프리카의 미지의 원인으로부터 계승된 계통일 것으로 추정되기도 한다. 다만 이것이 원인에게서 전해진 것인지 아니면 소멸한 호모 사피엔스 계통에서 전해진 것인지 판단하기는 어렵다.

반대로 1만 년 전 이후 고대 게놈 분석도 고고학과 언어학, 그리고 현대인의 게놈 분석이 밝혀 온 아프리카에서의 호모 사피엔스의 확산과 집단의 형성에 관해 새로운 지견을 더하고 있다. 아프리카에서 가장 오래된 고대 게놈인 모로코 북동부 타포랄트의 비둘기 동굴에서 발견된 인골은 분석 결과 게놈의 약 60퍼센트가 중동 나투프 문화 사람들과 관련이 있을 것으로 예상되고 있어, 이 시대의 북아프리카와 중동의 유전적인 관련성이 밝혀지고 있다. 다만, 다른 유전적 요소는 현대의 사하라 이남 집단과 공통되며, 유럽이나 유라시아와의 유전적 관련성은 없었다. 향후 연구에 진전이 있기를 기대해 본다.

그들의 문화는 2만 5000~1만 1000년 전까지 이어진 이베로마우루시안(IberoMaurusian) 문화에 속한다. 이베로마우루시안이라는 이름은 이베리아반도와 연관성이 있을 거라는 가정하에 지어지기는 했지만 이들에게서 유럽과의 연관성은 보이지 않는다. 이는 문화의 확산과 인간의 이동이 반드시 일치하는 것은 아니라는 하나의 예일지도 모른다.

반투족 농경민의 기원과 이동

반투계 농경민의 기원과 이동에 관해서도 고대 게놈 분석은 의외의 결과를 도출하고 있다. 앞서 말했듯 아프리카 대륙 집단의 유전적인 구성에 큰 영향을 준 반투계 농경민의 이동은 지금으로부터 약 4000년 전에 아프리카 서부, 현재의 카메룬과 나이지리아에 해당하는 지역에서 시작된 것으로 추정되고 있다.

이 문화를 특징짓는 것이 압인문 토기(Cardium pottery)인데, 고고학적으로는 이 토기의 확산이 농경민의 확산과 일치한다고 보고 있다. 하지만 현대인의 게놈을 분석한 결과 반투계 집단은 더 늦게 퍼져 나갔을 것으로 추측된다. 이 시차 문제를 해결하려면 직접 그 시대에 해당하는 시기의 고인골 게놈을 분석할 수 있어야 한다.

2020년에는 농경의 발상지일 것으로 예상되는 카메룬 슘·라카 그늘집터(바위가 동굴처럼 움푹 패어 있어 비바람을 피할 수 있는 곳을 살림터로 쓴 유적이다.: 역주)에서 약 8000년 전에 매장된 15세 소년과 4세 아이, 약 3000년 전의 8세 소년과 4세 아이 등 총 4명의 게놈이 해독되었다. 동시에 매장된 두 명(15세와 4세, 8세와 4세)이 서로 친족 관계인 점이나 5000년이나 동떨어진 시기인데도 이들의 게놈은 대단히 유사했다.

의외인 점은 그들은 현대의 카메룬 서부의 집단과도, 과거 사하라 이남 지역에 반투어를 전파한 사람들과도 관련이 없다는 사실이다. 오히려 그들의 유전자는 현재의 중앙아프리카 수렵채집민과 가까웠다. 농경의 기원지로 알려진 지역, 농경이 시작된 시기에 살았던 사람들의 유전자임에도 불구하고 현재의 농경민과의 관계는 발견되지 않은 것이다.

슘·라카 그늘집터 사람들을 추가한 고대 게놈 DNA의 계통분석을 통해 전 세계로 진출한 집단을 포함한 계통 관계에 대한 고찰이 진행 중이다(그림 3-2). 이 분석에 따르면 20만 년 전 호모 사피엔스 탄생 이후 얼마 지나지 않은 시기에, 거의 동시에 4개의 계통이 분기되었다. 맨 처음 분기되었을 것으로 예상되는 것이 슘·라카 사람들을 포함한 중앙아프리카의 수렵채집민으로 이어지는 그룹이다. 그리고 거의 동시에 코이산 사람들 그룹과 동아

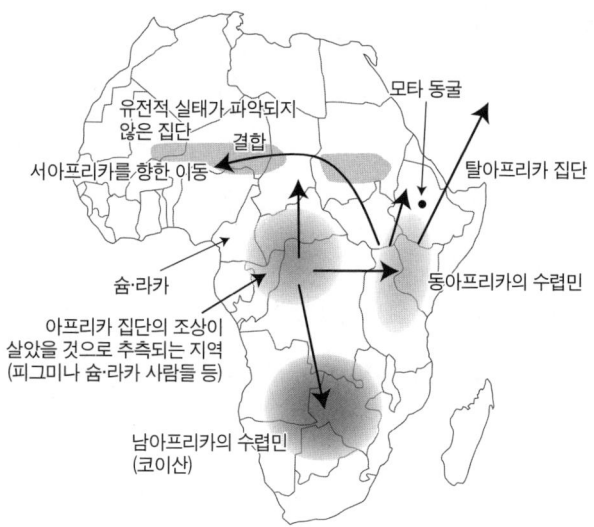

(그림 3-2) 고대 게놈이 추측하는 아프리카에서의 초기 이동 양상

프리카의 농경목축민과 반투계 농경민, 그리고 탈아프리카에 성공한 집단을 포함한 계통이 분기했다. 또한 서아프리카 사람들과 에티오피아의 모타 동굴에서 발견된 4500년 전의 남성의 게놈 형성에 관여한 것으로 예상되지만 현시점에서는 실태를 알 수 없는 집단도 분기한 것으로 추정되고 있다. 여기서 우리는 이러한 분기의 중심 지역으로 예상되는 서아프리카~중앙아프리카가 호모 사피엔스의 탄생과 이동에 상당히 중요한 지역이었음을 알 수 있다.

고대 게놈과 현대 게놈

 2020년에는 지금까지 분석된 아프리카의 고대 게놈에 새로 분석된 20개의 고대 게놈 정보를 추가하여 고대인과 현대인의 게놈을 합한 분석이 진행 중이다. 다만 분석에 사용된 샘플은 5000년 전 이후의 것으로 한정되어 있기 때문에 그 시대 이후 집단의 형성을 추적하는 연구라 할 수 있다.

 그 결과 현재는 흩어져 있는 채집수렵민인 남아프리카의 산, 중앙아프리카의 피그미, 동아프리카 하드자족의 조상이 모두 4500년 전 에티오피아의 게놈까지 거슬러 올라간다는 사실이 판명되었다.

 현재는 각자 독자적인 집단이 된 수렵채집민도 농업이나 목축이 시작되기 이전 시대에는 대체로 지리적으로 이웃하면서 아프리카에 널리 분포했다.

 한편, 4000년 전 이후 동아프리카에 살았던 목축민의 조상 집단은 중동의 레반트에서 기원한 목축민의 게놈을 30~40퍼센트 지니고 있었다. 그들은 레반트의 목축민 유래 게놈 외에도 수렵채집민 유래 게놈, 현재의 수단 반농반목축민인 딩카족의 게놈을 모두 보유하고 있는데, 그 비율은 분석된 개체에 따라 달라 동아프리카에서 목축민이 형성되는 과정에 다양한 상황에서 이종교배가 발생했을 것으로 추정된다.

또한 남아프리카에서는 채집수렵민이 살던 지역에 동아프리카에서 목축민이 진입하여 이 둘이 이종교배를 했다. 그 후, 반투계 농경민이 진출하면서 3자의 혼혈이 발생하여 1000년 전 이전에 현대로 이어지는 집단의 유전적인 구성이 완성된 사실이 밝혀졌다. 이 순서는 고고학이나 언어학의 연구 성과, 그리고 현대인의 게놈 분석 결과와도 일치한다.

호모 사피엔스의 고향

호모 사피엔스가 아프리카에서 종(種)으로서 완성되었다 해도, 구체적으로 아프리카 어디인지에 대한 확실한 증거는 없다. 빈약한 화석 증거를 통해서는 아프리카 전역에서 서서히 진화한 것처럼도 보이기 때문에 그런 의미에서는 특정 지역에서 등장한 게 아니라는 다소 모호한 결론에 이르게 된다.

한편, 게놈의 다양성이나 미토콘드리아 DNA 계통에

서 가장 오래된 코이산 언어를 말하는 사람들이 남아프리카에 살고 있다는 점에서 이 지역을 호모 사피엔스의 발원지로 보는 견해도 있다. 하지만 인간은 원래 이동을 하고, 아프리카 전역에 걸친 호모 사피엔스의 과거의 분포에 대해 모두 알지 못하는 이상, 이는 그다지 설득력을 갖지 못한다. 발원지로 가장 가능성이 높은 곳은 현재 중앙아프리카인 것 같지만 우리가 현재 가지고 있는 증거로는 호모 사피엔스의 고향을 특정할 수 없다고 보는 것이 맞을 것이다.

현재의 기술로는 호모 사피엔스의 형성과 관련된 직접적인 증거가 되는 10만 년 전 이전 인골의 DNA를 분석하기는 어렵다. 다만 더 안정적인 단백질을 분석하면 미지의 원인(原人)과의 혼혈 양상 등이 밝혀질 가능성은 있다. 현대인의 게놈을 분석한 몇몇 연구에서는 네안데르탈인이나 데니소바인과는 다른 인류와의 이종교배를 인정하는 결과가 나오고 있다. 게다가 아프리카에는 30만 년 전 수수께끼의 인류인 호모 날레디가 있다. 분석 기술의 진보와 새로운 화석 발견을 위한 노력으로 머지않은 미래에 그 이종교배의 양상도 밝혀질 것이다.

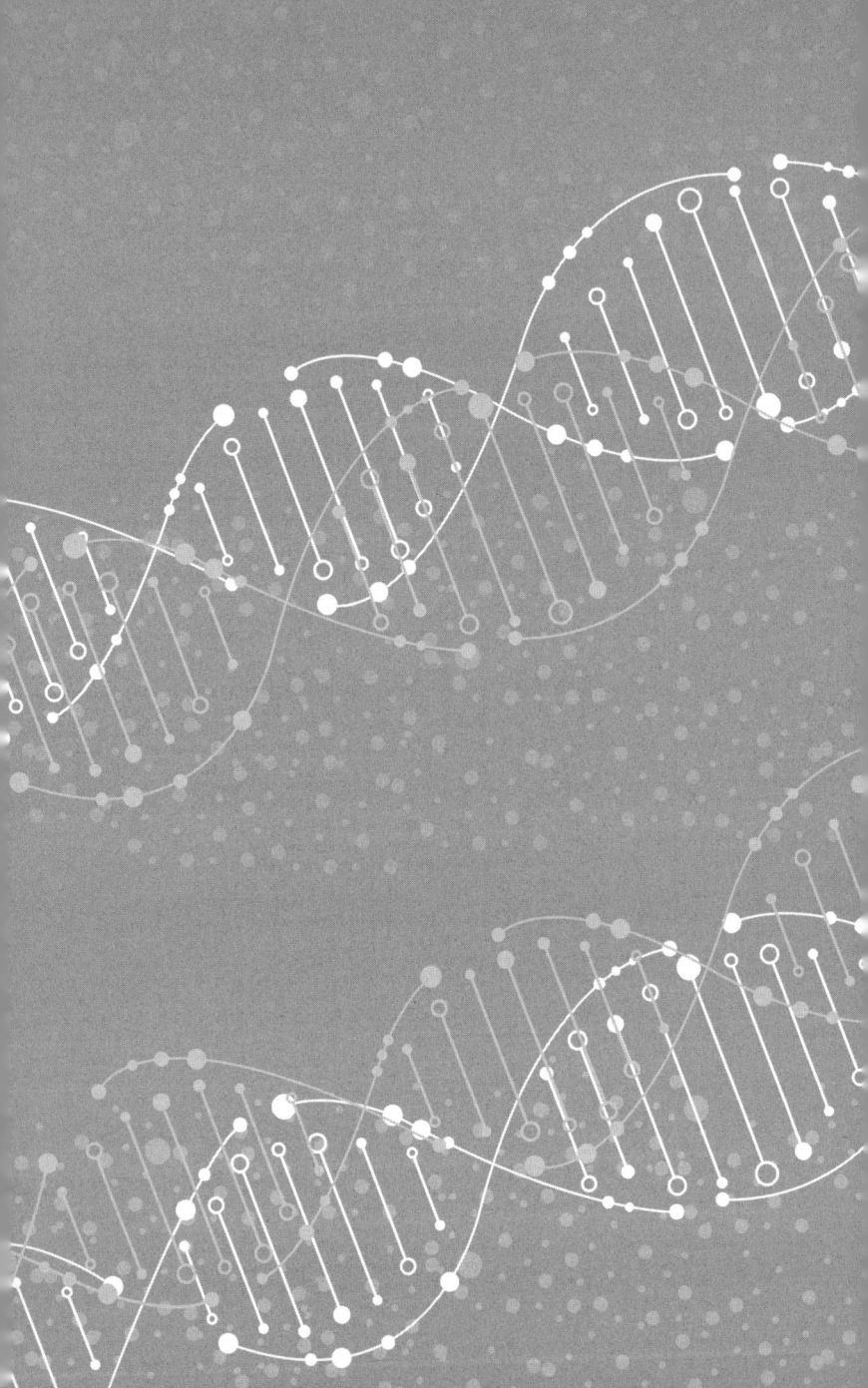

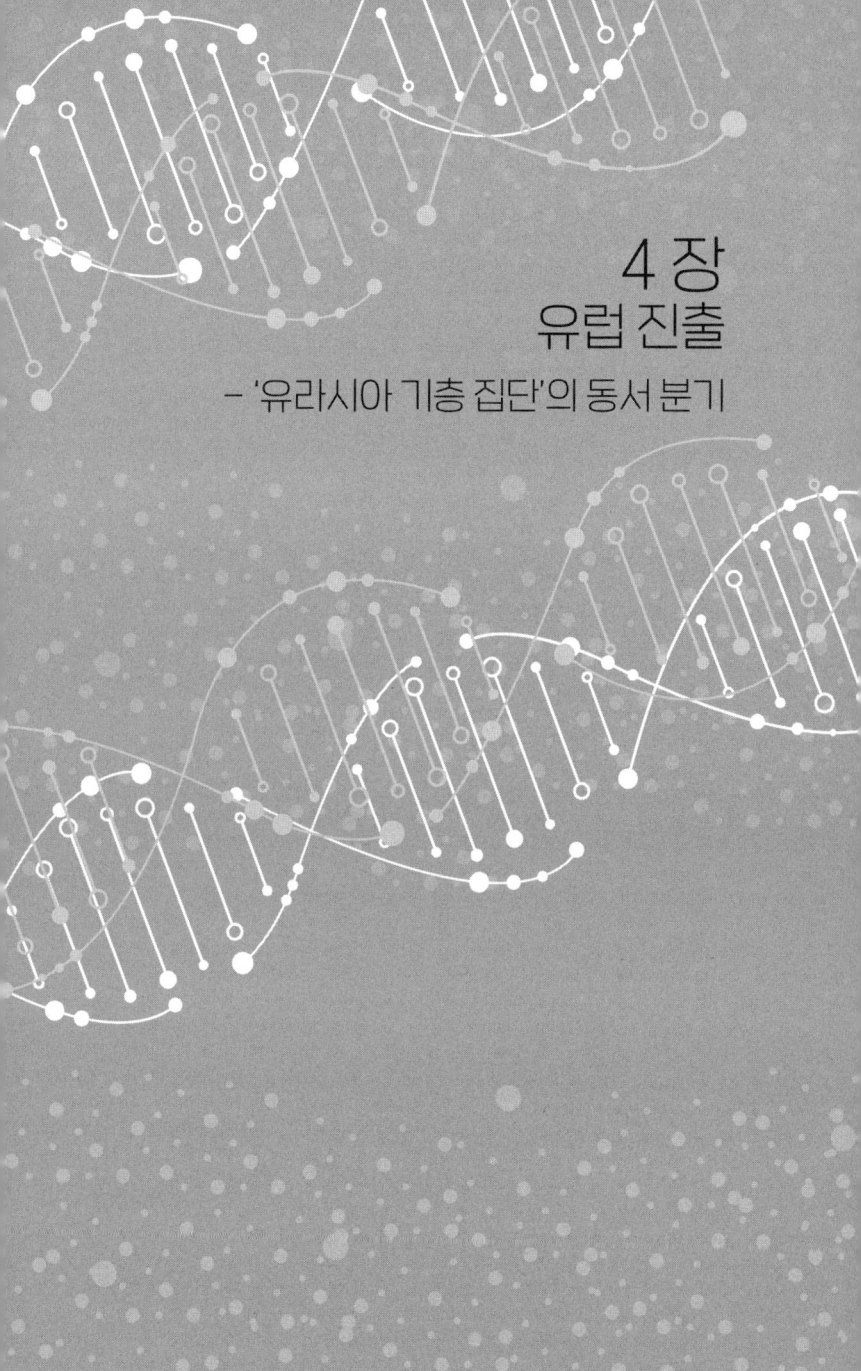

4장
유럽 진출
– '유라시아 기층 집단'의 동서 분기

1. 탈아프리카 이후의 전개

탈아프리카 시기

호모 사피엔스의 탈아프리카는 인류사 중에서도 특별한 사건이다. 이는 활동 범위를 단번에 대거 확대해 현재에 이르는 번영의 계기가 되었다.

다양한 증거를 통해 호모 사피엔스가 20만 년 전 이후에 몇 번인가 탈아프리카를 시도했다는 사실이 밝혀졌지만 우리로 이어지는 조상의 탈아프리카는 6~5만 년 전이었을 것으로 추정된다. 그 근거 중 하나로 미토콘드리아 DNA와 Y염색체 DNA의 계통분석을 들 수 있다.

현대인을 분석한 결과, 남성으로 전해지는 Y염색체의 DNA에서는 아프리카인 계통과 전 세계 다른 집단의 계통 분기는 7만 5000년 전 이후에 일어났으며, 아프리카인 이외 집단의 공통 조상이 5만 5000~4만 7000년 전에 존재한 것으로 추정된다. 한편, 모계로 전해지는 미토콘드리아 DNA를 보면, 아프리카인과의 분기는 9만 5000~6만 2000년 전, 아프리카인 이외의 공통 조상은 5만 5000~4만 5000년 전에 존재했을 것으로 추정된다.

이 수치는 돌연변이가 어느 정도의 시간차로 발생한다고 보는지, 그리고 한 세대를 몇 년으로 보는지에 따라 다르기 때문에 아무래도 추정치에는 차이가 생기기 마련이다. 하지만 가장 중요한 탈아프리카에 대해서는 대략 6~5만 년 전으로 생각하면 모순이 없다. 또한 아프리카인과의 분기 연대와 아프리카인 이외의 공통 조상의 연대에 차이가 있는 것은 탈아프리카 이후에 소멸된 계통이 있음을 의미한다. 현대인의 데이터만 가지고 탈아프리카 상황을 정확하게 추측하기는 어려운 것이다.

 한편, 전혀 다른 방법으로 탈아프리카 시기를 추측할 수도 있다. 그것은 제2장에서 소개한 네안데르탈인과의 이종교배 시기를 기준으로 하는 방법이다.

 시베리아의 우스트·이심 인골로 추정된 호모 사피엔스와 네안데르탈인의 이종교배 시기가 5만 8000~5만 2000년 전으로 예측되기 때문에 이 시기는 이미 호모 사피엔스가 아프리카를 떠난 이후가 된다. 이종교배가 중동에서 일어났다면 그것은 탈아프리카 이후 얼마 지나지 않은 시기였을 것으로 예상되기 때문에 대략 6만 년 전이었을 것으로 추측된다. 이 역시 Y염색체나 미토콘드리아 DNA가 보여 주는 시기와 일치한다. 이 우스트·이

〈4장〉 유럽 진출

심의 게놈뿐 아니라, 유럽의 수만 년 전의 인골 게놈 분석에서도 같은 결과가 나오고 있어 대체로 타당한 수치로 여겨지고 있다.

탈아프리카의 경로

시기는 확정되어 있지만 경로와 이동 당시 상황은 여전히 수수께끼로 남아 있다.

탈아프리카 경로에 대해서는 두 가지 설이 있다(그림 4-1). 하나는 아프리카 동북부에서 레반트로 빠지는 북방 루트인데 이는 사하라사막이 장애물이 되지 않는다면 육지로 아프리카에서 나갈 수 있는 유일한 경로다. 그리고 호모 사피엔스가 이 경로로 아프리카를 출발했음을 부정하는 근거는 아직까지 없다.

다른 경로로는 바브엘만데브해협을 통해 아라비아반도에 이르는 남방 루트를 상정하고 있다. 아프리카의 동북부와 아라비아반도의 구석기는 기술적인 유사성이 인정되고 있어, 이 둘 사이에 문화적인 접촉이 있었을 것으로 여겨지고 있는데, 무엇보다 탈아프리카 집단이 거주했을 것으로 추측되는 동아프리카와 가장 가깝다는 점 등이 그 이유가 되고 있다. 지금은 분쟁이 끊이지 않는 '아프리카의 뿔'이라 불리는 아프리카 대륙 동단의 소말리아 전역과 에티오피아 일부가 포함된 반도도 최근 수년간은 인류가 아프리카에서 유라시아로 진출한 경로로서 특히 중요한 위치라고 여겨지게 된 것이다.

다만 이 홍해를 건너는 남방 경로에 대해서는 다른 견해가 있다. 원래 이 설은 남아시아와 오스트레일리아 등 아프리카 이외의 지역에서 6만 년 전 이전의 호모 사피엔스 화석과 석기가 발견되면서 본격적인 세계 전개에 앞서 해안을 따라 파푸아뉴기니와 오스트레일리아까지 도달한 호모 사피엔스 그룹이 있었을 거라는 견해가 등장한 것이다.

실제로 이 경로에 있는 지역에는 직접 아프리카 집단으로 이어지는 미토콘드리아 DNA 계통이 발견되거나 파푸아인이나 오스트레일리아 원주민의 게놈에 데니소바인의 게놈이 포함되어 있는 등, 다른 곳과는 다른 상황을 보여 주는 증거가 여럿 있다.

다만, 6만 년 전 이전에 전 세계로 퍼져 나간 증거에 대해 아직 확정적이지는 않다. 파푸아인과 데니소바인의

★증거가 있는 네안데르탈인과의 이종교배

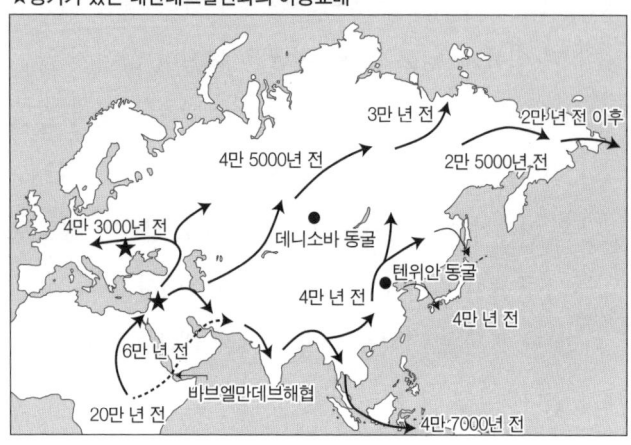

(그림 4-1) 유라시아 대륙에서의 초기 이동 양상

혼혈에 대해서도 새로운 학설들이 나오고 있는 상황이라 그 실체를 정확히 파악하고 있다고 말하기는 어렵다. 신뢰도가 높다고 알려진 방사성탄소연대측정법으로는 6만 년 전까지만 측정이 가능해서 더 이전 시대의 연대를 정확히 결정하기는 어려운 게 현실이다.

오히려 호모 사피엔스의 동남아시아 이동에 대해서는 선행하는 남방계 집단을 인정하는 2단계설이 아니라 한 번에 이주했다고 보는 연구자가 더 많다. 어쩌면 2단계설의 전제가 되는 남방 경로의 존재 자체가 부정되는 날이 올지도 모른다.

탈아프리카와 환경 변화

 동아프리카 집단 가운데 탈아프리카를 한 그룹이 있었을 것으로 판단되는 근거는 지리적인 위치 관계 및 앞 장에서 설명한 고대 게놈의 계통분석이다. 하지만 직접적인 증거가 되는 탈아프리카를 이룬 이들의 게놈 정보를 입수하지 못하고 있는 점, 아프리카 이외 지역에서 입수 가능한 가장 오래된 호모 사피엔스의 게놈이 약 4만 5000년 전의 우스티·이심 등 소수이고, 1만 년 이상의 시간차가 있다는 등의 이유가 실태 규명을 어렵게 하고 있다.

 화석 증거도 중동과 아프리카를 제외하면 탈아프리카 이후 가장 오래된 호모 사피엔스 화석은 약 5만 년 전의 동남아시아와 오스트레일리아에서 출토된 것이기 때문에 최초로 아프리카를 떠난 사람들의 형태를 추측하는 데 적당하지 못하다. 탈아프리카 예상 시기와 그 외의 지역에서 발견되는 증거 사이의 1만 년이라는 시간은 현재 호모 사피엔스의 이동에서 공백 기간으로 남아 있다.

 호모 사피엔스가 세계 각지로 퍼져 나간 6~5만 년 전부터 농업 생산이 시작된 약 1만 년 전까지를 후기 구석기시대라고 한다. 이 시대에는 호모 사피엔스가 유라시아 대륙으로 뻗어 나갔을 뿐 아니라 과거 이곳에 살았던 우리 이외의 인류가 소멸했다.

후기 구석기시대는 최후의 빙하기에 해당하고, 매우 건조하여 한랭한 이미지이지만 실제로는 짧은 주기로 기후가 격하게 변동했다는 사실이 최근 연구에서 밝혀졌다. 한편, 기온의 저하에 따른 빙하나 대륙빙하의 발달은 해수면의 저하를 동반하여 해수면이 최대 약 120미터나 낮아졌을 것으로 추정되고 있다. 이 영향으로 해안선은 현재보다 더 먼바다 쪽으로 이동했고 세계 각지에서 육지가 넓어졌다.

6만 년 전부터 기후는 온난화가 시작됐지만 그 후, 반전하여 5만 년 전부터 한랭화되었다. 대륙빙하가 가장 확대되었던 약 2만 1000년 전(2만 6500~1만 9000년 전)을 마지막 **최대 빙하기**(Last glacial maximum. 최종빙기 최성기, 최종빙기 극대기라고도 한다.: 역주)라 부르는데, 이 시기가 과거 수만 년 중에서 가장 추웠던 시기다. 그 후, 기후는 서서히 온난화되기 시작했는데 약 1만 3000년 전에는 큰 '꽃샘추위'가 발생해 일시적으로 빙하기 같은 한랭 기후가 되었다.

이 시기는 영거 드라이아스(Younger dryas)기라고 불리며, 약 10년 동안 기온이 8도 가까이 올랐다 내려간 사실이 밝혀졌다. 이 환경과 지형의 극적인 변화는 유라시아 대륙으로 진출한 호모 사피엔스의 이합과 집산을 촉발했을 것으로 추측되고 있다.

2. 유라시아 대륙으로

유라시아 대륙에서의 인류의 확산

4만 5000~3만 5000년 전까지 유라시아 대륙에서 호모 사피엔스가 이동한 상황을 알 수 있는 실마리인 고대 게놈은 2021년 기준 8개체의 인골에서 얻었다. 그 가운데 2개체는 이미 언급했는데, 시베리아의 우스티·이심에서 발견된 남성과 루마니아의 네안데르탈인과의 혼혈 남성이다(오아세 1호). 이 밖에도 중국 베이징 교외의 텐위안 동굴에서 발견된 4만 2000~3만 9000년 전 남성의 인골과 체코의 코네프루시 동굴에서 출토된 즐라티·쿤(즐라티·쿤은 동굴군 정상에 있는 구릉의 이름을 딴 것이며, 황금의 말이라는 뜻이나.: 역주)이라 불리는 여성 인골, 약 4만 5000년 전 불가리아의 바초·키로 동굴에서 발견된 3개체의 인골의 핵 게놈이 분석되었다.

즐라티·쿤 인골은 1950년대에 발견되었는데 시료 오염이 있어서 연대를 정확히 측정할 수 없었는데 미토콘드리아 DNA의 염기서열 변이를 통해 4만 년 전 이전의 것으로 추측되고 있다. 바초·키로 동굴에서는 다수의 뼈 화석이 발굴되었는데 데니소바 동굴에서도 활약한 ZooMS 기술이 활용되어 파편이 된 화석에서 인골을 특정할 수 있었다. 또한 좀 더 이후 시대이지만 3만 8700~3만 6200년 전의 것으로 보이는 러시아의 코스텐키 1호라는 남성 인골의 게놈도 보고된 바 있다(그림 4-2).

이 가운데 우스티·이심이나 즐라티·쿤, 오아세 1호의 인골이 갖는 호모 사피엔스 유래 게놈은 탈아프리카 후에 최초로 분기한 것으로, 현대인에게는 직접 전해지지 않은 것으로 보고 있다. 아마 탈아프리카를 이룬 집단은 몇몇 소집단으로 갈라져 생활하고, 호모 사피엔스의 역사 속에서 멸종되어 간 집단도 많았을 것이다. 하지만 이외에는 게놈 분석 결과 현대인으로 이어지는 계통임이 시사되고 있다.

이 무렵의 중요 사건으로 유라시아 대륙에서의 동서

집단의 분기를 들 수 있다. 분기 시기는 5만 5000~4만 5000년 전으로 예상된다. 우스티·이심이나 오아세 1호, 즐라티·쿤은 계통적으로는 이 분기의 근간에 해당하는 부분에 위치하는 집단이다. 한편, 바초·키로 동굴에서 발견된 3개체는 현대의 서유럽 집단보다는 유라시아의 동쪽 집단이나 아메리카 원주민과 공통된 유전적 요소가 있고, 뿐만 아니라 유럽인으로도 이어지는 계통이 있다는 사실이 밝혀졌다. 이것은 4만 년 전보다 더 이전의 유럽에 유전적으로 다양한 집단이 존재했음을 보여 준다. 조금 더 이후 시대인 코스텐키 1호는 서유러시아계, 텐위안 동굴은 동유라시아 계통이 되는데 이는 발굴된 장소와 시대를 생각하면 당연한 것이다.

유라시아 기층 집단

이 동서 분기 이전의 상황을 정확히는 알 수 없으나 1만 년 전 이전의 코카서스와 이란에서 발굴된 인골의 고대 게놈을 분석한 결과, 이 분기 이전에 다른 집단에서 갈라져 나와 서유럽 집단의 형성에 관여하게 된 집단이 존재했음이 밝혀졌다.

현재의 유럽인이나 중동 사람들이 보유한 게놈 가운데 약 4분의 1은 이 집단에서 유래한 것으로 여겨지며, 아직 정체를 알 수 없는 이 조상은 무시할 수 없는 규모로 현대 서유라시아 집단의 형성에 관여되어 있다.

현재 이 그룹은 유라시아 기층 집단이라 불리며, 네안데르탈인과의 혼혈이 없었던 것으로 판단되기 때문에 탈아프리카 직후 다른 집단에서 분기한 것으로 추측되고 있다. 바초·키로 인골이 유럽인보다 더 동아시아 집단에 가까운 것도 이 기층 집단과 혼혈되기 전의 인골이라 생각하면 설명이 된다.

즐라티·쿤이나 바초·키로 인골은 3퍼센트 이상의 네안데르탈인 유래 게놈을 가지고 있어, 수십 세기 전에는 혼혈이 있었음을 알 수 있다. 이는 네안데르탈인과 호모 사피엔스가 처음 만났을 무렵에는 혼혈이 그다지 드문 일이 아니었음을 말해 준다.

이상을 종합해 보면 현대인으로 이어지는 계통만 해도 탈아프리카 이후 약 1만 년 사이에 적어도 동아시아, 유럽, 유라시아 기층 집단 등 3개의 계통이 형성되어 있었다는 얘기가 된다. 현재까지 자손을 남기지 않은 오아세

1호나 즐라티·쿤의 게놈까지 생각하면 향후 이 시대의 고인골 게놈이 추가로 분석될 경우, 초기 이동 직후의 상황은 더욱 복잡한 그림이 될 것이다.

유럽의 고대 미토콘드리아 계통

이 시기 인골의 핵 게놈 데이터는 얻지 못했지만 미토콘드리아 DNA가 분석된 개체가 있다. 이탈리아의 후마네 동굴에서 출토된 4만 1000년 전의 개체가 그것이다(그림 4-2). 아프리카인을 제외한 미토콘드리아 DNA 계통수의 근간부에 위치하고 있는데, 탈아프리카 후 바로 형성된 계통으로 추정되고 있다. 후마네 동굴의 인골과 바초·키로 동굴에서 발굴된 1개체가 갖는 미토콘드리아 DNA는 우스티·이심 인골이나 텐위안 동굴에서 발굴된 인골과 계통적으로 가깝다는 사실이 밝혀졌다.

한편, 바초·키로의 다른 미토콘드리아 DNA는 현대인의 계통 내에 퍼져 있다. 그 가운데 유럽인의 계통에 속하는 것은 1개체뿐이고, 나머지는 아시아 계통으로 이어섰다. 바초·기로에서 얻은 DNA 서열 중에는 완전히 동

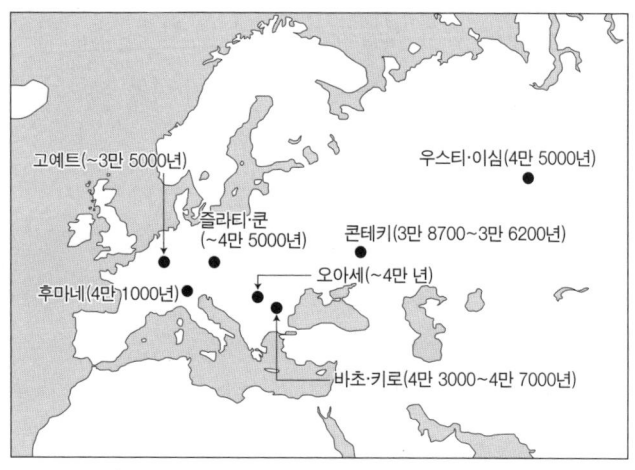

(그림 4-2) 고대 게놈이 분석된 4만~3만 년 전 유적

이들 외에는 중국의 톈위안 동굴(4만 년 전)의 게놈이 분석되었고, 고예트와 바초·키로, 톈위안 동굴의 유전적 관련성이 제기되고 있다. 이 시대의 대부분의 인골이 갖는 게놈은 현대로 이어지지 않았다.

일한 것이 1쌍 있기 때문에 이들은 동일 인물일 가능성도 있지만 아무튼 같은 동굴에서 출토된 인골이 이만큼 다양한 미토콘드리아 DNA계통을 포함하는 것은 놀라운 일이다. 아마 복수의 집단이 따로 이 동굴에 와서 합류함으로써 지역 집단이 된 것으로 판단된다. 이러한 모계의 다양성 자체가 호모 사피엔스의 대이동을 가능하게 한 특징이라고 생각할 수도 있다.

호모 사피엔스의 초기 확산 시나리오

앞에서 얘기한 대로 호모 사피엔스의 초기 이동 시기인 1만 년에 관한 시나리오는 현 단계에서는 거의 알려진 바가 없다. 탈아프리카의 경로나 장소, 그것을 실행한 집단의 유전적인 성격, 나아가 몇 번에 걸쳐 이루어졌는지, 어떤 상황에서 진행됐는지에 대해 우리는 거의 아무런 증거도 가지고 있지 못하다. 따라서 인류 진화의 역사를 재현하는 앞으로의 시도가 이 시대에 초점을 맞추게 될 것임은 분명하다. 레반트 등 중동 지역이나 동아프리카, 그리고 홍해 주변 지역에 관한 연구에서 직접적인 증거를 얻을 수 있을 것으로 기대되고 있다.

우리는 지금까지의 암묵적으로 탈아프리카 집단이 세계 각지로 뻗어 나가고, 현재로 이어지는 지역 집단을 형성했다고 생각해 왔다. 이는 인류 집단의 형성을 생명 진화가 가지를 쳐서 다양한 종으로 분화한 것으로 받아들이고 있기 때문이라고 생각한다.

하지만 이제 우리는 유전적으로 구별할 수 있는 전 세계의 집단이 그렇게 단계적으로 형성되지 않았음을 알고 있다. 모든 집단은 역사 속에서의 이합과 집산, 이종교배와 격리를 거쳐 형성됐음이 고대 게놈 분석을 통해 밝혀진 것이다.

이를 확인하기 위해 지금부터는 연구가 가장 많이 진행된 유럽을 중심으로 한 서유라시아 집단의 형성 과정을 살펴보자.

3. 유럽 집단의 출현

유럽의 문화적 편년①-
무스티에 문화, 프로토·오리냐크 문화, 샤텔페로니앙 문화

다른 견해도 있지만 호모 사피엔스가 서유럽으로 진출한 시기에 관해서는 대략 4만 5000년 전의, 영국의 켄트 동굴이나 이탈리아의 카발로 동굴에서 발견된 인골이 가장 오래된 증거로 여겨지고 있다.

이 무렵에 유럽에 진출한 대부분의 집단은 멸종한 것으로 추정되지만 어딘가에 남은 집단 가운데서 그 후 시대에 유럽에 거주한 사람들이 파생된 것으로 여겨진다. 유럽 내 집단의 이동을 생각하기 전에 우선 이 지역의 문화적 편년을 정리해 보자.

이 지역에 먼저 살고 있던 집단인 네안데르탈인의 문화로 인정되는 것은 무스티에 문화다. 이 명칭은 프랑스 서남부의 르 무스티에 그늘집터에서 네안데르탈인의 뼈와 함께 발견된 석기의 이름을 따서 지어졌다. 이 문화는 약 4만 1000~3만 9000년 전까지 존재했던 것으로 보고 있다.

4만 5000년 전에 시작되어 약 4만 년 전까지 계속된 유럽에서 가장 오래된 호모 사피엔스의 문화는 프로토·오리냐크 문화라 불린다. 잔석기(구석기 말기와 중석기시대에 발달한 기하학적 모양의 작은 석기. 크기는 2~3cm이며 주로 작살이나 화살촉 따위로 사용하였다. 세석기라고도 한다.: 역주)와 간단한 장식품으로 유명한 프로토·오리냐크 문화는 네안데르탈인의 문화라고 보는 의견도 있었으나 앞서 얘기한 후마네 인골의 미토콘드리아 DNA가 호모 사피엔스의 것이었다는 것이 증거가 되었다. 이 인골과 함께 프로토·오리냐크의 문화유산이 출토되고 있는 것이다.

프로토·오리냐크 문화의 뒤를 잇는 호모 사피엔스의 후기 구석기시대 문화를 오리냐크 문화라고 한다. 그리고 프랑스 중앙부에는 무스티에 문화와 오리냐크 문화

사이의 이행기에 샤텔페로니앙 문화라는 쌍방의 문화 요소를 지닌 신비한 문화가 존재한다. 이 문화의 주역이 네안데르탈인인지 호모 사피엔스인지에 대해서도 의견이 분분했는데 2016년에 이 문화의 유물이 출토된 토나카이 동굴의 인골을 분석한 결과가 발표되면서 결론이 났다. ZooMS 기술을 활용해 인골을 선별하여 단백질과 미토콘드리아 DNA를 분석한 결과, 대략 3만 7000년 전의 것으로 보이는 이 인골들은 네안데르탈인의 것임이 판명되었다. 네안데르탈인은 유럽에 진출한 호모 사피엔스의 문화를 받아들임으로써 새로운 문화를 창출했음을 알 수 있다.

호모 사피엔스의 프로토·오리냐크 문화와 네안데르탈인의 샤텔페로니앙 문화 및 무스티에 문화의 시기는 겹친다. 여기서 네안데르탈인과 호모 사피엔스는 서유럽에서 약 2600~5400년 동안 공존했다는 사실을 유추할 수 있다.

유럽의 구석기시대인을 오래된 순서대로 조사한 결과, 오아세 인골을 제외하면 처음에는 약 5퍼센트였던 네안데르탈인 유래 게놈이 7000년 전에는 2퍼센트 정도까지 감소한다는 사실이 밝혀졌다. 네안데르탈인의 멸종 시기가 아직 명확하지는 않지만 이는 적어도 서유럽에서는 최초 접촉 이후 호모 사피엔스와 그다지 빈번하게 교류하지는 않았음을 말해 준다.

유럽의 문화적 편년②-
그라베트 문화, 솔뤼트레 문화, 막달레니안 문화

유럽의 문화적 편년 이야기를 조금 더 해보자. 4~2만 8000년 전 무렵까지 이어진 것이 오리냐크 문화이고 그 다음이 비너스상 등의 부장품으로 유명한 2만 8000~2만 1000년 전 무렵까지 이어진 그라베트 문화이다. 이 시기는 빙하기의 절정기였다. 빙하기에도 장기적인 기후의 변동이 있었기 때문에 기후가 비교적 온난한 시기에 사람들은 유럽 대륙을 북상했고, 추워지면 온난한 지역을 찾아 남하하는 패턴을 취했던 것으로 보인다.

그 후, 2만 1000~1만 6500년 전에 유럽의 중심 문화가 된 것이 솔뤼트레 문화이다. 약 5000년 동안 지속된 이 시기에 북방에서 남하한 사람들이 이용한 지역 중 하나가 남서 프랑스의 페리고르 지방이다.

이 지역을 중심으로 약 1만 8000~1만 1000년 전까지, 막달레니안이라 불리는 문화(마들렌 문화라고도 한다)가 번영했다. 라스코나 알타미라 같은 동굴에 멋진 벽화를 남긴 것이 바로 이 문화이며, 그 주체는 크로마뇽인이라 불린다. 물론 그들도 호모 사피엔스의 일원이다.

기존 화석 인골의 형태로는 이런 문화의 변천과 인간의 관계에 관해 지역 집단의 유전적인 특징까지 파악하기는 어려웠는데 고대 게놈 분석이 가능해짐으로써 유럽 구석기시대 집단의 복잡한 교체상이 밝혀지고 있다. 2016년에 유라시아의 광활한 대륙을 대상으로 4만 5000년 전의 우스티·이심에서 7000년 전의 신석기시대 인골까지 총 51개체의 고대 게놈이 일괄 분석되었는데 3만 7000~1만 4000년 전에 유럽으로 이동한 수렵채집민은 하나의 조상 집단에서 유래한다는 사실이 밝혀졌다. 즉, 오리냐크 문화기 사람들은 훗날 유럽 전체로 퍼져 나간 수렵채집민 집단의 조상이었던 것이다. 이 게놈은 현대의 유럽인에게도 15퍼센트 정도 이어지고 있어, 멸종했다고 여겨지는 프로토·오리냐크 문화 사람들과의 차이가 두드러진다.

유럽 수렵채집민의 유전적 변천

오리냐크 문화를 대표하는 게놈이 벨기에의 고예트 동굴군에서 발굴된 인골에서 추출되었다. 흥미롭게도 이 게놈은 지금까지 보고된 유럽인의 어떤 고인골 게놈보다 중국의 톈위안 동굴에서 발견된 4만 년 전 남성 인골의 게놈과 흡사했다. 불가리아의 바초·키로 동굴인도 톈위안인과 공통된 게놈을 가지고 있다는 점을 생각하면 이 시기의 유럽에는 동아시아까지 이어지는 집단이 널리 산재했을 가능성이 있다.

톈위안 동굴은 베이징 교외에 있는데, 부근에는 베이징 원인이 출토된 것으로 유명한 저우커우뎬 유적이 있다. 사실 이 저우커우뎬에서는 산딩둥인(山頂洞人)이라 불리는 호모 사피엔스의 두개골도 3개체 출토되었는데 그중에 1개체는 형태가 크로마뇽인과 유사하다.

탈아프리카가 소수의 집단에 의해 이루어졌다고 가정하면, 시대를 거슬러 올라가면 유라시아의 고대인은 당연히 유사해질 것이고, 유전적으로도 가까워질 것이다. 톈위안인과의 유사성은 이를 반영하고 있는지도 모른다. 하지만 시대가 오래된 코스텐키 14호보다 더 유사하다는 것은 이 시대 집단의 계통이 복잡했음을 예상하게 한다.

산딩둥인은 베이징원인과 마찬가지로 중일전쟁의 혼란기에 화석이 소실되고 말았는데 만약 남아 있다면 게놈이 분석되어 동아시아 집단의 형성에 관해 많은 것을 알려 주었을 것이다.

고예트 동굴군은 12만~5000년 전까지의 인류가 이용했는데, 약 4만 년 전까지는 네안데르탈인이, 3만 5000년 전 이후에는 호모 사피엔스가 거주했다. 그라베트 문화기, 막달레니안 문화기에 속하는 인골의 게놈도 연구 중이어서 고예트 동굴군은 이 지역 게놈의 변천 과정을 추적할 수 있는 중요한 유적이다.

그라베트 문화기의 인골은 5개체가 있는데, 게놈 분석 결과 그중 2개체는 친족 관계인 것으로 추정되고 있다. 이들 게놈과 오리냐크 문화기의 인골은 유전적으로는 연속하지 않고 오히려 오리냐크 문화기의 게놈은 같은 동굴에서 출토된, 훗날의 막달레니안 문화기의 것과 유사하다는 사실도 밝혀졌다.

유럽에서의 집단 변천 시나리오

이 유럽에서의 집단 변천 시나리오는 고대 게놈 분석을 통해 다음처럼 추정되고 있다.

맨 처음, 유럽의 광활한 지역에 산재해 있던 오리냐크 문화기의 집단에서는 동서의 유전적인 차이는 적었던 것으로 보이지만 이후의 역사 속에서 독자적으로 지역 집단으로 발달해 지역 특유의 유전적인 성질을 갖게 되었다. 그 결과, 오리냐크 문화기 말기에는 적어도 동과 서에서 두 개의 다른 유전적인 특징을 갖는 집단이 탄생한 것으로 추정되고 있다. 그리고 동쪽으로 퍼져 나간 집단 중에서 훗날 그라베트 문화의 주역이 되는 사람들이 등장한다. 그들은 서쪽으로 전진해 그곳에 있던 오리냐크 문화 계승자들을 대신하게 된다. 서유럽 각지가 오리냐크 문화에서 그라베트 문화로 이행하는 동시에 집단의 교체가 일어난 것이다.

그라베트 문화기에서 다음의 막달레니안 문화기로 이행하는 과정에도 집단의 교체가 있었다. 그라베트 문화 말기, 2만 5000~1만 9000년 전은 마지막 최대 빙하기로 향하는 시기로, 유럽 대부분이 인간이 거주하기에 부적합한 땅이 되었다. 그래서 많은 사람들이 온난한 장소,

소위 '레퓨지아'를 찾아 이동하면서 남유럽이나 중앙유라시아로 모여들었다.

고대 게놈 분석에 따르면 막달레니안 문화의 주역들이 이 마지막 최대 빙하기가 끝난 다음, 후퇴하는 빙하의 뒤를 쫓듯 이베리아반도에서 유럽 전역으로 퍼져 나갔고, 약간 남아 있던 기존의 집단과 교체된 것으로 보인다. 고예트 동굴의 게놈을 분석한 결과, 그들은 그라베트 문화 계통이 아니라 이전 오리냐크 문화 계통에 속한다는 사실이 밝혀졌다. 그들도 유럽 최후의 수렵채집민은 아니었던 것이다.

새로운 집단

약 1만 4000년 전에 마지막 빙하기가 끝나고 문화적으로는 중석기시대로 구별되는 시기가 되었다. 이 시대에는 분석 가능한 고인골도 증가해 상당히 상세하게 집단의 특징을 파악할 수 있게 되었다. 그리고 이 시기에 막달레니안 사람들과는 전혀 다른 유전자를 갖는 사람들이 발칸반도 등 유럽 남동부에서부터 이동하기 시작해, 종국에는 유럽 전역을 휩쓸었다는 사실이 알려져 있다.

그들의 유전적 특징은 현대 유럽인의 변이 범위를 벗어나 있어 기존의 집단과 비교했을 때 유전적으로 상당히 이질적이었다. 그 대표적인 예가 1만 6000년 전의 이탈리아 리파로 탈리엔테 유적과 1만 4000년 전 빌라브루나 유적에서 출토된 인골에서 추출한 게놈이며, 이들은 유럽 서부의 수렵채집민을 상징하는 유전적인 특징을 가지고 있는 것으로 알려져 있다. 이 게놈은 이전의 유럽 수렵채집민과는 다르다는 사실도 밝혀졌다. 그들은 유럽에서 마지막 빙하기인 마지막 최대 빙하기가 끝난 다음 새롭게 번성한 집단이며 기존의 수렵채집민과의 교체에 가까운 형태로 이 지역에서 세력을 펼친 것으로 보인다.

그들은 중동의 집단과도 유전적으로 관련성이 있는 것으로 보이는데 이전까지 유럽 안에서만 이동과 분화를 거듭하며 독자적인 유전적 특징을 가지고 있던 수렵채집민이 이 시기에 들어 중동과 근연한 집단이 되었다고 생각할 수 있다. 빙하기가 끝나고 알프스의 빙하가 소멸함으로써 동서유럽의 교류가 용이해진 것이 이 교류를 촉진했을 것으로 여겨진다.

실제로는 중석기시대의 유럽에도 동서의 유전적인 클라인(분포하는 장소에 따라 형질 등이 연속적으로 변화하는 현상)이 있었던 사실도 밝혀졌다. 여기서 복수의 다른 집단이 중석기시대 유럽 집단의 형성에 관여했음을 추정할 수 있다.

현재는 이 시기 유럽의 수렵채집민은 유전적으로 다른 3개의 그룹으로 나뉜다고 보고 있다. 첫 번째는 동유럽 집단, 두 번째는 서유럽 집단, 세 번째가 이베리아반도 등에서 볼 수 있는 고예트 동굴 인골에서 유래하는 유전적 요소를 갖는 집단이다. 그들은 오래된 유형의 수렵채집민이라 생각해도 좋을 것이다. 또한 서유럽과 고예트 집단 사이에는 유전적으로 이 둘의 중간에 해당하는 집단이 존재하고, 동서유럽 수렵채집민 사이에도 이런 집단이 있었던 것으로 여겨진다. 각각의 집단은 어느 정도 연속성을 가졌던 것으로 추정된다.

초기 수렵채집민의 사회구조

약 1만 년 전까지 호모 사피엔스의 생업은 수렵과 채집이었다. 현재도 이런 생활을 하는 사람들이 세계 각지에 있지만 대부분은 농경민이나 목축민, 혹은 근대적인 공업 사회 사람들과 어떤 식으로든 교류를 한다. 따라서 그들의 생활 방식을 그대로 구석기시대의 수렵채집민에 적용할 수는 없다. 고대 수렵채집민 사회의 양상은 지금까지는 남은 고고 유물 등을 통해 유추되어 왔지만 게놈 분석이 가능해지면서 인간의 움직임이나 혼인 시스템 등을 직접 검증할 수 있게 되었다.

다만, 구석기시대는 발견되는 인골의 수도 적고, 동시대의 복수의 인골을 분석할 수 있는 유적도 별로 없다. 그런데 이를 가능하게 한 것이 러시아 서부의 순기르 유적이다.

순기르 유적에서는 거의 같은 시기의 것으로 보이는 9개체의 인골이 발견되었는데 그중 미성년인 2개체는 서로 정수리를 맞대고 누운 상태로 매장되어 있었기 때문에 거의 동시에 매장되었음을 알 수 있다. 이 유적은 또한 구슬이나 맘모스의 상아 등 다량의 부장품으로도 유명하다.

이들 인골 가운데 6개체의 게놈 분석이 시도되었고 그 결과가 2017년에 보고되었다. 분석 가능했던 5개체 가운데 중세 인골이었던 1개체를 제외한 4개체는 대략 3만 4000년 전에 살았던 것으로 판명되었다. DNA 분석 결과, 당초에는 남녀 커플이었을 것으로 예상됐던 2개체의 미성년자들이 실제로는 동성이라는 사실도 밝혀졌다. 미성년, 특히 사춘기의 2차 성징이 나타나기 전 인골의 성을 판정하는 것은 형태상으로는 어렵고, 감정하는 사람의 예단이 다분히 작용한다. 이 경우에는 호화로운 부장품이 있는 것으로 보아 특별한 관계, 남녀 커플로 예상한 것일지도 모른다.

DNA 분석에서는 남성에게만 있는 Y염색체 DNA의 유무를 판정의 기준으로 삼기 때문에 그런 편견이 들어갈 여지가 없다. 지금까지 성별이 명료하지 않은 인골은 형태로 성별을 판정하기가 어려웠으나 이 예처럼 고대 DNA 분석이 발달함으로써 성별에 관해서도 정확한 정보를 얻을 수 있게 되었다.

일반적으로 이런 화려한 분묘에 매장된 사람들은 서로 특정 혈연관계가 있을 것으로 예상된다. 하지만 이 순기르 무덤에 매장된 사람들은 어느 정도의 혈연은 인정되지만 기껏해야 6촌 사이인 것으로 밝혀졌다.

상세한 게놈 분석을 통해 그들의 혼인 규모도 추정할

수 있었는데, 대략 200~500명 집단 속에서 혼인이 이루어진 것으로 보인다. 이는 현대의 수렵채집민과 거의 같으며 이를 통해 당시의 사회 네트워크도 현대의 수렵채집민과 마찬가지로 근친혼을 피하는 시스템이 갖춰져 있었던 것으로 추측할 수 있다.

혼인 네트워크

그렇다면 현대의 우리 사회는 어떨까? 조사 결과에 따르면 천 명 이상의 그룹에서 혼인이 이루어지고 있으며, 수렵채집민의 혼인 네트워크는 소규모이다. 수렵채집민이 영역을 확대할 때는 이런 혼인 네트워크를 유지하면서 전진했을 것이다. 호모 사피엔스의 이동은 소수의 집단이 모집단으로부터 떨어져 나와 퇴로를 차단한 형태로 이루어진 모험적인 성격은 아니었을 것으로 추측되고 있다.

근친혼이 지속되던 알타이의 네안데르탈인을 제외하면 순기르나 다른 네안데르탈인의 게놈을 보더라도 근친교배를 피했다는 것을 알 수 있다. 이런 사회 시스템은 호모 사피엔스 이외의 인류에게도 갖춰져 있었고, 알타이의 경우는 교배 집단의 규모가 극단적으로 축소되었기 때문에 일어난 예외적인 경우로 추정된다.

또한 순기르 사람들의 게놈과 가장 가까운 것은 서유라시아계인 코스텐키 14호이다. 이 두 유적은 지리적으로도 가깝고, 코스텐키 14호가 2000년 정도 더 오래되었지만 같은 계통의 집단이라 해도 이상하지 않다. 다만, 게놈 분석 결과 이 둘은 직접 조상과 자손 관계는 아닌 것으로 밝혀졌다.

순기르의 조상은 코스텐키 14호의 조상 집단에서 갈라져 나온 그룹에 속하며, 다시 거기서 분기한 그룹이 체코에 있는 2만 6000년 전 후기 구석기시대의 유적에서 출토된 베스토니 16호 인골의 게놈 형성에 관여했다는 사실도 밝혀졌다.

구석기시대 유럽인의 형성은 서시베리아까지 포함한 지역에서 일어난 인간의 이동과 관련된 대규모적인 것이었다. 여기서 우리는 혈연을 유지하면서 영역을 확대해 나간 그들의 전략을 엿볼 수 있다.

4. 농경, 목축은 어떻게 전파되었나

농경의 시작과 인류의 이동

고대 게놈 분석 결과, 유럽에서는 구석기시대의 시작과 끝 무렵, 즉 4만 년 전과 1만 4000년 전 무렵에 중동에서 수렵채집민이 진출하여 유전적으로 독자적 구성을 갖는 집단을 형성했다는 사실이 밝혀졌다. 그 후 신석기시대를 맞아 유럽에서는 농경이 시작되고 세 번째 이주의 물결이 찾아온다.

유럽의 초기 농경에서 재배된 엠머밀(밀 속. 학명은 Triticum dicoccum, 고대에는 널리 재배되었으나 현재는 유럽과 아시아의 산악 지대에 야생하거나 이탈리아 토스카나 등 일부 지역에서 재배하고 있다.: 역주)이나 보리, 양이나 염소 같은 가축은 신석기시대 초기에 중동에서 들어온 것으로 추측된다. 따라서 농경은 중동에서 들어왔는데, 그때 유입된 농경민이 이후의 유럽 인구에 어느 정도의 영향을 미쳤는가에 대해서는 두 개의 가설이 있다.

하나는 유럽 인구가 농경민으로 대체되었다는 설, 다른 하나는 기존의 수렵채집민이 농경문화를 수용했다고 가정하고 농경민의 유전적인 영향은 극히 적었다고 보는 시각이다. 극단적으로 다른 이 두 가설을 정확히 평가하기가 어려웠는데, 고대인의 게놈 분석이 이를 가능하게 했다.

분석 결과, 농경을 받아들일 때 지역 집단의 완전한 대체는 발생하지 않았지만 8500년 전 유럽 남서부에서는 중석기시대 마지막 수렵민의 자손이 북서 아나톨리아에서 온 농경민에 의해 주변으로 밀려났다는 사실이 밝혀졌다. 이를 시작으로 이베리아반도에는 7300년 전, 아일랜드에는 5100년 전, 스칸디나비아반도에는 4900년 전에 농경이 보급되고, 최종적으로는 레반트와 이란 북부에서 온 농경민이 유럽 전역으로 퍼지게 되었다.

아나톨리아에서 온 농경민의 게놈은 기존의 수렵채집민의 게놈과 크게 달랐는데, 그 차이는 현재의 유럽인과 동아시아인의 차이 정도였을 것으로 추정된다. 유럽인이라 하면 구석기시대인에서 현대인까지 외형이 같을 거라 생각하기 쉬운데 실제 구석기시대 사람들은 용모가 전혀 달랐다(칼럼3 참조).

서아시아에서 농경이 시작된 것은 1만 1000년 전이라고 알려져 있다. 농경이 시작된 시기 중동의 고인골에서 추출한 게놈 데이터에서 원래 중동 농경민은 단일 집단이 아니라는 사실이 밝혀졌다. 그들은 3500년 후에 유럽으로 진출하는데 그사이에도 유전적인 변천이 있었다. 원래 1만 4500년 전 이후에 유럽에 진입한 수렵채집민도 중동 집단의 유전자를 계승했기 때문에 유럽의 기존 집단과 중동의 농경민의 유전적인 차이는 그다지 크지 않을 것으로 예상되고 있었다. 하지만 분석 결과는 달랐다. 그 배경에는 중동 집단의 유전적인 다양성이 있다.

농경민의 이동

이란 주변의 농경민과 이스라엘·요르단 부근의 농경민, 소위 비옥한 초승달 지대(현대 이집트 북동부에서 레바논, 이스라엘, 팔레스타인, 요르단, 시리아, 이라크에서 이란고원까지 이어지는 지역으로 이어진 모양이 초승달과 비슷하여 비옥한 초승달 지대라고 불린다. 역사적으로 이 지역의 땅은 비옥하여 농경과 목축업이 발달할 수 있었고 고대 문명과 도시가 출현했다.: 역주)의 농경민은 함께 그 지역 수렵채집민의 직계 자손이면서 유전자는 서로 크게 달랐다. 당초 이 지역에서 농경이라는 기술은 인간의 이

⟨4장⟩ 유럽 진출 181

동에 의해서가 아니라, 정보로서 다른 집단 사이에 전파된 것으로 보인다. 결국 농경민 인구의 증가와 더불어 서로 인적 교류도 생기고, 상호 유전적 차이는 시대와 함께 작아져 갔다. 그 집단이 유럽으로 진출하는 집단의 원류가 된다.

유럽에 직접 농경을 전해 준 아나톨리아 농경민의 형성에 관한 연구도 진행 중이다. 1만 5000년 전의 아나톨리아 수렵채집민 및 아나톨리아와 레반트 초기 농경민의 게놈이 분석되었는데, 아나톨리아 농경민의 게놈 중 80~90퍼센트는 수렵채집민으로부터 온 것임이 밝혀졌다. 즉, 이 지역에서의 농경은 비옥한 초승달 지대에서 온 농경민에 의해 시작된 게 아니라, 기존 집단에 의해 계승되고 시작된 것이다.

애초에 아나톨리아의 수렵채집민은 레반트 집단과 이란, 코카서스 지방에서 온 집단이 섞이면서 형성되었으며, 남유럽이나 중동과 유전적 관련성이 있다는 점도 게놈 분석 결과로 알게 되었다. 아나톨리아의 지리적 위치를 생각하면 당연한 일일 것이다.

유럽의 농경민과 수렵채집민의 혼혈은, 입구가 되는 에게해 지역에서는 거의 대체에 가까운 형태로 일어났다. 그리고 농경 시작 초기부터 약 4000년에 걸쳐 혼혈이 이루어지면서 지금으로부터 4500년 전에는 유럽 거의 모든 지역의 집단은 농경민과 수렵채집인의 혼성체 집단이 되었다.

다만, 지역에 따라 상황은 크게 달랐는데 유럽의 중앙부에서는 약 2000년에 걸쳐 이 둘이 공존한 예도 있다. 아무튼 최종적으로는 유럽 전역에서 기존의 수렵채집민 유래 게놈은 대략 10~25퍼센트가 된 것으로 추정되고 있다.

농경민 유래 게놈의 비율이 높아지는 현상은 사실 일본열도도 마찬가지다. 기존의 수렵채집민인 조몬인의 세계에 대륙으로부터 농경을 하는 도래계 야요이인이 유입된 상황은 유럽과 흡사하다. 현대 일본인 게놈에서 차지하는 조몬인 유래 게놈은 약 10~20퍼센트로 예상되기 때문에 이 역시 유럽의 상황과 아주 비슷하다.

수렵채집민과 농경민이 접촉하면 기본적으로는 기존의 수렵채집민이 농경민 사회로 흡수된다. 이는 인류 사회의 보편적인 현상이라 할 수 있다.

농경이 유럽으로 전파된 경로

2020년에는 프랑스와 독일에서 출토된 중석기시대에서 신석기시대 사이의 인골 100개체 이상의 게놈이 분석되었는데, 그 결과 초기 농경민과 수렵채집민의 접촉 양상을 알 수 있게 되었다.

유럽으로 농경이 확산한 경로는 두 가지였던 것으로 예상된다. 하나는 다뉴브강을 따라 대륙 중앙부로 향하는 경로이고, 다른 하나는 지중해 연안을 따라가는 경로이다. 둘 다 농경 확산 초기의 인골 게놈에 수렵채집민의 영향은 거의 없는 것으로 밝혀졌다(그림 4-3).

그 대표적인 예가 중앙유럽 초기 농경민의 문화인 선대문토기문화(LBK문화)의 인골이다. 그들의 게놈에서 차지하는 수렵채집민 유래 게놈은 5퍼센트 정도이다. 농경이 체계가 잡힌 후에는 서서히 수렵채집민 게놈의 비율이 높아지는 경향이 있는데, 지역에 따라 편차가 심해 융합 형태가 일률적이지는 않았을 것으로 예상된다. 다만 일반적으로는 서쪽으로 갈수록 수렵채집민의 유전적 영향이 커지는 경향이 있음은 인정되고 있다.

유럽에 농경이 도달하기 직전에는 수렵채집민의 게놈은 크게 3가지로 나뉘었기 때문에 각각의 농경 집단이

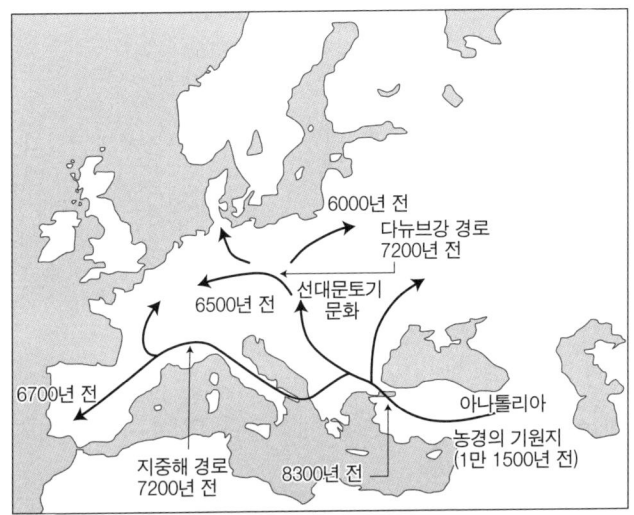

(그림 4-3) 유럽의 초기 농경 전파 양상

어느 수렵채집민에게서 게놈을 받았는지 조사하여 농경이 어떻게 발달해 갔는지 추정할 수도 있다. 영국의 농경민은 유럽 중앙부가 아닌 이베리아반도나 서유럽 수렵채집민의 게놈을 물려받았고, 지중해를 경유한 집단이 프랑스에서 영국으로 건너온 것으로 추정되고 있다.

아이스맨

1991년에 이탈리아와 오스트리아의 국경 부근, 알프스 표고 3270미터 지점에서 남성 냉동 미라가 발견되었다. 아이스맨 혹은 외치라는 이름으로 알려진 그는 유럽에서 가장 유명한 미라이다. 연대를 분석한 결과, 5300년 전에 사망했다는 사실이 밝혀졌다.

아이스맨은 신석기시대에 살았는데 2012년에는 차세대 시퀀싱을 활용해 뼈조직에서 추출한 DNA를 분석할 수 있었다. 표현형(유전적 특징상 몸의 형태나 기능으로 표현되는 것)에 관계하는 SNP의 변이를 통해 혈액형은 O형, 유당을 분해하지 못한다는 점, 고혈압과 심질환을 앓았을 가능성이 제기되었고, 실제로 엑스선 사진에서도 혈관벽의 석회화가 확인되었다.

흥미로운 것은 현대인의 게놈과 비교했을 때, 아이스맨은 발견 장소인 알프스가 아닌 지중해의 섬인 사르데냐인과 근연 관계임이 밝혀졌다. 분석 당시에는 아이스맨과 사르데냐인과의 근연성에 대해 설명하기가 어려웠지만 현재는 지금 사르데냐에 살고 있는 사람들은 약 8000년 전에 사르데냐섬으로 이주한 초기 농경민의 자손이고, 섬이라는 격리된 환경에서 처음에 그곳에 살고 있던 수렵채집민을 대체한 다음, 거의 혼혈되지 않고 현재에 이르렀기 때문에 유럽 초기 농경민의 게놈이 강하게 남아 있는 것으로 추정되었다. 때문에 유럽의 농경민인 아이스맨과 유전적으로 가까운 관계였던 것이다.

그렇다면 아이스맨이 다른 유럽의 현대인과 유사성이 없는 이유는 무엇일까? 이것은 유럽인의 유전적인 성격을 크게 바꾸어 놓은 어떤 사건과 관계가 있다.

유럽인의 게놈을 변화시킨 목축민의 진출

지금까지 현대의 유럽인은 수렵채집민 집단에 농경민이 유입되면서 형성된 것으로 여겨져 왔다. 하지만 고대 게놈 분석의 발달로 유럽 각지에서 5000년 전을 기점으로 주민의 유전적인 구성이 크게 달라진다는 사실이 명확해지고 있다.

5000년 전은 유럽이 신석기시대에서, 그 후 2000년 동안 계속되는 청동기시대로 이행하는 시기였다. 일본에서는 채집수렵 사회인 조몬 시대에 이어 야요이 시대에 금속기와 무논 벼농사 형태의 농경이 유입되었다. 이 두

가지 중요한 기술은 비슷한 시기에 시작되었는데 유럽에서는 농경이 먼저 유입되고 수천 년 후에 금속기 문화가 흥하게 된다.

이 문화의 변천과 그 주역 집단의 관계에 대해서도 이전부터 각종 학설이 주장되어 왔다. 그중에는 유전적인 변화 없이 문화가 변했다고 보는 시각도 있었지만 이 시기 이후 유럽 집단의 유전자는 그전까지의 수렵채집민과 농경민의 혼혈로는 설명되지 않을 정도로 큰 변화가 있었다는 사실을 알게 되었다. 그 이유를 밝히는 연구가 진행되었고, 유럽인 집단의 유전적인 특징을 크게 바꾼 이주의 물결이, 저 멀리 동쪽 스텝 지역에서 밀려왔다는 사실이 2015년에 밝혀지게 된다.

폰토스·카스피 스텝

폰토스·카스피 스텝이라는 이름을 들어본 적이 있는가? 이 익숙하지 않은 이름의 지역이 현대로 이어지는 유럽인의 유전적인 특징을 만들어 낸 중요한 고향의 땅이었다는 사실이 고대 게놈 분석으로 규명되었다(그림 4-4).

이 지역은 중앙유라시아 북서부에서 동유럽 남부까지 이어지는 스텝 지대이다. 약 4900~4500년 전에 이 지대에 속하는 헝가리에서 알타이산맥 사이에 펼쳐진 지역에서 얌나야라 불리는 주로 목축을 하는 집단이 등장했다. 그 중심은 현재의 우크라이나인데 그들은 말과 수레바퀴를 이용해 짧은 시간에 폭발적으로 영역을 확대했고, 유럽 농경사회의 유전적 구성을 크게 바꾸어 놓게 된 것이다. 예를 들어 그들이 유입된 후, 독일은 농민 유전자의 4분의 3이 얌나야 유래 유전자로 대체되었다.

그들이 들여온 문화는 유럽에서는 매듭무늬토기 문화라 불리며, 유럽 동북부나 중부유럽의 북부에 분포하고 있다(그림 4-4). 한편 거의 같은 시기의 서유럽에서는 종형 비커 문화가 확산되어 있었고, 이 둘의 관계에 대해서도 여러 의견이 있었다. 종형 비커 문화 주역들의 게놈을 분석해 보니, 유럽의 중앙부나 영국 집단은 얌나야 문화의 계통을 이어받은 데 반해 이베리아반도는 기존 집단의 것임도 밝혀졌다.

이처럼 얌나야 유전자의 유입에도 지역 차가 있는데 기본적으로는 북방만큼 영향이 컸던 것 같다. 이베리아반도에서는 집단의 유선사 구조를 단번에 바꿀 정도의

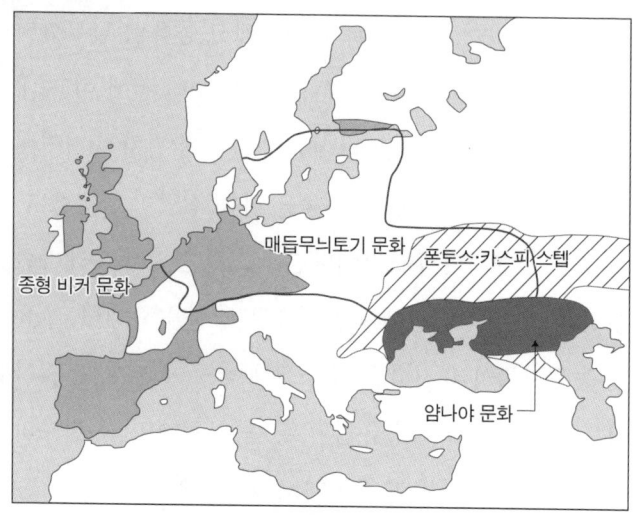

(그림 4-4) 유럽의 청동기시대 문화

유입은 없었던 것으로 보이지만 영국에서는 유명한 스톤헨지를 만든 기존 집단의 유전자가 그 직후 현저히 감소한다. 현대의 영국인에게 전해진 그들의 유전자는 약 10퍼센트이며, 나머지는 얌나야에서 유래한 종형 비커 문화 사람들의 유전자인 것으로 밝혀졌다.

현대로 이어지는 유럽인의 지역 차는 기본적으로는 이 청동기시대의 농경민과 얌나야 문화인 사이에 있었던 혼혈 방식의 차이에서 기인하는 것으로 추정되고 있다.

5. 현대로 이어지는 유럽인의 유전자 변이

얌나야 문화 집단

 유럽에서는 수렵채집민의 기층 사회 형성에서 시작해 두 번의 대대적인 집단 유입을 거쳐 현대에 이르렀다. 특히 두 번째 얌나야 문화 집단의 유입은 현대로 이어지는 유럽 지역 집단의 유전적인 구성을 결정짓기 때문에 그 상세한 시나리오를 그리기 위한 노력이 계속되고 있다. 2021년에는 유럽의 중앙부, 체코의 보헤미아 지방에서 출토된 6900~3600년 전 271개체의 고대 게놈이 분석되어 이 지역 집단의 변천상이 밝혀졌다.

 매듭무늬토기 문화 이전 초기 농경사회의 문화인 선대문토기 문화에 속하는 집단에는 얌나야 문화 집단의 게놈이 존재하지 않는다는 사실도 확인되었다. 예상대로 그들의 게놈은 아나톨리아의 농경민과 유럽 수렵채집민의 혼성체였던 것이다.

 보헤미아에 매듭무늬토기 문화가 출현한 것은 5000년 전으로, 100년 남짓 만에 이 지역 전체로 퍼져 나갔다. 4600년 전의 인골에서 추출된 게놈에는 농경민과 얌나야 문화 집단의 게놈이 확인되었는데, 이 두 집단에서 유래한 게놈만으로는 이 지역의 매듭무늬토기 문화 집단의 게놈 구성을 설명할 수 없고, 5~15퍼센트 정도는 라트비아나 우크라이나 등 고대 유럽 북동부 신석기 문화 집단의 게놈이 추가되었을 가능성도 제기되고 있다. 이 지역 집단의 형성은 기존의 농경민과 목축민의 혼혈처럼 단순하지 않았던 것 같다.

매듭무늬토기 문화의 시작부터 종말에 걸쳐 게놈의 다양성이 감소하는 현상도 발견되었다. 특히 Y염색체 DNA의 하플로그룹은 단일로 수렴해 간다. 그 이유는 명확하지 않지만 문화가 갖는 선택적 혼인 제도 등이 관여했을 가능성이 있다.

매듭무늬토기 문화 시대와 거의 병행해 확산한 종형 비커 문화에 속하는 개체의 게놈도 분석되었는데 보헤미아에서는 기본적으로 매듭무늬토기 문화 집단과 유사하다는 사실이 확인되었다.

종형 비커 문화 후기에 해당하는 4400년 전 이후에는 이전 시기인 중기의 종형 비커 문화에서 유래한 게놈이 그 이전 기보다 증가한다는 사실이 밝혀졌다. 이 시기에도 다른 집단과의 혼혈이 있었을 가능성이 있다.

유럽 집단의 형성 경위

지금까지 소개한 것은 보헤미아라는 지역에서 집단이 형성된 시나리오인데 한 지역만 해도 이렇듯 형성 과정이 복잡한 것을 엿볼 수 있었다. 유럽에서 4000~5000년 전 사이 1000년 동안은 지역 집단의 유전적인 구성이 크게 변화한 획기적인 시기였다. 이 기간만 보더라도 주변 집단과의 관계나 시대에 따라 게놈 구성이 달라졌다. 더 많은 지역과 시대의 고대 게놈이 분석되면 유럽의 복잡한 집단 형성의 경위가 밝혀질 것이다. 그에 따라 문화의 변천과 집단의 유전적 변화의 관계, 유럽 각 민족의 형성 과정이 더욱 명확해지리라 기대한다.

유럽은 근대화 이후에도 민족이라는 이름 아래 수많은 박해와 분쟁을 경험하고 있다. 그 최대 비극이 나치 독일의 아리아인(아리안) 우위성 주장에 따른 것이었음은 두말할 필요도 없다. 하지만 지금까지 보아 왔듯이 인간의 유전자는 역사 속에서 복잡하게 얽혀, '민족의 혈통' 따위는 그 실체가 없고 환상에 지나지 않는다는 사실이 분명해질 날이 곧 다가올 것이다.

현대 유럽의 언어는 인도·유럽어족이라 불리는 그룹으로 분류된다. 이 어족은 일부는 스텝 지대의 유목민에서 유래한다는 견해도 있었지만 일반적으로는 유럽에 농경을 가져온 사람들이 사용하던 말이라고 여겨져 왔다. 그리고 그들의 고향인 아나톨리아에서 유럽으로 퍼져 나간 집단과 인도로 향한 농경민 그룹이 있었기 때문에 공통의 조상언어를 갖는 사람들이 쌍방으로 전개되었다는 견해가 지지를 받아 온 것이다.

하지만 고대 게놈 분석 결과, 5000년 전 이후 얌나야 집단의 대규모 확대 사실이 밝혀짐으로써 이 언어학의 정설에도 의문이 생기게 되었다. 확산 시기와 규모를 생각하면 얌나야 집단이 인도·유럽어의 조상언어를 사용했다고 보는 편이 합리적이다.

다만 5장에서 설명하겠지만 얌나야 집단의 형성에 관한 시나리오가 아직 완전하지는 않기 때문에 인도·유럽어의 조상언어가 어디에서 형성되었는지는 알 수 없다. 고대 게놈 분석이 곧 결론을 내려 주리라 믿는다. 이렇듯 고대 게놈의 연구 성과는 고고학이나 역사학뿐 아니라 언어학에도 큰 영향을 미치고 있다.

특정 유전자 빈도의 변천

 3장에서도 언급했지만 목축민은 유당내성 유전자를 갖는 사람의 비율이 많다. 이 유전자를 보유하면 가축의 우유를 이용할 수 있기 때문이다.

 유럽에서는 농경의 시작과 함께 양이나 염소가 가축으로 이용되었기 때문에 이를 계기로 이 유전자의 빈도도 증가했다고 여겨져 왔다. 하지만 대규모적 게놈 분석을 통해 유럽에 유당내성 유전자를 유입시킨 것도 얌나야 문화인들이었다는 사실이 밝혀졌다.

 동일 지역의 집단에서 특정 유전자의 빈도가 변한 경우, 그 요인으로 자연선택이 아닌 다른 유전자를 보유한 집단의 유입이나 혼혈을 생각해 볼 필요도 있다. 유럽에서는 지금까지 우유의 이용과 유당내성 유전자의 관계에 대해서는 자연선택설이 주류였는데, 사실 그 요인은 혼혈이었던 것이다. 물론 얌나야 문화의 고향에서는 자연선택에 의해 유전자의 빈도가 상승했을 가능성이 있다. 그들의 유래가 명확해지면 어디서 자연선택이 작용했는지도 밝혀질 것이다.

 또한 면역 관련 유전자의 선택 상황도 밝혀졌다. 과거 1만 년 동안 몇몇 면역 관련 유전자가 자연선택을 받았다는 것을 보여 주는 연구가 있다. 한편, 7000년 전 스페인 수렵채집민의 게놈을 상세히 분석한 결과, 몇몇 면역 관련 유전자는 현재의 유럽인의 것과 동일했다. 수렵채집민과 현재 유럽인의 게놈은 크게 다르지만 면역계 유전자 안에는 그대로 보존된 것도 있는 것이다. 장기간에 걸쳐 집단 안에 보존되고 있는 유전자는 유럽의 환경에 잘 적응한 것일 가능성이 있다.

최근 몇 년 동안, 복수의 유전자가 관련된 적응에 대한 연구도 진행 중이다. 예를 들면 키와 관련한 연구가 있다. 하나하나의 유전자가 관여하는 영향은 적지만, 다수 유전자의 총체로서 키를 크게 하는 역할을 한다. 유럽의 고대 게놈 분석에서는 이런 유전자에 주목하여 그 빈도의 변화를 조사하고 있다.

이런 일련의 연구에 의하면 수렵채집민과 청동기시대에 진입한 스텝 지대의 유목민은 키가 크는 방향으로 선택이 작용했음을 알 수 있다. 현대의 유럽인 집단은 스텝에서 유래한 게놈의 비율이 클수록 키가 커진다는 것을 보여 주는 연구도 있다.

세균의 게놈이 가르쳐 주는 병

 페스트는 페스트균에 전염된 쥐의 피를 빨아먹은 벼룩에 물리거나 공기 중에 떠도는 페스트균을 흡입해서 감염되는 전염성이 강한 전염병이다. 역사적으로는 기록으로 남은 것만 3번의 대유행이 있었고 수많은 사람이 죽었다고 알려져 있다.

 첫 번째 유행은 542년부터 543년 사이에 동로마제국에서 발생했다고 알려져 있는데, 8세기 중반까지 지속되었다고 한다. 이때 인구의 약 절반이 죽고, 제국 쇠퇴의 원인이 되었다고도 한다. 지금까지는 과거의 전염병과 관련해서는 역사서에 기술된 내용을 통해 병명을 유추했기 때문에 확실한 증거라고 할 수 없는 것들도 있었다. 하지만 당시의 희생자 인골에서 페스트균의 게놈이 검출되면서 이 전염병이 유행했다는 사실이 확실해졌다.

 차세대 시퀀싱을 활용한 고인골 분석에서는 그 인골이 갖는 모든 DNA를 분석한다. 그러므로 그 인물이 지니고 있던 인간 유래 DNA뿐 아니라 세균이나 바이러스의 DNA 데이터도 입수할 수 있다. 고대 게놈 분석을 이용하면 지금까지 확실하지는 않았던 과거의 전염병을 특정할 수도 있는 것이다. 이 첫 번째 페스트 유행도 그 예라

〈4장〉 유럽 진출

할 수 있다.

1346년에서 1353년에 걸쳐 발생한 '흑사병'이라는 이름으로 알려진 두 번째 페스트 대유행은 인류사에서도 가장 큰 재해를 남긴 전염병으로 알려져 있다. 볼가강 하류와 흑해 연안에서 시작된 유행은 유럽에 도달했고, 7년 동안 인구의 60퍼센트가 감소했다는 추정치도 있지만 자세한 상황은 알 수 없었다.

두 번째 유행으로 사망한 사람들의 게놈 분석을 통해 페스트균의 게놈도 분석되었다. 2019년에는 발상지로 예상되는 러시아의 샘플을 포함해 34개의 개체에서 추출된 DNA를 분석했는데 페스트균은 동유럽에서 유입되었다는 사실이 밝혀졌다. 유럽의 전역에서 수집했음에도 불구하고 분석된 페스트균의 게놈은 거의 비슷하여 같은 계통의 페스트균이 유행했다는 사실도 알게 되었다. 물론 분석 개체를 늘리면 다른 세균이 발견될 가능성은 남아 있지만 현시점에서의 증거만 보면 두 번째 페스트는 단일 세균에 의한 폭발적인 감염이었을 것으로 추정된다.

페스트의 돌발적인 유행은 유럽과 중동, 북아프리카 등 전 세계에서 18세기까지 계속됐다. 그 후 100년 동안은 거의 유행하지 않았지만 19세기 말인 1894년, 홍콩에서 세 번째 대유행이 발생했다. 이때 페스트의 원인 균을 알렉상드르 예르생과 기타사토 시바사부로가 각자 독립적으로 발견한 일화는 유명하다. 이 균은 예르생의 이름을 따서 예르시니아 페스티스(Yersinia pestis)라는 학명이 붙여졌다.

두 번째 대유행 후의 페스트균 계통에서는 다양성이 확인되었다. 변이를 일으킨 균은 어딘가에서 살아남았던 것 같은데 다행히 현재까지 살아남은 것은 없다. 흥미롭게도 이 멸종 계통 중에는 페스트의 병원성을 전달하는 두 개의 유전자가 결여되었다는 사실도 밝혀졌다. 같은 부분의 결여는 첫 번째 유행 후의 균주에서도 발견되었는데 이는 페스트균의 진화 연구에서 중요한 부분이다.

페스트와 함께 온 얌나야 문화

앞에서 첫 번째 페스트 유행이 동로마제국에서 발생했다고 했는데 사실은 여기에서 말한 세 번의 유행 이전에 페스트가 유럽을 휩쓸었을 가능성도 제기되고 있다. 고대 게놈 분석 결과, 얌나야 문화가 유입되었을 때 유럽의 농경사회는 페스트의 유행으로 인구가 크게 감소했을 가능성이 제기되고 있다. 지금까지 분석된 101명의 얌나야 집단 게놈의 7퍼센트에서 페스트균의 DNA 단편이 검출된 것이다.

그들은 유럽 진입 이전부터 이 페스트균을 보유하고 있었기 때문에 어느 정도 면역성이 있었던 것으로 여겨진다. 페스트는 얌나야 집단과 함께 유럽으로 들어와 면역이 없는 농경민 사회에 큰 타격을 미쳤을 가능성이 있는 것이다. 페스트가 모든 것의 원인이라고 단정할 수는 없지만 이렇게 생각하면 얌나야의 목축민이 거의 기존 집단을 대체하는 형태로 유럽에 퍼진 것도 설명이 된다.

우리는 신종 코로나바이러스 감염증으로 전염병의 위협이 과거의 것만이 아님을 몸서리치게 실감했다. 이 페스트의 예를 봐도 알 수 있듯이 과거에 살았던 사람들의 삶과 죽음을 밝히는 고대 게놈 분석은 전염병 관련 연구 분야에도 중요한 지혜와 식견을 제시할 가능성이 있는 것이다.

칼럼3 가장 오래된 영국인의 초상

대영자연사박물관에는 영국(그레이트브리튼섬)에서 가장 오래된 인골 중 하나인 체다맨(약 1만 년 전)의 게놈 분석으로 밝혀진, 다양한 특징을 바탕으로 만들어진 복원상이 있다.

이 인골은 체다치즈로 유명한 영국 남서부의 서머싯주 체다 지방에서 1903년에 발견되었다. 2018년에 대영자연사박물관이 DNA를 분석해 SNP의 특징으로 이 계통을 알게 되었고, 안면이 복원된 것이다. 현대의 영국인과는 달리 피부색은 갈색이지만 눈은 푸른색이었다.

지금까지 색소가 옅어지는 것은 고위도 지방으로 진출하면서 자외선이 약해지는 데 대한 적응이라 여겨져 왔다. 하지만 구석기시대의 유럽 전역, 그리고 중석기시대의 서유럽에 살았던 사람들은 피부색을 암갈색으로 만드는 두 개의 유전자(SLC24A5와 SLC45A2)를 가지고 있었다는 사실이 밝혀졌다. 체다맨 역시 이 유전자를 가지고 있었기 때문에 피부색은 암갈색으로 재현되었다.

이에 반해 아나톨리아의 농경민은 SLC24A5 유전자에 피부를 밝게 만드는 변이를 높은 빈도로 가지고 있었다. 하지만 다른 하나인 SLC45A2 유전자의 변이 빈도는 그다지 높지 않았다. 현재의 대부분의 유럽인은 두 유전자 모두 피부색을 밝게 만드는 성질을 가지고 있다.

이 둘 외의 피부색을 밝게 만드는 다른 두 개의 유전자(TRY와 GRM5)도 포함해 5000년 전 이후에는 선택압이 밝아지는 방향으로 높아져, 유럽인의 피부색이 점차 밝아졌다고 추정되고 있다.

따라서 동굴벽화로 유명한 크로마뇽인은 보통 흰 피부로 복원되고 있지만 실제로는 암갈색 피부였을 것으로 추정된다. 4만 년이라는 역사 속에서 유럽인 집단의 피부가 하얘진 것은 그다지 오래된 이야기가 아닌 것이다.

또한 통상적으로는 한 세트로 여겨지는 흰 피부와 금발, 푸른 눈은 각각 다른 유전자에 의해 발현된다. 체다맨처럼 갈색 피부에 푸른 눈도 이상한 게 아니다. 유럽인의 푸른 눈을 만드는 유전자는 HERC2/OCA2라는 유전자에 일어난 변이가 원인으로 지목되며, 검출된 것 중 가장 오래된 인골은 이탈리아와 조지아의 1만 4000~1만 3000년 전 유적에서 발굴되었다.

8000년 전까지 이 변이는 유럽인에게 보편적인 것이었다. 자연선택과 집단의 혼혈 등이 복잡하게 얽혀 현재의 상황에 이른 것이며, 이런 특징들을 세트로 가지게 된 것은 우연에 의한 것이다.

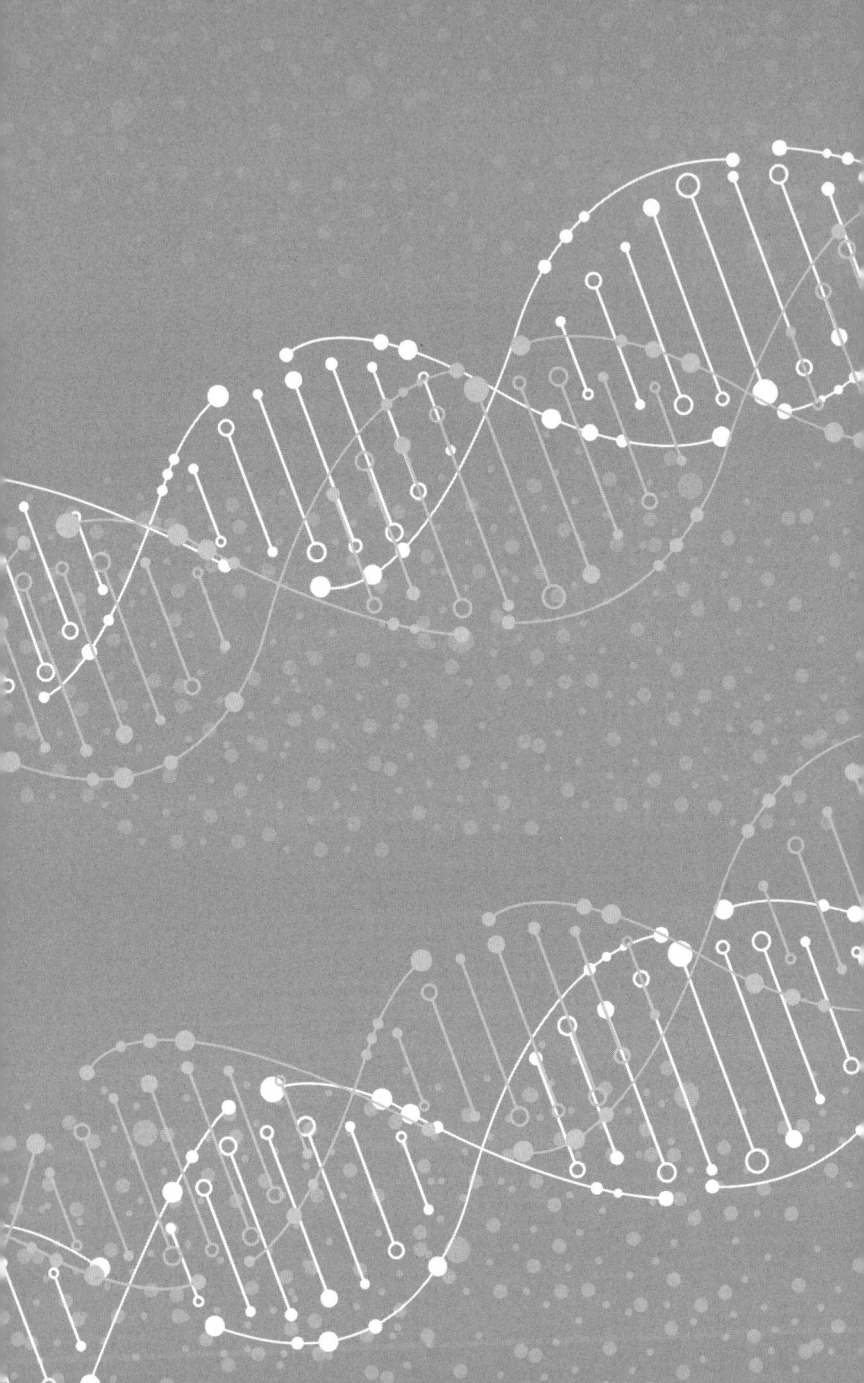

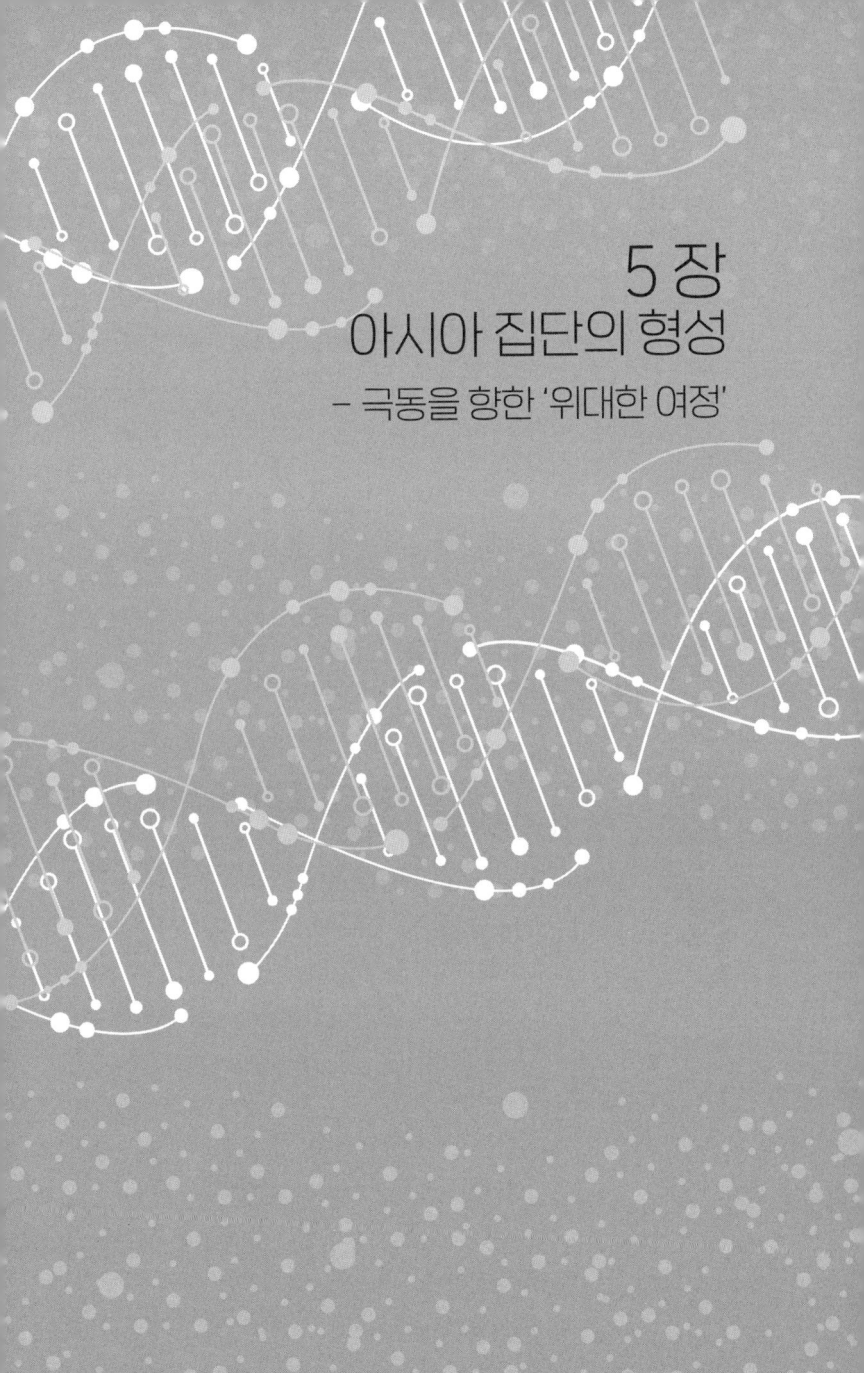

5장
아시아 집단의 형성
– 극동을 향한 '위대한 여정'

1. '아시아 집단'이란 무엇인가

구석기시대 유라시아에서의 집단 이동

이번 장에서는 아시아 집단의 형성사와 깊은 관련이 있는 유라시아 대륙 전역에서 있었던 집단 이동에 대해 설명해 보자. 앞 장에서 유럽 현대인의 형성에는 폰토스·카스피 스텝에서 발생한 얌나야 문화 집단이 관여했다고 설명했다. 그 형성에 관해서는 아직 수수께끼가 남아 있으나 아시아 집단의 형성과도 관계가 있다는 얘기가 되므로 일단은 얌나야 집단의 형성과 관련해 구석기시대까지 거슬러 올라가 보자.

구석기시대에는 초기 이동에서 유라시아 대륙 중앙부로 퍼져 나갔던 '고대 북유라시아 집단'이 존재했을 것으로 추정되고 있다. 거기서 서방으로 이동한 그룹이 유라시아 초원의 수렵채집민이 되었다. 이 그룹이 코카서스의 수렵채집민과 혼혈하여 형성된 것이 얌나야 집단인 것으로 알려져 있다.

다만, 아직 얌나야 집단의 형성에 관한 완전한 시나리오가 그려진 것은 아니다. 유럽이나 시베리아 등 일부 지역을 제외하고는 수렵채집 사회에서 농경이 시작되는 1만 년 전 이전 유라시아 대륙의 고대 게놈이 분석되지 않았기 때문에 인류의 유라시아 대륙 전개 양상을 정확히 알 수는 없다.

그림 5-1은 약 4~1만 년 전 유라시아 각 집단의 영역과 이동 방향을 나타낸 것이다. 아프리카를 떠난 집단은 중동에서 1만 년에 이르는 정체를 거쳐, 5만 년 전 이후에 유럽에서 시베리아에 이르는 광활한 지역으로 뻗어 나갔다. 그중 유라시아 대륙 동부로 이동하는 데는 기본적으로 북쪽 경로와 남쪽 경로가 있었을 것으로 추정되고 있다(그림 4-1).

남쪽 경로는 인도 등 남아시아를 지나는 경로로, 거기에서 뒤에 언급할 현대의 안다만제도인으로 이어지는 고대 남인도 수렵민 집단이 형성된 것으로 보인다. 또한 이 집단 안에서 동남아시아로 진출한 그룹이 등장했고, 고대 동남아시아 수렵민이 되었다. 그들은 데니소바 동굴에서 발견된 계통과는 다른 데니소바인과 이종교배를 했을 가능성이 있고, 거기서 남쪽으로 이동한 그룹이 파푸아뉴기니와 오스트레일리아 대륙으로 퍼져 나갔다. 동남아시아를 기점으로 남북으로 갈린 그룹 둘 다 데니소

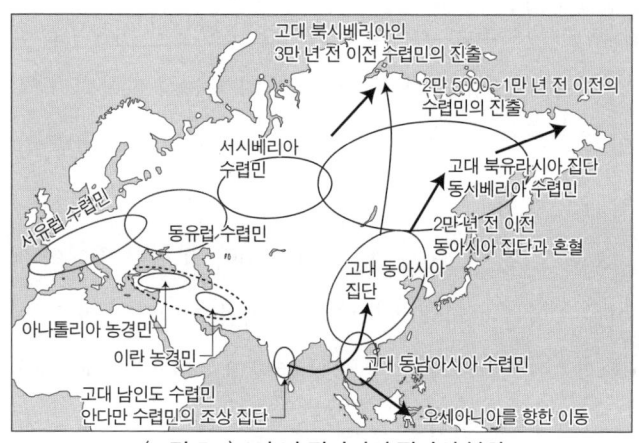

(그림 5-1) 1만 년 전까지의 집단의 분화

바인의 게놈을 가지고 있기 때문에 혼혈은 동남아시아에서 일어난 것으로 추정된다. 또한 현재로서는 오스트레일리아나 파푸아뉴기니로 퍼져 나간 집단의 고대 게놈이 존재하지 않기 때문에 이 지역에서 일어난 구석기시대 집단의 이동에 관한 연구는 거의 진행되지 못하고 있다.

그 후, 북상한 그룹은 고대 동아시아 집단을 형성했다. 그리고 고대 동아시아 집단을 대표하는 이 그룹의 게놈은 중국의 톈위안 동굴에서 발견된 남성의 인골에서 추출되었다. 분석 결과 미토콘드리아 DNA의 하플로그룹은 B였는데, 이는 아시아에 널리 분포하는 하플로그룹의 조상형이다.

현시점으로는 시베리아를 제외하면 4만 년 전부터 마지막 빙하기인 마지막 최대 빙하기가 끝나는 약 2만 년 전까지, 동아시아의 고대 게놈은 이 톈위안인의 것이 유일하다. 때문에 이 시기의 동아시아 집단의 이동 상황을 알기는 어렵지만 힌트는 일본의 조몬인 게놈에서 얻을 수 있다.

조몬인의 게놈과 동아시아 집단

일본열도에 최초로 호모 사피엔스가 도달한 것은 약 4만 년 전의 일이다. 이 시대는 구석기시대로 묶이지만 약 1만 6000년 전 일본열도에서 토기가 만들어진 시기부터 북부 규슈에 벼농사가 들어오는 약 3000년 전까지를 조몬 시대라고 부른다.

1만 3000년에 이르는 조몬 시대를 통해 전반과 후반은 어느 정도 차이가 인정되지만 기본적으로 조몬인은 형질적인 연속성이 있는 집단으로 여겨지고, 이 시기의 일본열도에서는 집단의 유전적인 조성을 변화시킬 만한 외부 유입은 없었던 것으로 보고 있다. 따라서 조몬인은 구석기시대 일본열도 집단의 직계 자손으로 판단되며 구석기시대 아시아인의 게놈을 알 수 있는 단서가 될 것으로 기대할 수 있다.

자세한 것은 다음 장에서 설명하겠지만 우리 연구실에서는 2019년에 홋카이도 레분섬의 후나도마리 유적에서 출토된 약 3800년 전 조몬인 여성 인골에서 추출한 DNA를 현대인의 게놈과 같은 정밀도로 분석하고 있다. 이 데이터 외에 지금까지 전국에서 다수의 조몬인 개체의 전장 게놈이 분석 중에 있어 이들과 텐위안 유적 인골의 게놈 데이터를 종합함으로써 어렴풋이나마 구석기시대 집단의 변천을 파악할 수 있게 되었다.

우선, 일본열도를 포함하는 동아시아의 현대인이 조몬인과 게놈을 공유하는지 여부를 살펴보면, 가장 많은 게놈을 공유하는 것은 일본의 아이누 집단이고 다음이 오키나와 사람들이다. 뒤를 이어 혼슈, 시코쿠, 규슈의 일본인(본토 일본인) 순이다.

그 밖에 연해주의 원주민과 한국인, 타이완 원주민 등 동아시아 연안 지역의 집단도 소량이지만 조몬인과 게놈을 공유한다는 사실이 밝혀졌다. 나아가 6000년 전 이후 동아시아 각지 고대인의 게놈을 분석해 보면 조몬인과 아무르강 유역의 수렵채집민, 신석기 및 철기시대의 타이완인, 티베트고원의 집단이 아주 오래전에 분기한 같은 계통에 속한다는 사실도 밝혀졌다.

티베트고원 집단은 원래 안다만의 원주민 등 남인도 고대 수렵채집민으로 이어지는 계통으로 알려져 있다. 그래서 남아시아를 출발한 집단 중에 티베트고원으로 퍼져 나간 집단이나 동남아시아에서 동아시아의 해안선을 따라 북상한 그룹이 있었을 것이며, 그중에 일본열도에 도달한 그룹이 조몬인이 된 것으로 추정되고 있다. 그 게놈이 현대 일본인으로 이어졌듯, 동아시아의 연안 지역으로 진출한 집단의 게놈 역시 각 지역의 집단으로 이어졌을 것이다. 그리고 이것이 현대의 해안 지역 집단과 조몬인의 연결고리가 되었다고 해석할 수 있는 것이다.

아시아 북상의 경로

텐위안 동굴 유적의 인골 게놈과 조몬인 게놈을 비교하면 공통이 56퍼센트, 나머지 44퍼센트는 다르다는 연구 결과가 있다. 이는 텐위안의 집단이 대륙의 내부를 북방으로 전진한 한편, 동아시아의 집단은 그와는 달리 연안을 따라 북상하는 경로를 택했을 가능성이 있음을 시사한다(그림 5-2).

즉, 조몬인은 4만 년 전 이후에 동아시아에 퍼져 나간 다른 두 개의 계통이 합류함으로써 형성되었다는 뜻이다. 각각의 계통이 독립적으로 일본열도에 유입됐는지, 아니면 대륙부 연안 지역에서 합한 다음 유입됐는지는 여전히 불명확하지만 지금까지는 조몬인을 단일 계통으로 인식하고 있었기 때문에 이는 상당히 큰 의미를 갖는다.

그림 4-1의 북방 경로는 히말라야산맥의 북측을 넘는 경로로 소위 실크로드에 해당하는 지역을 포함한다. 2014년에는 바이칼호 부근 이르쿠츠크시의 북서쪽으로 80킬로미터 지점에 위치한 말타 유적에서 발견된 유아 2개체의 인골에서 최초의 고대 게놈이 보고되었다.

말타 유적은 1928년에 러시아의 연구자가 발굴했다. 이곳에서는 맘모스의 상아로 만든 여성과 새의 작은 조각상, 뱀이나 맘모스를 새긴 부적 등의 조각품이 다수 발견되었다.

연대를 측정한 결과, 이 인골들은 2만 4000년 전의 것으로 밝혀졌는데 그들은 고대 북유라시아 집단의 일원이었을 것으로 추정된다(그림 5-1).

말타 1호라 명명된 3~4세 유아의 게놈은 코스텐키 14호 등으로 대표되는 서유라시아 수렵채집민의 게놈과 공통되는데, 톈위안으로 대표되는 고대 동아시아 집단으로부터 17퍼센트의 게놈을 물려받은 사실도 확인되었다. 이는 유라시아 대륙을 북방 경로를 통해 이동한 집단과 동남아시아에서 북상한 집단이 바이칼 호수 부근에서 혼혈했음을 보여 준다.

마찬가지로 시베리아 중앙에 위치하는 러시아 크라스노야르스크시 교외의 아폰토바·고라 II (Afontova Gora II) 유적에서 출토된 1만 7000년 전의 남성 인골도 게놈을 분석한 결과, 이 말타 1호와 같은 그룹에 포함된다는 사실이 밝혀졌다. 이로써 적어도 고대 북유라시아 집단은 바이칼호를 중심으로 한 지역에 수천 년에 걸쳐 거주했음을 예상할 수 있다.

시베리아 북동부에서는 북극권인 야나강 유역의 3만 1600년 전 유적에서 출토된 유아 인골 2개체에서 게놈 데이터를 추출했다. '고대 북시베리아인'이라 명명된 이들의 게놈도 고대 북유라시아 집단과 마찬가지로 서유라

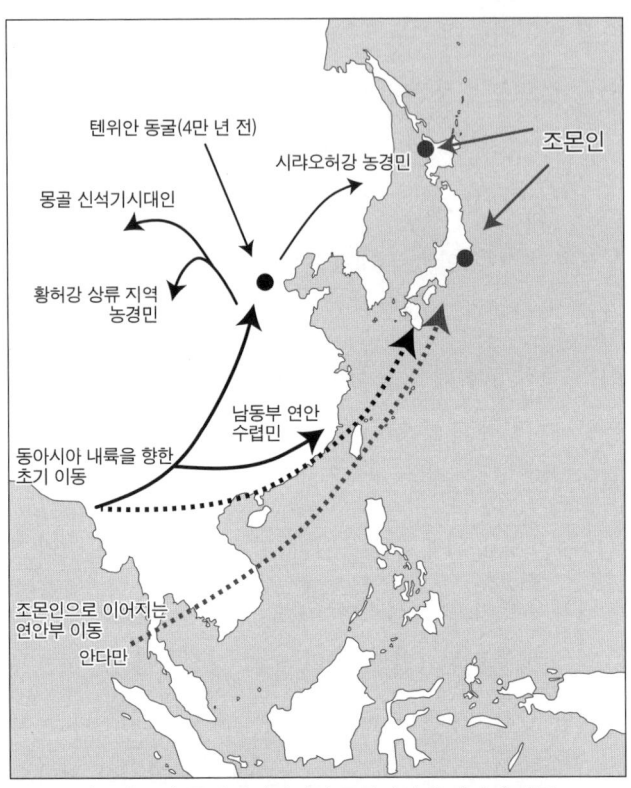

(그림 5-2) 동아시아에서의 구석기시대 인간의 이동
조몬인은 초기 이동에서 동아시아의 내륙과 연안부로 퍼져 나간 집단을 조상으로 갖는다(점선은 가정 이동 경로).

시아 수렵채집민과 고대 동아시아 집단의 혼성체였다. 이 둘은 같은 계통에 속하는 집단으로 볼 수 있다.

북유라시아를 향한 초기 이동은 기본적으로는 서유라

시아에서 시작된 것으로 볼 수 있다. 야나강과 말타의 고대 게놈에 따르면 이동 직후, 아마 4만 년 전보다 조금 더 후에 동아시아의 고대인과 혼혈을 하고 시베리아 각지로 퍼져 나갔을 것이다.

1만 년 전까지는 동북시베리아에는 현재의 동아시아인과 근연한 집단이 도래하였고, 이 둘은 동아시아 집단이 우위인 형태로 결합한다. 새롭게 형성된 이 집단이 훗날 시베리아 극동북부의 코랴크족 등 현대인 집단 및 아메리카 원주민과 근연한 '고대의 고(古)시베리아인'이 되었다.

시베리아에서의 집단의 교체가 이걸로 끝난 것은 아니다. 고인골의 게놈 분석으로 한참 이후의 시대에 동아시아로부터 다른 집단(신(新)시베리아인)이 진입한 사실이 밝혀진 것이다. 이때는 모집단의 교체에 가까운 형태의 상황이 발생했고, 그 집단이 현재 시베리아에 거주하는 다양한 집단의 조상이 된 것으로 추정된다.

처음에 시베리아에 정착한 고대 북유라시아 집단에서 신시베리아인까지, 그 모두가 현재의 아메리카 대륙 원주민의 조상이 되었다. 그러므로 시베리아 집단의 변천은 아메리카 대륙 집단의 기원 연구에도 중요하며, 집단의 복잡한 치환은 유라시아 북부에서 남북아메리카 대륙에 걸친 광활한 지역에 거주하는 현대인의 모자이크 형태의 유전적 구성을 형성하는 원인이 된 것이다.

신석기시대 유라시아 대륙에 존재한 '9개의 집단'

1만 년 전 이후에는 분석 가능한 고인골의 숫자도 증가하여, 지역 집단의 변천에 관해 어느 정도 상황을 알 수 있게 되었다.

대략 1만 년 전 신석기시대에는 아나톨리아와 현재의 이란에 해당하는 지역에서는 농경이 시작되었는데, 각각의 집단은 유전적으로는 달랐다. 농경을 시작하지 않은 지역에는 수렵채집민이 있었기 때문에 이 시대에는 지역에 따라 농경민과 수렵채집민이 패치워크처럼 나뉘어 살았을 것이다.

유럽의 수렵채집민에는 동서 각 방향으로 유전적인 클라인이 있어, 대충 각각 서유럽과 동유럽의 수렵채집민으로 구별한다(제4장 참조). 마찬가지로 시베리아에서도 동서 수렵채집민은 유전적으로 분화했다.

바이칼호 주변의 동시베리아 수렵채집민은 동아시아의 집단과 유전적 연결고리가 있어 이것이 동서 시베리아 수렵채집민의 유전적 차이를 발생시켰다. 또한 남인도에는 유전적인 특징은 불분명하지만 현재의 안다만 수렵민으로 이어지는 집단이 있었던 것으로 추정된다. 그리고 동남아시아와 동아시아에는 그곳에서 파생한 유전적으로 구별이 가능한 수렵채집민이 있었다.

즉, 1만 년 전의 유라시아 대륙에는 유전적으로 구별이 가능한 적어도 9개의 집단이 존재했던 것이다. 이들 집단의 이합집산이 청동기시대 이후 집단의 형성에 관여하게 된다(그림 5-1).

유럽에서는 동서의 수렵채집민 집단과 아나톨리아 농경민의 혼혈이 있었고, 그 후 얌나야 문화 집단이 유입되어 현재로 이어지는 유럽 집단이 형성되었다.

서쪽은 헝가리와 루마니아, 동쪽은 몽골과 중국 북서부에 이르는 광활한 유라시아의 스텝 지역에서 약 4000년 전 청동기시대 이후의 고대 게놈 연구가 상당수 진행됨으로써 지역 집단의 유전적 변천을 한층 더 상세히 알 수 있게 되었다.

그 가운데 고대 게놈 분석으로 유전적 성격이 파악된

가장 오래된 집단이 얌나야 집단이다. 그들은 청동기시대 초기에 해당하는 5000~4100년 전 무렵에 중심지인 우크라이나에서 동서 양방향으로 진출하기 시작했다.

청동기시대 후기에는 유라시아 스텝 지역에서 발생한 안드로노보 문화 집단도 얌나야 문화 집단과 마찬가지로 동서 양방향으로 진출했다는 사실이 밝혀졌다. 이 두 문화 집단은 인도·유럽어족을 사용한 것으로 보이며, 지금까지의 고대 게놈 분석 결과를 토대로 봤을 때 이 언어족이 이 시기에 널리 퍼져 나갔을 것으로 추정된다.

청동기시대에 이은 철기시대에는 다른 집단의 움직임도 시작된다. 그 후 시대에는 중세에 이르기까지 중앙아시아에서는 서서히 고대 동아시아 집단에서 유래한 것으로 보이는 유전적인 요소가 강해지고, 거꾸로 동유럽 수렵채집민의 유전적 요소가 감소해 간다. 즉, 이 지역에서는 동유라시아에서 집단이 계속 진입한 것으로 추정된다.

유목기마 민족

철기시대에 해당하는 기원전 8세기부터 기원전 2세기에 걸쳐 이 지역을 지배한 유목기마 민족 스키타이는 문화적으로는 공통 요소를 갖지만 지역에 따라 유전적 구성이 다르다는 사실이 밝혀졌다. 스키타이라는 이름의 그룹은 실제로는 유전적으로 다른 집단의 연합체인 것이다.

서유라시아의 스키타이는 청동기시대 초기 얌나야 문화의 유전적인 요소가 인정되는 부분이 있는데, 각 지역의 스키타이 그룹은 청동기시대 후기의 목축민이나 유럽의 농경민, 남시베리아의 수렵채집민과 같은 유전적 영향을 받았다.

기원전 3세기에는 유라시아 스텝 동부에 흉노가 출현한다. 그리고 게놈 분석 결과, 그들은 두 개의 다른 그룹, 즉 동아시아 집단과 일부 스키타이의 혼혈임이 밝혀졌다. 그들도 역시 지역적으로 다른 유전적인 특징을 가진 집단의 연합체였던 것이다.

그 후, 4~5세기에는 드디어 유럽을 침략하게 되는 훈족이 출현한다. 앞서 설명한 첫 번째 페스트 유행은 그들에 의한 것이라는 사실도 밝혀졌다. 흉노도 훈족도, 언어적으로는 튀르키예어를 포함한 튀르크어파의 언어를 사용한 것으로 추정된다. 그들의 출현 이후, 이 지역에서는 인도·유럽어족에서 튀르크어파로 언어가 교체되었고, 그 상황은 현재까지 이어지고 있다.

지금까지 설명했듯 게놈의 변천을 보면 그 광활한 중앙아시아의 스텝 지역은 유전적으로 단일한 집단이 지배한 것이 아니라, 문화는 같았지만 유전적으로 다른 지역 집단의 연합체였음을 알 수 있다.

2. 남·동남아시아 집단의 다양성

남아시아 집단의 형성

인도를 중심으로 하는 남아시아는 현재 10억 명 이상의 거대한 인구를 거느린 지역이다. 현대인 집단이 유전적으로 다양하다는 것은 이 지역 집단의 형성사가 복잡했음을 시사한다. 이를 반영하여 이 지역에서 사용되는 언어 역시 복잡하다.

인도에서 사용되는 언어는 크게 4개의 어족으로 분류할 수 있다. 그 가운데 가장 큰 것이 북부에서 사용하는 힌디어로 대표되는 인도·유럽어족이다. 이 어족은 인구의 약 80퍼센트가 사용한다. 다음으로 많은 것이 드라비다어족에 속하는 여러 언어이다. 남인도를 중심으로 인구의 약 18퍼센트가 사용한다. 그밖에 히말라야 산록에 사는 집단이 사용하는 지나·티베트어족계의 언어와 비하르와 벵골만 동쪽에 사는 부족 집단이 사용하는 오스트로아시아어족의 언어가 존재하지만 전체 인구 대비 비율은 미미하다.

이처럼 계통이 다른 언어가 사용되고 있는 것만 보아도 인도가 다른 집단들의 결합으로 형성되었다는 것을 예상할 수 있고, 언어 분포 측면에서 보면 남북에 각각 다른 집단이 존재한다는 것을 알 수 있다.

현대 인도인의 핵 게놈 분석 결과를 보면, 그들은 북방 유럽인과 공통 조상을 갖는 그룹과 원래 인도에 살았던 기존 남인도 집단의 혼혈로 형성되었음을 알 수 있다. 이 혼혈 비율은 지역에 따라 20~80퍼센트로 격차가 있어 전체적으로 균일하지 않지만, 이는 언어학이 예상하는 인도 지역 집단의 구성 집단과 대략 일치한다.

인도에는 과거 3000년에 걸쳐 카스트제도가 유지되어 왔다. 이 제도로 인해 지역과 사회계층을 넘나드는 혼인에 제한이 있었기 때문에 지역 집단의 유전적인 차이가 오랫동안 유지되어 왔다고 보는 연구도 있다.

이 언어도 게놈 구성을 토대로 현대 인도인들의 경로 가운데 북방 집단은 농경을 가져왔고, 남방 집단은 초기 이동에서 인도에 정착한 수렵채집민일 것으로 추정되어 왔다. 하지만 이 지역의 고대 게놈 연구가 진행되면서 기존의 남방 집단도 현재의 안다만제도 집단으로 이어지는, 예전부터 인도에 살던 수렵채집민과 9000년 전 이후에 현재의 이란 부근에 해당하는 서방 지역에서 유입된 초기 농경민이 결합한 집단임이 밝혀졌다.

7400~5700년 전 이 둘의 결합이 완성되었고 그 후 북방 집단과도 결합했다는 사실이 밝혀졌다. 즉, 세 번에 걸친 이주의 물결이 오늘날 남아시아 집단의 유전적인 구성을 결정한 것이다.

인더스문명

이주의 '제3의 물결'이 도달하기 이전, 4600~3900년 전 사이에 인도 북서 지역에 존재했던 것이 인더스문명이다. 따라서 이 남부의 수렵채집민과 이란계 초기 농경민이 결합한 결과가, 인도를 대표하는 고대 문명을 탄생시켰다고 볼 수 있다. 이는 인더스문명의 유명한 유적인 하라파에서 발견된 인골을 게놈 분석한 결과 확인되었다.

고온 지역인 인도에서는 인골에 DNA가 남기 어려워 상세 분석에 어려움이 있지만 이 게놈에서 이란계 초기 농경민의 계통의 비율이 45~82퍼센트, 남부 수렵채집민 계통이 11~50퍼센트인 것으로 추측되고 있다.

인더스문명의 형성에 관여한 초기 농경민은 이란의 목축민이나 수렵채집민의 게놈을 모두 가지고 있어 두 집단의 분화 이전 조상 집단에서 파생한 집단으로 추측되고 있다. 인더스문명과 그 주변 지역의 고인골에서는 북방 스텝 지역 집단이 보유한 게놈은 검출되지 않았다. 따라서 이 시기에는 북방 집단의 영향은 없었다고 판단된다.

다음으로 문제가 되는 것은 '제3의 파도'를 가져온 집단의 정체이다. 이 시기는 유럽에 얌나야 집단이 유입한 첫

동기시대 초기에 해당하므로 그들이 남인도까지 이동했다고 생각할 수 있다.

하지만 인도·유럽어족을 퍼뜨린 스텝 유목민의 확대는 그렇게 단순하지 않다. 현재는 중앙아시아의 스텝 지역에서 말의 가축화가 시작된 것을 대략 5500년 전으로 보고 있다. 말의 가축화와 바퀴의 발명은 스텝 지역 유목민의 이동을 촉진하고, 그 가운데 얌나야 문화 집단의 유럽 진출도 있었던 것이다.

카자흐스탄의 보타이 유적은 말의 가축화를 보여 주는 최초의 증거로 알려져 있다. 이 유적과 관련된 인골 게놈을 분석한 결과, 그들은 얌나야 문화 집단과는 직접적인 관계가 없다는 사실이 밝혀졌다. 보타이 유적 사람들은 바이칼호 주변의 동시베리아 수렵채집민으로 이어지는 계통으로 얌나야 문화를 탄생시킨 서시베리아의 목축민과는 상당히 오래전에 분기했다. 스텝의 유목민은 동서 방향으로 서서히 변화해 갔고 모든 것이 균일한 집단은 아니었다. 그러므로 남아시아로 진출한 집단과 얌나야 집단의 연계성을 찾을 수 없다 해도 이상하지 않다.

서유라시아 스텝에서 남아시아로 진출한 시기에도 유전자의 변화가 반드시 청동기시대 초기에 일어난 것은 아니며, 이 경우에는 문화의 변천과 유전자의 변화 사이에 아무 관계가 없다고 결론 내리는 연구도 있다. 시나리오가 그렇게 간단히 그려질 것 같지는 않다. 애초에 문화의 변천과 인간의 이동을 동일선상에 두는 것 자체가 무리한 일 아닐까?

동남아시아 집단의 형성

남아시아에 도달한 호모 사피엔스는 그 후, 동남아시아로 이동하게 된다. 화석 증거를 통해 약 5만 년 전에는 이 땅에 호모 사피엔스가 도달했다는 사실이 밝혀졌다. 다만, 동남아시아도 남아시아처럼 고인골과 그 DNA 보존에 적합한 장소는 아니라 1만 년 전 이전 인골의 DNA 데이터는 없다. 때문에 기본적으로 현대인의 게놈 데이터를 활용하여 고찰이 진행 중이다. 그중에 데니소바인 계통 인류와의 혼혈이 확인되었고 구인류와 복잡한 교잡이 있었을 것으로 예상된다.

오스트레일리아의 원주민인 애버리진(Australian Aborigine, 18세기 말, 유럽인에 의하여 식민지로 개척되기 이전에 오스트레일리아에 거주하던 원주민을 식민 지배자 입장에서 부르던 명칭. 당사자들은 이 명칭을 선호하지 않는다.: 역주)이나 파푸아뉴기니 사람들, 그리고 동남아시아 원주민의 미토콘드리아 DNA 계통 중에는 직접 아프리카로 연결되는, 오래전에 분기한 것이 존재한다. 100년 전 호주 원주민의 머리카락 샘플을 사용한 핵 게놈 연구에서도 그들이 다른 집단으로부터 이른 시기에 분기했다는 사실이 밝혀졌다. 동남아시아에는 초기 이동으로 처음 이 땅에 도달한 호모 사피엔스의 게놈이 틀림없이 남아 있다.

언어와 게놈

2009년에는 동남아시아에서 동북아시아에 걸친 현대인 집단의 게놈 데이터가 분석되었는데 아시아 집단의 유전적인 분화는 기본적으로 언어 집단에 대응한다는 사실이 밝혀졌다. 이는 3장에서도 설명했지만 같은 언어 집단에 속하는 사람들은 유전적 구성이 유사하다는 사실을 보여 준다. 혼인은 기본적으로는 같은 언어 그룹 안에서 이루어지기 때문에 당연한 결과일 것이다. 문화의 가장 중요한 요소는 언어이고, 그것이 집단의 유전적인 구성을 규정하는 것이다.

그림 5-3은 아시아 주요 언어 그룹의 분포도이다. 분석에 따르면 동남아시아 집단 쪽이 동아시아 집단보다 유전적 다양성이 크고, 동아시아 집단이 갖는 유전적 변이의 90퍼센트 이상이 동남아시아나 남아시아에도 있다는 점, 유전적인 다양성은 동남아시아에서 동아시아로 갈수록 점점 감소한다는 사실이 판명되었다.

이는 단순히 해석하면 동아시아 집단이 동남아시아에서 이동해 온 집단에 의해 형성됐다는 걸 의미한다. 동아시아의 137개 집단, 6308명의 데이터를 활용한 Y염색체 DNA의 하플로그룹 연구에서도 동아시아 남성 하플로그룹의 93퍼센트가 동남아시아에서 유래했다는 사실도 밝혀졌고 게놈 분석 결과도 일치했다.

하지만 유럽 등 다른 지역 현대인 집단의 형성 과정이 밝혀지면서 초기 이동에서 동남아시아로 퍼져 나간 그룹의 북상만이 오늘날 아시아 집단의 유전적인 특징을 결정한 요인이라고 가정하는 것은 무리가 있다는 사실을 알게 되었다. 동남아시아의 고대 게놈 분석이 진행되면서 너욱 복잡한 시나리오의 가능성도 예상되고 있다.

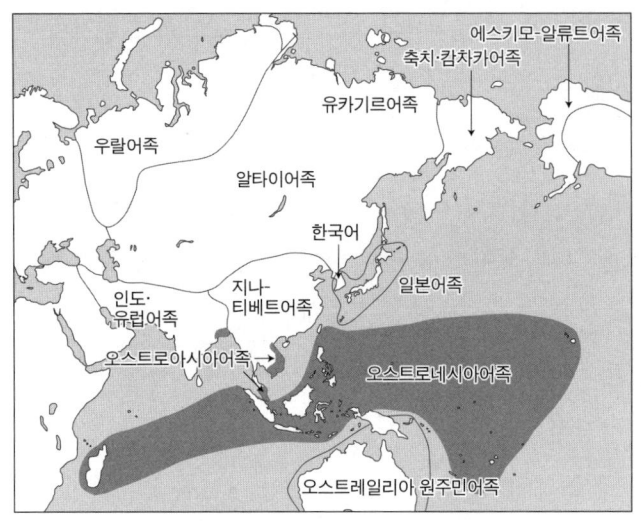

(그림 5-3) 아시아의 언어 집단 분포

 다만, 호모 사피엔스의 동남아시아를 향한 이동과 그에 이은 수렵채집민 집단의 분화 양상은 자료의 제약으로 연구가 진척되지 못하고 있다. 현 단계에서 알 수 있는 것은 아마 처음에는 아시아의 고대 수렵채집민이 동남아시아나 오스트레일리아까지 퍼져 나갔고, 그사이에 데니소바인과의 혼혈이 이루어졌다는 것 정도이다. 이 초기 이동이 여러 차례 있었다고 보는 시나리오도 있지만 현재로서는 고대 게놈을 시간 순서대로 분석하지 못해 이 시나리오가 결정적인 것은 아니다.

자료의 제약이 큰 초기 이동에 비해, 1만 년 전 이후가 되면 인골도 더 많이 출토되고 있고, 형태학이나 고대 게놈 데이터를 활용한 동남아시아 집단의 형성 시나리오가 제시되고 있다. 이에 대해서는 이제부터 소개하겠지만 이 시기의 동남아시아 집단의 형성에 관해서는 베트남과 태국, 미얀마 등이 속한 반도부와 필리핀과 인도네시아를 중심으로 한 도서부로 나눠 생각할 필요가 있다.

이 둘은 호모 사피엔스가 최초로 이동한 빙하기에는 순다 랜드라 불리는 하나의 커다란 땅덩어리였다. 따라서 처음에는 기본적으로 유전적 구성이 유사했던 집단이 살았을 것으로 예상되지만, 해수면의 상승으로 현재의 지형이 형성된 1만 년 전 이후에는 각자 다른 길을 걷게 된 것으로 추정되고 있다.

만박 유적의 발굴 조사

동남아시아의 반도부에서는 고고학이나 인골의 형태학적 연구를 통해 기존의 수렵채집민 집단과 농경민의 결합으로 현대의 시역 집단이 형성되었다는 시나리오가 제시되고 있다. 필자 본인도 이 문제를 연구하기 위해 베트남 북부에 있는 만박(Man Bac)이라는 초기 농경민의 것으로 추정되는 유적의 발굴 조사에 참가한 적이 있다.

베트남 북부는 3000~4000년 전에 수렵채집 사회에서 농경사회로 이행했다. 그전까지 중국 남부에서 동남아시아로 전파된 벼농사는 기본적으로는 동남아시아 집단의 형태학적 특징을 바꿀 만큼의 유전적인 영향을 미치지 않았다고 설명되어 왔다. 그 타당성을 검증하기 위해 삿포로의과대학의 마쓰무라 히로부미 교수를 중심으로 한 일본 연구자와 오스트레일리아국립대학, 베트남고고학연구소 합동팀이 2004년부터 2007년에 걸쳐 만박 유적을 발굴 조사했다.

흥미롭게도 이 시기는 일본에서 조몬 시대에서 야요이 시대로 이행하는 시기와 겹치고, 일본에서는 조몬인과는 외형이 다른 도래계 야요이인이 일본열도로 진출했다. 일본에 농경을 들여온 도래인의 기원이 어디인지를 조사하기 위해 같은 시기에 베트남에 농경을 들여온 집단을 조사하기로 한 것이다.

유감스럽게도 만박 유적에서 발굴된 사람들은 일본의 도래계 야요이인과는 전혀 닮은 곳 없는 별개의 집단이었다. 당초의 목적은 이루지 못했지만 출토된 인골 중에는 현대 동남아시아인과 유사한 개체 외에 그와는 확연히 다른 오래된 형질을 가진 개체도 섞여 있었다. 이 유적 자체가 유래가 다른 두 집단의 결합으로 형성된 것임을 보여 준 것이다.

나는 미토콘드리아 DNA 분석을 담당했는데 당시의 기술로는 현재의 중국에 많은 하플로그룹과 현재의 베트남인에게 현저하게 많은 하플로그룹, 이 두 종류가 혼재한다는 사실까지밖에 알아내지 못했다. 하지만 2018년에 실시된 차세대 시퀀싱을 활용한 새로운 핵 게놈 분석으로 집단의 형성 과정이 어느 정도 명확해지게 되었다.

이 연구에서는 만박에서 출토된 인골을 포함해 동남아시아 반도부의 신석기시대에서 철기시대(4100~1700년 전) 사이의 인골 18개체의 게놈이 분석되었다. 만박인들은 현재의 동남아시아에서 인도 동부와 방글라데시에 산재하는 오스트로아시아어족 집단과 유사한 유전적인 특징을 가지고 있고, 이주해 온 중국 남부의 초기 농경민과 기존에 있던 유라시아 남부의 수렵채집민이 결합한 집단임이 밝혀졌다. 따라서 초기 농경민은 오스트로아시아어족 집단의 조상 집단일 것으로 추정된다.

또한 현대의 동남아시아 집단과 비교하면 이 지역에는 그 후에도 남중국에서 이따금 농경민이 이주해 온 것으로 보이고, 동남아시아 반도부의 유전적으로나 언어적으로 높은 다양성은 기존 수렵채집민 집단의 세계에 북방으로부터 여러 차례 농경민이 진출하면서 완성된 것이 된다.

2018년에는 일본의 조몬계 1개체와 동남아시아의 4000년 전 이후 인골 총 26개체의 고대 게놈을 분석하는 연구도 진행되었다. 이 분석에서는 농경이 유입되기 이전의 동남아시아 집단은 현재의 안다만 집단과 유사한 게놈을 가지고 있었다는 사실이 밝혀졌다. 안다만제도 사람들은 남아시아의 고대 수렵채집민의 게놈을 보유하고 있을 거라 추정되는데, 이는 초기 이동이 남아시아에서 비롯된 것임을 생각하면 당연한 일일 것이다.

한편, 동남아시아 각지의 고대 농경민들 간의 유전적 차이도 크다는 사실이 밝혀졌다. 이는 중국 남부에서 이주의 물결이 여러 차례 있었고, 지역에 따라 기존 집단과의 혼혈 양상이 달랐던 것이 그 큰 요인인 것으로 추측된다.

중국 남부에서 동남아시아에 걸친 고인골 게놈에 대해

서는 2021년에 추가 연구가 진행되었다. 그 결과에 따르면 1만 년 전 이전 시대에는 베트남 북부와 중국의 광시좡저자치구(廣西壯族自治區), 푸젠성(福建省)에 유전적으로 다른 수렵채집민 집단이 있었지만 그들은 9000~6000년 전에 결합되어 갔던 것 같다. 최종적으로는 북방에서 남하해 온 농경민이 중국 남부에 도달했고, 광시좡저자치구의 수렵채집민은 현대에 게놈을 남기지 않고 소멸한 것으로 추정된다. 동남아시아의 술라웨시섬에 있던 약 7000년 전 수렵채집민의 게놈도 현재로 전해지지 않았음이 밝혀졌다. 유럽과 마찬가지로 농경 이전 시대에 존재했던 지역의 수렵채집민 집단은 대부분 역사의 어둠 속으로 사라진 듯하다.

3. 남태평양·오세아니아로

인류의 이동-동남아시아의 크고 작은 섬으로

고고학과 언어학 연구를 통해 동남아시아의 크고 작은 섬을 향한 인류의 이동 양상은 반도부와는 상당히 다른 것을 알 수 있다. 일반적으로 육지에서 일어나는 집단의 영역 확대는 완만하지만, 배를 이용한 해양에서의 이동은 급속히 이루어진다. 그 전형적인 예가 타이완과 중국 남부에서 출발해 동남아시아를 경유, 남태평양 제도로 향한 초기 농경민의 이동이다.

이 집단의 이동이 현재에 이르는 동남아시아 및 남태평양 집단의 형성에 큰 역할을 하게 되었다. 동남아시아 반도부 집단의 형성이 기층 집단과 북방에서 온 농경민의 결합으로 설명 가능했던 데 반해, 도서부는 초기 농경을 동반한 해양 집단의 이동이 열쇠가 되었다. 즉, 동남아시아 도서부와 남태평양 집단의 형성은 하나로 묶어 생각할 필요가 있는 것이다. 그래서 지금부터는 동남아시아 도서부의 집단 형성을 오세아니아의 집단과 함께 설명하고자 한다.

오세아니아를 향한 초기 이동

오세아니아는 오스트레일리아 대륙과 파푸아뉴기니를 포함한 멜라네시아, 뉴질랜드를 포함한 폴리네시아, 그리고 미크로네시아 등 4개의 지역으로 구성되어 있다(그림 5-4).

고고학적 증거를 통해 오스트레일리아에는 늦어도 약 4만 7000년 전에 호모 사피엔스가 진출했다는 사실이 밝혀진 바 있다. 유럽 진출과 거의 비슷한 시기에 오스트레일리아까지 도달한 것은 경이롭다.

구석기시대 동안 동남아시아에서 오세아니아에 걸친 지역에는 순다 랜드와 뉴기니, 오스트레일리아 대륙이 한 덩어리였던 사훌 랜드가 존재했고, 양쪽에 데니소바인과 이종교배를 한 수렵채집민 집단이 거주한 것으로 추정되고 있다.

핵 게놈 분석을 통해 호모 사피엔스의 초기 이동으로 아시아·오세아니아에 도달한 인류의 자손으로 예상되는 오스트레일리아의 호주 원주민과 파푸아뉴기니의 고지대 사람들, 그리고 필리핀의 네그리토가 분기한 것은 약 3만 5000년 전일 것으로 추정되고 있다. 이 세 지역의 현대 원주민은 오랜 기간 독립적으로 거주함으로써 생활양

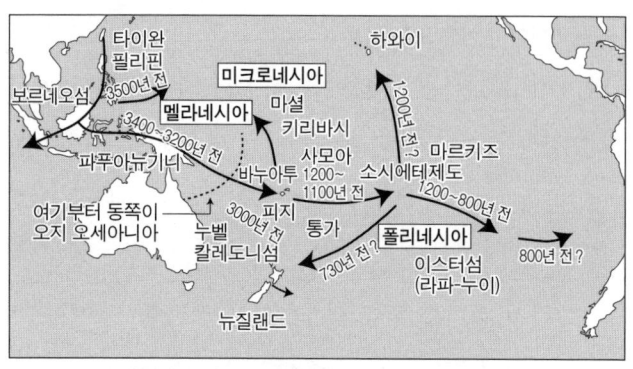

(그림 5-4) 오세아니아에서의 인류의 이동

식이 거의 바뀌지 않은 채 근현대에 이른 것으로 보인다.

또한 오스트레일리아의 원주민은 한데 묶어 호주 원주민이라 통칭하지만, 광활한 대륙의 내부에는 당연히 지역마다 특성이 존재했을 것이다. 하지만 원주민에 대한 박해의 역사 때문에 고대 게놈 분석이 이루어지지 못하고 있어 그들이 형성된 역사는 미지의 영역으로 남아 있다.

파푸아뉴기니 역시 고대 게놈 분석을 위한 샘플을 입수하기가 당연히 어려워 당분간은 현대인 데이터만 고찰할 수밖에 없는 상황이다. 따라서 이들 지역 집단의 형성사는 데니소바인과 이종교배를 한 집단이 상당히 오래전부터 존속하며 현재에 이르렀다는, 상당히 대략적인 수

준에 머물고 있다.

폴리네시아를 향한 진출-탈타이완 모델

 인근 오세아니아(Near Oceania)라고 불리는 멜라네시아의 솔로몬제도까지의 지역에는 3만 년 전 이전 초기 이동기에 호모 사피엔스가 도달했다는 사실이 밝혀졌다. 한편, 오지 오세아니아(Remote Oceania)라고 불리는 지역, 소위 미크로네시아와 피지, 바누아투와 같은 멜라네시아의 외딴섬 지역에서 폴리네시아까지는 오랜 기간 인류의 발길이 닿지 않았다. 그러다 이곳에 처음 진출한 것이 오스트로네시아어족이었다. 또한 어족에는 헷갈리는 게 많은데 '~네시아'는 고전 그리스어로 '제도(諸島)'를 의미한다. 남쪽의 여러 섬에서 사용된 말이라서 이름에 '~네시아'가 붙었다.

 이 언어는 타이완에서 동남아시아의 도서부, 뉴질랜드와 하와이, 이스터섬 등 태평양의 여러 섬, 그리고 아프리카 대륙 동편에 위치한 마다가스카르까지 지구상의 대략 절반을 차지하는 광활한 지역에서 사용되고 있다. 그

중에서 타이완 원주민이 사용하는 오스트로네시아어가 가장 오래됐고, 타이완 내 원주민 그룹 간의 차이가 크기 때문에 언어학 연구의 고향은 타이완이고, 그 조상은 중국 남부 해안 지역에 거주했던 집단일 것으로 추정된다.

그들은 토기를 만들고, 식물을 재배하고, 가축을 길렀다. 그 초기 농경민 집단 중에 6000~5000년 전에 타이완을 떠난 그룹이 있었는데 3400년 전에는 멜라네시아의 비스마르크제도에 도달했고, 그곳에서 특이한 토기를 만드는 라피타 문화를 탄생시킨 것으로 추정된다. 라피타 사람들은 대략 3200년 전에는 폴리네시아로 진출해 긴 시간 동안 태평양의 광활한 지역으로 퍼져 나간 것으로 추측되고 있다(그림 5-4).

이 '탈타이완 모델'은 타이완에서 급속한 전개가 이루어진 것으로 가정하고 있기 때문에 익스프레스 트레인 모델이라는 별명도 있다. 이에 반해 타이완에서 이동한 집단은 일단 멜라네시아에서 체류했고 현재의 집단과 문화적인 융합을 거친 다음, 폴리네시아로 향했을 것으로 보는 슬로우 보트 모델이라는 대립 가설이 있는데, 어느 쪽이 옳은지 결론은 나지 않은 상태였다.

현대 폴리네시아인의 DNA는 남성 계통을 대표하는 Y

염색체 DNA의 66퍼센트는 멜라네시아인 계통인데 반해, 모계를 대표하는 미토콘드리아 DNA 계통의 94퍼센트는 동남아시아에서 뿌리를 두고 있다고 알려져 있다. 동남아시아에서 남하한 사람들이 멜라네시아의 집단을 흡수해 가는 형태로 폴리네시아 진출이 이루어졌다고 생각하면, 폴리네시아에 이 두 계통이 존재하는 것이 이상하지는 않지만 남녀의 비율 차이 등은 현대인의 게놈 분석만으로는 제대로 설명하기 어렵다.

라피타인의 정체

초기 이동으로 남녀가 동시에 움직이고, 이후의 이동에서는 남성이 주체가 되었다고 생각하면 이 상황을 설명할 수 있지만 확정하기 위해서는 직접적인 증거가 필요하다. 남태평양 집단이 사용하는 언어가 멜라네시아어가 아닌 오스트로네시아어뿐이라는 사실도 그들의 게놈 구성을 생각하면 이상한 일이다.

라피타(Lapita)인(인류 역사상 최초로 원양 항해를 하여 태평양의 여러 섬에 정착한 것으로 추측되는 선사시대 민족. '라피타'라는 용어는

1952년 뉴칼레도니아섬에서 발견된 토기가 '라피타 토기'로 명명되면서 생겼다.: 역주)은 누구인가? 2016년에 바누아투와 통가의 라피타 문화 유적에서 출토된 여성 인골 4개체의 게놈이 분석됨으로써 이 문제는 해결을 보게 된다. 바누아투는 남태평양에 800킬로미터에 걸쳐 이어지는 약 80개의 섬들로 구성되고, 대략 3000년 전에 인류가 도달한 것으로 추정되고 있다.

약 170개의 섬으로 구성된 통가는 바누아투보다 더 동쪽에 위치하여 인류의 이주 시기는 바누아투보다 조금 늦다. 이들 섬에서 발굴된 문화적 라피타인으로 추정되는 사람들은 게놈 분석 결과 타이완을 경유한 사실이 증명되었고, 그들은 멜라네시아 사람들과 혼혈하지 않고 오지 오세아니아로 이동한 사실이 밝혀졌다. 탈타이완 모델이 맞다는 사실을 보여 주는 결과였다.

하지만 그 후의 이동은 생각보다 복잡했던 것 같다. 2018년에 진행된 연구에서 약 2500년 전 사람들의 게놈은 현재의 바누아투 사람들과 마찬가지로 대부분이 파푸아뉴기니를 경유한 멜라네시아 사람들의 게놈이고, 타이완에서 유래한 게놈은 아주 적다는 사실이 밝혀진 것이다.

분석된 인골 중에는 거의 파푸아뉴기에서 유래한 게놈만 있는 경우도 있었기 때문에 바누아투에서는 최초의 인류 도달로부터 약 500년이 지나 거의 집단의 치환에 가까운 상황이 발생했다는 사실이 밝혀졌다. 이것이 어떤 상황에서 진행되었는지 알기 위해서는 더 많은 고인골을 분석해야 하는데, 고대 게놈 분석이 머지않아 이 호모 사피엔스의 최후의 대모험에 대해 자세히 알려 줄 것이다.

폴리네시아인과 남미대륙

폴리네시아인들은 3000년 전에 인근 오세아니아에서 출발해 약 1000년에 걸쳐 광활한 남태평양으로 퍼져 나갔는데 그들이 남미대륙에 도달했을 가능성은 없는 것일까?

예로부터 폴리네시아에서 남미가 원산지인 고구마가 재배되어 온 것이 인적 교류의 증거가 될 것 같지만 식물은 해류를 타고 운반될 가능성도 있기 때문에 확실한 증거가 되지는 못한다. 결정타가 부족한 가운데 남미내륙과 폴리네시아의 교류 사실을 항해로 실험하려 한 인물로 노르웨이의 탐험가 토르 헤위에르달(Thor Heyerdahl)이 있다. 그는 1947년에 폴리네시아인의 남미 기원설을 주장했고, 콘티키 호를 타고 페루에서 이스터섬(라파·누이)까지 실험 항해에 도전한 사실은 유명하다.

이 문제에 대해서는 2020년 라파·누이를 포함한 폴리네시아 17개 섬의 주민들과 남미의 태평양 연안에 거주하는 원주민 15개 집단, 총 807명의 게놈을 조사하는 연구가 진행되어 하나의 답을 도출했다. 언어학과 고고학, 그리고 유전자 증거 등 많은 결과가 폴리네시아인의 타이완 내지 중국 남부 기원설을 지지했고, 헤위에르달이 주장한 남미 기원설이나 남미대륙 자체와의 접촉은 부정적인 가운데 이 폴리네시아와 남미 원주민을 대상으로 한 대규모 게놈 연구에서는 과거 시대의 폴리네시아인과 남미 원주민의 혼혈의 흔적이 드러난 것이다.

둘의 접촉은 13세기 무렵에 있었던 것으로 추정되며, 남미대륙에 가장 가까운 라파·누이로 오스트로네시아어 집단이 도달한 것보다는 다소 더 이른 시기였다. 2014년에 실시된 라파·누이 출신 27명의 원주민을 대상으로 한 게놈 연구에서는 그중 8퍼센트가 남미대륙에서 유래했다는 사실이 밝혀졌는데, 이 연구에서는 그전에 폴리네시아인과 남미 원주민 사이에 최초의 접촉이 있었다는 사실이 증명되었다.

그 접촉은 폴리네시아인이 오지 오세아니아 섬들로 퍼져 나간 시기와 일치하기 때문에 그 과정에서 이 둘이 만난 것으로 예상된다. 게놈 데이터상으로는 이는 규모가 크지는 않았고, 폴리네시아인이 접촉한 것은 현재의 남미 콜롬비아 부근 원주민의 조상 집단이었을 것으로 추정되고 있다. 아마 그들의 이동 여정에 남미대륙의 해안이나 연안에 가까운 어느 섬에서 접촉이 일어나고, 그 자손들이 더 미지의 해역으로 퍼져 나갔을 것이다.

4. 동아시아 집단의 형성

홀로세 이후 동아시아 집단의 형성

히말라야산맥을 제외하면 유라시아 대륙에는 왕래를 차단하는 지리적인 방해 요소가 거의 없다. 때문에 동아시아 집단의 형성과 관련해서는 집단의 이동을 어느 범위에서 생각해야 하느냐는 문제가 있다. 그중에서도 스텝 집단에 대해서는 동서의 경계도 확실히 규정할 수 없고, 유럽을 중심으로 한 유라시아 대륙의 서측부터 시베리아까지 연속된 것으로 여겨 왔다.

이 책에서는 동아시아 집단을 생각할 때 서쪽은 우랄산맥, 남서쪽은 히말라야산맥과 인도차이나반도의 기부를 경계로 하고, 동쪽으로는 태평양 연안에서 베링해를 돌아 북극해로 둘러싸인 동북아시아를 포함한 부분을 동아시아로 규정하기로 한다.

동아시아 집단의 형성은 상당히 복잡하고, 역사시대 동안 인류의 이동량도 상당했으므로 현대인의 데이터만으로 과거의 이동 양상을 알기에는 한계가 있다. 고대 게놈 분석이 가능해지기까지 집단 형성의 실체에 대해서는 거의 알려진 바가 없었다.

또한 이 광활한 지역은 열대우림부터 사막, 영구동토인 툰드라까지 다양한 환경을 포함하고 있다. 사람들이 이런 다양한 환경에 적응한 것도 집단의 구성을 복잡하게 만든 요인이 되었다. 사용되는 언어도 중국어, 버마어, 티베트어 등을 포함하는 지나·티베트어족, 동남아시아 반도부부터 중국 남부에 걸쳐 사용되는 크라다이어족(타이카다이어족이라고도 함.: 역주), 타이완에서 남태평양으로 전파된 오스트로네시아어족, 중국 남부에서 동남아시아 북부 산악 지대에 분포하는 소수민족의 언어인 몽멘어족(Hmong-Mien languages), 중앙아시아 언어인 몽골어족, 중앙아시아에서 알타이산맥을 중심으로 동유럽까지 확대되는 튀르크어파, 주로 시베리아 동부와 연해 지방, 만주의 원주민이 사용하는 퉁구스어파, 시베리아 동부의 유카기르어족, 시베리아 북동쪽 끝 추코트(Chukot) 반도에서 캄차카반도에 걸쳐 사용되는 축치·캄차카어족, 한국어족, 그리고 본토 일본과 오키나와에서 사용하는 일본어족 등 다양하다(그림 5-3).

이미 지적했듯이 언어는 유전자와 비교해도 변화가 빠르고, 1만 년 전 이전은 변화의 흔적을 추적할 수도 없다고 한다. 거꾸로 말하면 1만 년 전 이후 집단의 이동에 관해서는 언어의 계통과 유전적 변화는 상보적으로 고찰할 수 있다. 그런 의미에서 1만 1700년 전에 시작된 홀로세(Holocene. 약 1만 년 전부터 현재까지의 지질 시대. 충적세 또는 현세라고도 한다.: 역주) 이후 집단의 이동은 동아시아의 다양한 언어 그룹의 형성과도 관계가 있을 것이다.

중국의 남북 지역 집단

2020년 이후, 동아시아에서도 1만 년 전 이후의 홀로세에 속하는 고대인의 게놈이 다수 분석되어, 고대 게놈 데이터를 가지고 동아시아 집단의 형성에 대해 얘기할 수 있게 되었다. 그중에서 최초로 밝혀진 것은 중국 남북 지역 집단의 유전적인 차이였다.

일반적으로 중국인은 한(漢)민족으로 분류되지만 현재도 중국 남쪽과 북쪽은 언어도 다르고 집단의 유전적 차이가 인정된다. 고대 게놈 분석 결과 이런 차이는 과거를 거슬러 올라갈수록 커진다는 사실이 밝혀졌다.

분석 대상은 황허강 유역의 고인골과 남쪽 푸젠성에서 출토된 9500~300년 전 인골 24개체였는데, 1만 년 전부터 6000년 전까지는 이 둘이 유전적으로 구별할 수 있는 집단이었지만 시간이 흐르면서 혼합된 양상이 드러났다.

이는 원래 중국 대륙에는 남과 북으로 인구 이동 중심지가 두 개 있었는데, 1만 년 전 이후 농경이 전파되면서 서서히 확대되면서 현재의 상황이 되었음을 의미한다.

현대 중국인의 조상 대부분은 이 북쪽 그룹과 이어져 있고, 다양한 비율로 남쪽의 게놈을 흡수했다. 즉, 시대를 거슬러 올라가면 황허강 유역 집단은 현재의 북방 집단과 더욱 유사해지고, 남쪽 집단도 동남아시아에 가까운 지역 현대인의 게놈과 유사해진다.

분석 가능한 개체가 적었기 때문에 이 둘의 혼합이 언제 시작되었는지는 확실하지 않지만 5000~4000년 전에는 북방 집단의 이동이 시작된 것으로 추정된다. 원래 동남아시아는 다양한 집단이 여럿 모여 있었지만 이 시대부터 지역에 따른 유전적 다양성을 감소시키는 방향으로 향하고 있는 것이다.

동아시아 농경민이 주변의 수렵채집민을 흡수하는 형태로 확산된 사실도 밝혀졌다. 유럽 등지에서는 농경민이 수렵채집민을 쫓아내는 형태로 확대된 지역도 있는데, 동아시아에서는 그런 상황은 없었던 것 같다. 남부의 고대 집단은 유전적으로는 남태평양으로 퍼져 나간 오스트로네시아어족 사람들의 조상이라는 사실도 확인되었다.

__일본 도래의 기원__

 다른 언어 집단의 분포 역시 기원이 다른 농경 집단의 확산에 의한 것인지를 알기 위해 2021년에는 동아시아의 현대인 46개 집단 383명의 게놈과 8000년 전 이후의 166개체의 고대 게놈을 함께 분석, 연구에 들어갔다(그림 5-5).

 일반적으로는 농경 중심지에서 인구가 증가하고, 이것이 주변으로 파급되는 과정 속에서 언어가 확산한다고 여겨진다. 이 분석에서는 이런 상황이 아시아에서도 일어났는지가 검증되었다. 그 결과, 중국 네이멍구자치구 동남부에서 랴오닝성 북부로 흐르는 시랴오허강 유역의 고인골은 톈위안 동굴 인골이 보유한 게놈에서 파생했다는 사실이 밝혀졌다. 시랴오허강 유역은 기장을 중심으로 하는 잡곡 농사가 번성했던 지역이다. 그곳에서 확인된 고대 게놈에 한국과 일본의 현대인과의 공통점이 발견됨으로써 시랴오허강 유역이 일본이나 한국어 조상어의 기원지로 추정되는 것이다. 한편, 신기하게도 시랴오허강 유역 고인골이 보유한 게놈이 한반도나 일본열도 이외의 지역으로 확산한 흔적은 발견하지 못했다. 주변의 몽골어족이나 튀르크어족, 퉁구스어족 집단이 사는

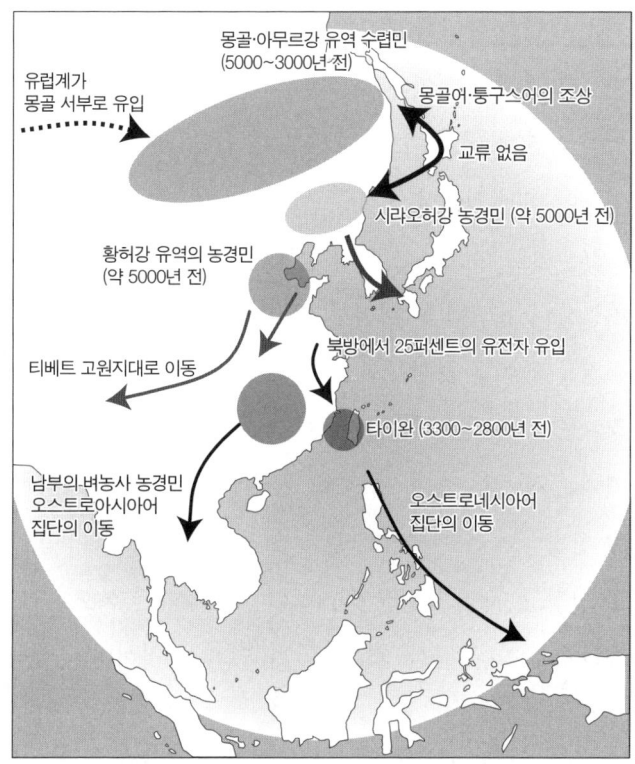

(그림 5-5) 홀로세의 동아시아 집단의 이동

지역과 관계가 없는 것이다. 이 지역 집단이 왜 한반도 방향으로만 이동했는지 밝히기 위해서는 더 많은 고대 게놈을 분석해야 한다.

다음 장에서 자세히 설명하겠지만 이 시랴오허강 유역에서 농작과 함께 흥한 집단의 움직임은 야요이 시대 초

〈5장〉 아시아 집단의 형성

기 농경민의 유입이라는 형태로 일본열도에 영향을 미친 것으로 추정되고 있다. 이 지역에서 잡곡 농사가 시작된 것이 약 5000년 전이므로 그로부터 약 2000년 후 일본에 영향이 미친 것이다.

일본열도 야요이 시대에 농경이 시작된 계기는 무논 벼농사의 유입이다. 따라서 게놈 분석에 기반한 '일본에 농경을 들여온 사람들의 기원은 중국 북동부의 잡곡 농경 지역이다'라는 결론에 위화감이 있을지도 모르나 여기에는 장치가 있다. 사실, 이 분석에는 벼농사의 기원지인 창장강(長江) 유역과의 관계가 포함되지 않았다. 앞으로 창장강 유역 고인골의 게놈이 분석되면 일본으로 도래하게 된 더 복잡한 경로를 알 수 있게 될 것이다.

지나·티베트어의 기원

지나·티베트어족에 속한 집단의 기원은 약 5000년 전 황허강 유역에서 기장을 재배하던 농경민이라는 사실도 밝혀졌다.

거기에서 남쪽 티베트고원으로 이동한 그룹에 의해 티

베트·종카어가 탄생하고 중위안(中原)을 향해 남과 동, 그리고 동쪽 해안으로 퍼져 나간 집단 중에서 한(漢)민족의 언어인 중국어가 탄생한 것으로 추정되고 있다. 즉, 북방에는 두 개의 잡곡 농경 중심지가 있고, 그 각각의 농경민이 퍼져 나감으로써 다양한 언어 집단이 만들어진 것이다.

그에 반해 남쪽 중심지는 벼농사 중심이었다. 일본열도와의 관계는 불명확하지만 벼농사 농경민이 남방으로 진출한 이들은 오스트로아시아나 크라다이와 같은 어족의 분포와 관련이 있다는 사실이 밝혀졌다.

동아시아의 대륙부는 북방의 두 개의 잡곡 농경민과 남방의 벼농사 농경민의 이동으로 각자 지속적인 결합이 이루어지면서 현대인 집단이 형성된 것으로 보인다. 한편, 동남아시아나 일본열도와 같은 동아시아 연안부에서는 초기 이동으로 정착한 사람들과 농경민이 결합하여 현대인으로 이어지는 집단이 형성되었다.

1만 년 전 이후에 시작된 각지의 농작은 집단을 이동하게 했고, 다양한 언어 그룹을 탄생시켰다. 앞으로 동아시아의 고대 게놈 분석이 진행되면 언어 그룹의 형성에 관해 더욱 상세한 시나리오를 쓸 수 있을 것이다. 그리고 동아시아 집단 형성 시나리오의 일부로서 일본인의 형성 경위도 알 수 있을 것이다. 일본인이 어떻게 형성되었는지, 현시점에서 게놈이 무엇을 말하고 있는지, 다음 장에서 좀 더 자세히 살펴보도록 하자.

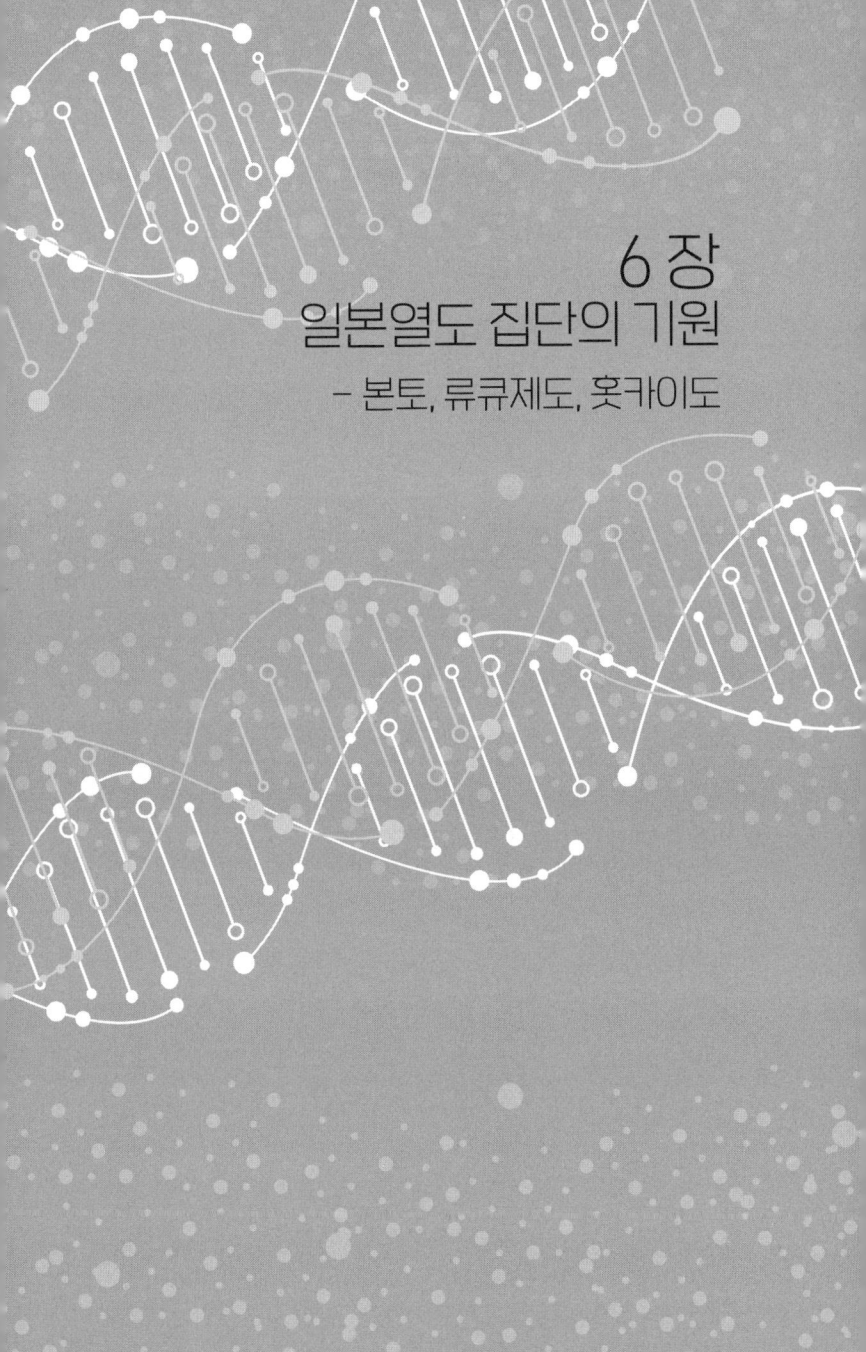

6장
일본열도 집단의 기원
– 본토, 류큐제도, 홋카이도

1. 일본인의 경로

이중구조 모델

화석 인골을 이용해 인류의 진화를 연구하는 것처럼, DNA 분석이 가능해지기 전까지는 일본인의 기원도 발굴된 인골의 형태를 토대로 연구되어 왔다. 메이지 시대부터 진행된 형질인류학의 연구 결과, 일본열도 집단에는 두 개의 큰 특징이 있음이 판명되었다.

하나는 형질에 시대적인 변화가 있다는 점인데 구체적으로는 조몬 시대의 인골과 야요이 시대 인골 사이에 명확히 인식 가능한 차이가 인정된다. 두 번째 특징은 현대의 일본열도에 형질이 다른 집단이 존재한다는 것이다. 그 집단이란, 홋카이도의 아이누 집단과 류큐제도 집단, 그리고 혼슈, 시코쿠, 규슈를 중심으로 한 소위 본토 일본인이다. 이 세 개의 집단에는 형질을 구별할 수 있는 특징이 있다. 이런 차이는 일본인의 형성에 깊은 관련이 있고, 이를 설명하는 원리로 '이중구조 모델'이라 불리는 학설이 정설로 받아들여지고 있다.

이중구조 모델은 구석기시대에 동남아시아 등지에서

북상한 집단이 일본열도로 진입하여 기층 집단을 형성했고, 그들이 열도 전역에서 균일한 형질을 갖는 조몬인이 되었다고 가정한다. 한편, 열도에 들어오지 않고 대륙으로 북상한 집단은 한랭지에 적응하는 과정에서 형질 변화를 일으켜 북방아시아의 신석기인이 되었다고 여겨지고 있다. 야요이 시대 초기에 이 집단 가운데 한반도를 경유하여 북부 규슈에 벼농사를 유입한 집단이 등장했고, 이것이 도래계 야요이인이라 불리는 사람들이 된다. 즉, 조몬인과 도래계 야요이인의 형질 차이는 집단의 유래 차이에 기인한다고 설명하고 있는 것이다.

대륙에서 이루어진 인류의 이동에 관해서는 고대 게놈 분석으로 어느 정도 파악이 되었다. 최근 연구에서는 대륙의 연안부와 내륙부로 북상한 두 개의 경로가 있었을 것으로 가정하는데, 이중구조 모델 시나리오는 지나치게 단순화된 것이라 지적한다.

한편, 이 모델이 가정하고 있는 대륙 북부에서의 한랭지 적응에 대해서는 2021년에 이루어진 고대 게놈 분석에서 증거가 될 만한 결과가 제시되었다. 중국 헤이룽장성에서 출토된 약 3만~3500년 전 인골 25개체의 고대 게놈 분석이 그것이다. 분석 결과, 마지막 최대 빙하기인

1만 9000년 전 무렵에 집단의 교체에 가까운 상황이 발생해, 텐위안 동굴 유적 인골에서 추출된 유형의 유전자를 지닌 기존의 집단이, 현대의 동아시아 유형으로 대체된 사실이 밝혀졌다.

재미있는 것은 이때 EDAR이라는 유전자에 대해 특정 변이형 빈도가 증가한다는 사실이다. 이 유전자는 외배엽에서 유래하는 기관의 형성에 중요한 역할을 하는데 치아의 형태나 모발의 두께, 소한선(小汗腺. 특히 손바닥, 발바닥에 많이 분포하는 땀샘이다.: 역주)의 밀도, 귓불의 크기, 턱의 돌출과 후퇴 등의 형질과 관련된 것으로 알려져 있다. 그중에서 370A라는 유형은 동북아시아인 특유의 형질을 유도한다고 한다. 이 유전자 변이를 갖는 개체가 마지막 최대 빙하기 이후에 증가한 사실이 밝혀짐으로써 중국 헤이룽장성 부근이 이중구조 모델이 가정하는 적응이 일어난 장소일 가능성이 커졌다.

이중구조 모델의 관점

야요이 시대 이후, 도래계 야요이인과 조몬인계 사람

들 사이에 결합이 일어나게 되는데, 벼농사가 유입되지 않은 홋카이도와, 북부 규슈보다 약 2000년 늦은 10세기 무렵이 되어서야 벼농사가 시작된 류큐제도에서는 조몬인의 유전적인 영향이 강하게 남게 되었고 이것이 이 둘의 외관상 유사성의 원인으로 추정되고 있다.

이 이중구조 모델은 열도 내부에서 발견되는 형질의 시간적, 공간적 차이를 '기층 집단인 조몬인과 도래 집단의 관계'라는 단일한 관점으로 설명한다는 점이 특징이다. 하지만 한편으로 열도 집단의 형성에 대해 대륙의 첨단 문화를 받아들인 중앙부와 늦은 주변부, 라는 견해가 있는 데 대해서는 주의할 필요가 있을 것이다. 과연 이런 하나의 관점으로 남북 3000킬로미터가 넘는 일본열도, 난세이(南西) 제도에 존재하는 집단의 형성을 정확히 설명할 수 있을까?

이번 장에서는 현시점의 게놈 연구가 이 문제에 어떤 답을 준비하고 있는지에 대해 해설하겠다.

게놈 분석에 따른 지역별 비교

현대 일본인이 보유한 게놈을 지역별로 비교하면 홋카이도의 아이누인들과 오키나와 집단을 제외한 혼슈, 시코쿠, 규슈 등 소위 본토 일본인은 대체로 닮았다고 알려져 있다. 여기서 본토 일본인인 현대 일본인의 형성 과정은 어느 정도 공통성이 있음을 예상할 수 있다.

다만, 지자체별로 실시한 핵 게놈의 SNP 분석에서는 긴키, 시코쿠 등 본토 일본의 '배꼽' 부분과 규슈, 도호쿠 지방과는 차이가 있다는 사실이 밝혀졌다.

이는 이전부터 다양한 유전자의 빈도 분포나 두개골 계측 값의 분석 결과에 의해 지적되어 왔고, 기나이(畿內. 야마시로, 야마토, 가와치, 이즈미, 셋츠 등 교토 부근 5개 지역을 일컫는 명칭이다.: 역주)를 중심으로 한 지역에서는 도래계 집단의 유전적인 영향이 강하며, 주변 지역에서는 조몬인의 유전적 영향이 더 강하게 남아 있는 것으로 알려져 있다. 부연 설명하면 홋카이도와 류큐제도에서는 조몬계의 비율이 높을 거라고 보는 게 이중구조 모델이다.

하지만 일본열도 각지에는 다른 문화의 역사가 있다(그림 6-1). 따라서 집단의 형성사는 지역별로 생각하는 게 자연스럽지만 이중구조 모델에 이런 발상은 없다. 인골 형태 연구만으로는 혼혈의 양상 등을 정확히 파악하기 어려운 한계가 있지만, 어쩐 일인지 일본인의 형성에 대해 생각할 때는 먼저 '일본인'이라든가 '조몬인'이라는 틀이 우선이고, 지역 역사의 총화가 곧 일본열도 집단의 역사라는 발상이 되지 않는 것이다. 이에 반해 지금까지 이루어진 아이누와 오키나와 현대인 집단의 게놈 연구에서는 각각이 개별 형성 과정을 거친 것으로 짐작된다. 따라서 이 책에서는 집단의 형성을 지역별로 바라본다.

구석기시대

고고학과 인류학적 증거를 토대로 했을 때, 일본열도에 처음으로 현생인류가 진입한 것은 약 4만 년 전인 후기 구석기시대였다. 그 후, 오랫동안 구석기시대가 계속되었다. 일본열도에 구석기시대의 유적은 약 1만 곳이 있는 것으로 알려져 있지만 인골은 류큐제도를 제외하고는 대부분 발견되지 않아, 구석기시대인의 실상에 대해서는 거의 알려진 바가 없다.

오키나와 본섬이나 이시가키지마에서 발견되는 구석

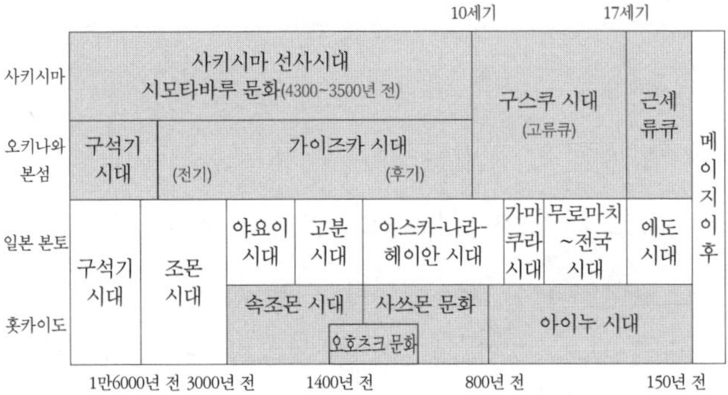

				10세기	17세기	
사키시마	사키시마 선사시대 시모타바루 문화(4300~3500년 전)			구스쿠 시대 (고류큐)	근세 류큐	메 이 지 이 후
오키나와 본섬	구석기 시대	가이즈카 시대 (전기)　　　　　　　(후기)				
일본 본토	구석기 시대	조몬 시대	야요이 시대	고분 시대	아스카-나라- 헤이안 시대	가마 쿠라 시대	무로마치 ~전국 시대	에도 시대	
홋카이도			속조몬 시대		사쓰몬 문화 오호츠크 문화	아이누 시대	

1만6000년 전　3000년 전　　1400년 전　　　800년 전　　　　　　150년 전

(그림 6-1) 일본열도의 서로 다른 세 가지 문화 계통

기 인골에 대해서는 미토콘드리아 DNA 분석이 진행되고 있다. 특히 약 2만 년 전 인골로 유명한 오키나와 본섬의 미나토가와 1호 인골은 차세대 시퀀싱을 활용해 분석되었고, 그 미토콘드리아 DNA는 칼럼2에서 소개한 전 세계로 확산하는 두 개의 큰 계통 가운데, 하플로그룹 M의 근간에 위치하는 것으로 알려져 있다.

하플로그룹M은 약 6만 년 전에 탄생한 것으로 추정되기 때문에 일반적으로 생각하면 2만 년 전의 미나토가와인이 보유한 DNA에는 변이가 축적되어 있을 것이다. 유럽에서 발견되는 4만 년 전 이전 인골의 미토콘드리아 DNA에도 몇 개의 변이가 축적되어 있으니 미나토가와인의 미토콘드리아 DNA에서 변이가 발견되지 않는다는 것은 이상한 일이다.

때문에 이 인물의 계통적 위치를 정하기는 어렵지만 현시점에서는 현대의 일본인으로는 이어지지 않고 소멸한, 상당히 특수한 계통일 거라는 해석이 타당한 것처럼 생각된다. 구석기시대의 미토콘드리아 DNA의 계통은 분석 개체수가 적기 때문에 아직 수수께끼가 많이 남아 있다. 더 많은 구석기시대 인골이 분석되면 미나토가와인이 보유한 미토콘드리아 DNA의 의미도 밝혀질 것이다.

사실은 류큐제도 집단의 현대인을 대상으로 한 대규모 게놈 분석을 통해 오키나와 현대인의 조상은 1만 5000년 전 이전으로 거슬러 올라간다는 결론이 도출되어 있다. 미나토가와인의 미토콘드리아 계통이 현대인으로 이어지지 않는다고 하면 이 해석도 일리가 있다.

다만, 미토콘드리아 DNA로 규명할 수 있는 것은 모계의 조상뿐이라는 점에도 주의해야 한다. 미토콘드리아 DNA 분석으로는 네안데르탈인도 멸종 인류로 간주되었다는 점을 생각하면 구석기시대 류큐제도 인류사의 정확한 해석은 고인골의 핵 게놈 데이터의 분석 결과를 기다릴 필요가 있다.

류큐제도에서는 최근 몇 년 동안, 이시가키지마의 시

라호사오네타바루 동굴 유적이나 오키나와 본섬의 사키타리 동굴 등지의 유적에서 구석기시대의 인골이 잇따라 발견되고 있다. 이들 인골은 아직 차세대 시퀀싱으로 분석되지는 않았는데, 이를 통해 게놈 정보를 얻을 수 있다면 류큐제도 인류사를 밝히는 데 새로운 전개가 펼쳐질 것이다.

류큐제도 이외의 지역에서 확실히 구석기시대의 것으로 밝혀진 것은 시즈오카현 하마마쓰시의 하마키타 유적에서 출토된 약 1만 8000년 전의 인골뿐이다. 그런데 아직 DNA가 분석되지 않아 현재 혼슈의 구석기시대인이 어떤 게놈을 지니고 있었는지는 알 수 없다. 하지만 다양한 증거를 통해 일본열도의 인류 집단은 적어도 구석기시대 후반부터 조몬 시대에 걸쳐 형질적으로 연속되어 있을 것으로 예상되기 때문에 조몬인의 게놈 파악으로 일본 구석기시대인의 유전적인 특징에 대해서도 어느 정도는 유추할 수 있는 것이다.

조몬인의 미토콘드리아 계통

조몬인의 실상에 대해서는 메이지 시대 시기 모스(Edward S. Morse) 박사가 오모리 패총을 발굴한 이래, 전국 각지에서 발굴된 인골의 형태를 중심으로 연구가 진행되어 왔다. 조몬인의 미토콘드리아 DNA 분석이 처음 이루어진 것은 1989년이었다. 지금까지 100개체 이상 조몬인 인골의 미토콘드리아 DNA가 분석되었고, 조몬인은 형태적으로는 비교적 균일하다고 여겨져 왔는데 미토콘드리아 DNA 계통에서는 지역 차가 명료하게 인정된다는 사실도 알게 되었다.

조몬인 미토콘드리아 DNA의 대표적인 하플로그룹은 M7a와 N9b이다. 이 두 개의 하플로그룹은 현대에는 거의 일본열도에만 존재한다는 점, 각각의 형성 연대가 3~2만 년 전으로 거슬러 올라간다는 점에서 아마 조몬 시대 이전인 구석기시대에 일본열도에 유입되었고, 대륙에 남은 계통은 소멸한 것으로 추정된다.

이 두 하플로그룹의 분포를 보면, N9b 계통이 동일본에서 홋카이도에 걸친 지역에서 다수를 차지하는 데 반해 M7a 계통은 서일본부터 류큐제도에서 다수를 차지하여 동서 방향에 지역 차가 있다. 구석기시대에도 동서 간에 석기의 형태 차이가 인정되고 있기 때문에 이 차이는 각각의 석기를 만든 사람들의 집단 간 차이를 반영하고 있는지도 모른다.

차세대 시퀀싱이 실용화되어 조몬인 미토콘드리아 DNA의 전장염기서열 데이터를 이용할 수 있게 됨에 따라 지리적 분포의 상세한 차이도 밝혀졌다. 같은 M7a 계통이라도 서일본에 분포하는 쪽이 형성 연대가 더 오래됐고, 동쪽으로 갈수록 최근에 가까워진다는 사실도 밝혀졌다. 이를 근거로 이 계통은 중국 대륙의 남부 연안 지역에서 서일본으로 진입해 동쪽으로 향한 것으로 추측된다.

고고학 연구에서는 조몬 시대에도 규슈와 오키나와 사이에 교류가 있었던 것으로 알려져 있으나 미토콘드리아 DNA 분석에서는 류큐제도와 규슈 계통은 약 1만 년 전에 분기했고, 그 후로는 서로 결합 가능성이 없다는 견해도 제시되었다. 미토콘드리아 DNA는 모계로 유전하기 때문에 여성이 이동하지 않으면 흔적으로 남지 않아 조몬인의 이동 실태를 모두 파악하지 못했을 가능성도 있지만 이 결과에서는 이주 없이 주로 남성에 의해 교류가 이루어졌을 것으로 예상된다.

이에 반해 N9b 계통은 다소 복잡하여 현시점에서는 계통수로 이주 상황을 재현할 수 없는 형편이다. 하지만 홋카이도의 조몬인에게 가장 많고 서쪽으로 갈수록 적어지기 때문에 기본적으로는 북쪽에서 일본열도로 유입된 것으로 추정된다. 한편, 규슈의 조몬인에게도 N9의 특수한 계통이 있기 때문에 한반도를 경유해 일본열도로 진입했을 가능성도 열어 둘 필요가 있다. 아마 N9 계통의 조상은 한반도에서 연해주에 이르는 넓은 지역에 산재해 있었고, 북극권을 경유하는 경로와 한반도를 경유하는 경로로 일본열도에 도달했을 것이다. 때문에 M7a와 같은 단순한 경로를 추정할 수 없는 것이라 생각할 수 있다.

조몬인의 지역 차

조몬인의 미토콘드리아 DNA에서 나타나는 지역 차는 무엇을 의미할까? 분명히 말할 수 있는 것은 조몬인이 구석기시대에 다양한 지역에서 유입된 집단에 의해 형성되었다는 사실이다. 조몬인의 DNA 분석을 통해 대략 1만 3000년 동안 지속된 이 시대에는 일본열노에 균일한 집단이 아니라, 우리가 상상하는 것 이상으로 다양한 집단이 거주했음이 점점 더 분명해지고 있다. 열도 내부는 지역에 따라 유전적으로 다른 다수의 집단이 거주했던 것 같다. 지역 간의 인적 교류는 제한적이어서 그 범위가 넓지는 않았을 것이다.

애초에 생태 환경이 크게 다른 일본열도에서는 수렵채집민 집단은 균일화가 아닌, 지역에 의한 분화가 진행하는 방향으로 진행되었을 것으로 생각할 수 있다. 조몬인은 조몬 시대에 일본열도에 거주한 사람들을 총칭하는 학문상의 정의이다. 그들을 꼭 유전적으로 균일한 집단으로 생각할 필요는 없다.

그들은 일본인이 자신을 일본인이라고 인식하는 것과 같은 감각으로, 자신을 조몬인으로 의식하지는 않았을 것이다. 그런 집단을 한데 묶어 고찰하는 것은 애초에 문제가 있음을 의식할 필요가 있다.

또한 M7a와 N9b가 현대 일본인에서 차지하는 비율을 보면 M7a가 7.5퍼센트 정도인데 반해 N9b는 2.1퍼센트밖에 되지 않는다. 조몬 시대는 동일본에서 홋카이도에 걸친 지역의 인구가 더 많았을 것으로 추정되기 때문에 현대 일본인으로 이어진 조몬인의 미토콘드리아 DNA에서일본의 M7a가 더 많다는 사실은 설명하기 어려워진다. 그 비밀은 현대 일본인에게 유전적 영향을 가장 강하게 미쳤을 것으로 여겨지는 야요이 시대의 도래인과 기존 조몬인 집단의 결합에 있을 것으로 추측되고 있다.

조몬인의 핵 게놈 분석

2016년에는 후쿠시마현 산간지(三貫地) 유적에서 출토된 조몬인의 게놈 분석 결과가 보고되었다. 이것이 조몬인의 핵 게놈에 관한 첫 번째 보고이다. 세계 최초로 차세대 시퀀싱으로 고대인의 핵 게놈 데이터가 보고된 것이 2010년이므로 6년 늦게 일본에서도 본격적으로 고대 게놈 분석이 시작된 셈이다.

그 후에도 조몬인의 핵 게놈 데이터가 추가됨으로써 그들이 현대의 동아시아 집단과는 동떨어진 유전적인 특징을 가지고 있음이 밝혀졌다. 특히 홋카이도 레분섬의 후나도마리 유적에서 출토된 조몬인 여성의 전장 게놈이 현대인과 같은 수준의 정밀도로 결정됨으로써 조몬인에 관한 이해는 크게 진전되었다.

게놈을 완전하게 해독하면 다양한 정보를 입수할 수 있다. 그녀가 여성이라는 것과 혈액형이 A형이라는 사실도 DNA 데이터로 증명되었다. 그녀가 아버지와 어머니로부터 물려받은 핵 게놈의 SNP를 비교함으로써 혼인의 네트워크는 소규모이고 어느 정도의 혈연은 인정되지만 쌍방이 3촌 이내의 혈연관계는 없다는 사실도 밝혀졌다.

앞서 소개한 러시아 서부의 순기르 유적처럼 근친혼은 피하지만 현대의 아마존 수렵채집민 등도 혼인의 범위가 좁다. 수렵채집민 집단에서는 이런 혼인 양상이 드문 일이 아니다. 조몬인에게도 이런 경향이 있었다는 사실을 짐작할 수 있다.

그녀가 생활하던 후나도마리 유적에서는 남방산 청자고둥으로 만들어진 펜던트나 니가타현 이토이가와의 비취, 시베리아에서 만들어진 것과 같은 유형의 조개 장신구 등이 발견됨으로써 그들이 넓은 지역과 교류했다는 사실이 제기되었다. 이런 유물의 교류 범위로 보아 사람들의 통혼권(결혼할 때 배우자를 선택하는 지리적 범위.: 역주)이 넓어졌을 것 같지만 실제 유전자 분석으로는 혼인의 범위가 상당히 좁았음을 알 수 있었다.

또한 표현형에 관한 다양한 유전자 분석을 통해 귀지

가 습식이라는 것, 앞니가 삽 모양이 아니라는 것, 모발은 곱슬머리였다는 점 등이 밝혀지고 있다. 이런 형질은 현대의 아이누나 오키나와 등지의 사람들에게서도 공통적으로 나타난다.

흥미롭게도 이 여성은 지방 대사에 관여하는 유전자에 이상이 있었다. 그 변이는 북극권의 에스키모 등에게서도 자주 발견되는 것이며, 바다 동물 등 지방분이 풍부한 식재료에 의지하는 집단에게는 생존에 유리하다는 점에서 약 6000년 전까지 북극 인근 집단에 급속히 퍼져 나간 것으로 여겨지고 있다. 후나도마리 조몬인도 이들 집단과의 공통 조상에게서 이 유전자를 물려받았을 것이다. 유적에서 바다 동물을 포획하기 위한 어로 도구나 바다사자나 바다표범의 뼈가 다량 출토된 것도 이를 증명하고 있다.

조몬인과 동아시아 현대인과의 관계

조몬인의 게놈은 동아시아 각지 현대인 집단의 유전적인 관계를 알기 위한 정보도 제공한다. 그림 6-2는 현대의 일본인을 포함한 동아시아의 집단과 조몬인, 야요이인의 SNP 데이터를 이용하여 각각의 관계를 도식화한 것인데 조몬인의 게놈은 다른 집단과 크게 다르다. 여기서 우리는 그들이 대륙 집단으로부터 일찌감치 분기하여 일본열도 안에서 장기간 독립하여 독자의 유전적인 특징을 획득해 갔음을 짐작할 수 있다.

그림 6-2를 보면 하단부터 사선으로 오른쪽 위 방향으로 향하는데, 대륙의 집단이 북쪽에서 남쪽을 향해 직선으로 늘어서 있다. 이는 동남아시아부터 동아시아 집단이 서로 주변과 혼인 관계를 가지면서 유전적으로 분화해 가는 모습을 나타낸다. 톈위안 동굴은 현대의 대륙 집단과는 조금 떨어진 곳에 위치하고 있기 때문에 대륙에서도 고대와 현대는 다른 유전적인 특징을 가진 집단이 살고 있었음을 알 수 있다.

그중에서 현대 일본인은 대륙 집단으로부터 떨어진 부분에 위치하고 있다. 베이징의 중국인과 현대 일본인 사이에는 한국인이 위치하고 있고, 이 3자가 놓인 연장선상에서 한참 떨어진 곳에 조몬인이 있다. 현대 일본인이 이 위치에 있는 것은 대륙 집단, 특히 동북아시아의 집단이 열도에 진입해 기존의 조몬계 집단과 결합했기 때문이라 생각하면 설명이 된다. 흥미로운 것은 한국의 현대인이 현대 일본인과 베이징의 중국인 사이에 위치한다는 점일 것이다. 이는 한반도 집단의 기층에도 조몬으로 이어지는 사람들의 유전자가 있음을 의미한다.

이 그림은 미토콘드리아 DNA 분석 결과 조몬인에게 지역 차가 있다는 것과 모순되는 것처럼 보이지만, 이 분석에서는 대상 집단 모든 개체의 유전적인 차이가 최대가 되도록 도식화했다는 점에 주의할 필요가 있다. 때문에 다른 집단과의 비교에서 조몬인끼리는 서로 유사한 것처럼 보이는 것이다.

이는 유럽인이나 아프리카인과 비교하면 일본인이나 한국인, 중국인 등 동아시아인들끼리는 비슷해 보이는 것처럼 외형상 균일한 집단처럼 보일 뿐이다. 현 상황에서는 데이터가 적기 때문에 어렵지만 조몬인만 모아 이 분석을 하면 지역과 시대에 따른 차이가 보일 것이다. 이 결과에서 중요한 것은 조몬인이 현대의 어떤 집단과도 다른 유전적인 특징을 지니고 있다는 점이다.

앞 장에서도 설명했듯이 다른 분석 방법에서 조몬인과 어느 정도의 근연성을 보이는 현대인 집단을 조사한 결과, 형태학적인 연구에서도 조몬인의 세놈을 물려받았을 것으로 예측되는 아이누나 류큐, 본토 일본의 현대인 집단에 더해 타이완이나 한국, 연해주의 원주민과도 어느 정도의 유연성(類緣性)을 보인다는 사실이 밝혀졌다. 이는 초기 이동 시에 동남아시아에서 북상한 집단 중에서 연안 지역에 살고 있던 집단이 조몬인의 모체가 되었다고 생각하면 설명이 된다. 대륙 연안부의 넓은 영역에 분포하는 집단이 열도로 진입해 지역적으로 혼입됨으로써 조몬인이 형성되었고, 대륙의 현대인 집단 중에도 극히 일부가 드물게 게놈을 보유하고 있는 것일 것이다.

Y염색체 DNA에 관해 조몬인을 분석한 예는 거의 없다. 하지만 지금까지 분석된 결과를 보면 현대 일본인 중 조몬인 남성은 30퍼센트를 차지하고, 한반도나 중국에는 거의 없는 하플로그룹 D계통이라는 사실이 밝혀졌다. 거의 일본열도의 현대인에게만 남아 있는 하플로그룹은 미토콘드리아 DNA든 Y염색체의 DNA든 조몬인으로부터 물려받았다는 얘기가 된다.

고대 게놈 분석은 조몬인에 관한 기존의 가설을 검증하고, 열도 내부의 균일한 집단이라는 모습을 계속 뒤엎고 있다. 조몬인의 실상이 더욱 상세히 밝혀지면 이 연구 성과는 향후 고고학이나 역사학, 언어학 등의 분야에도

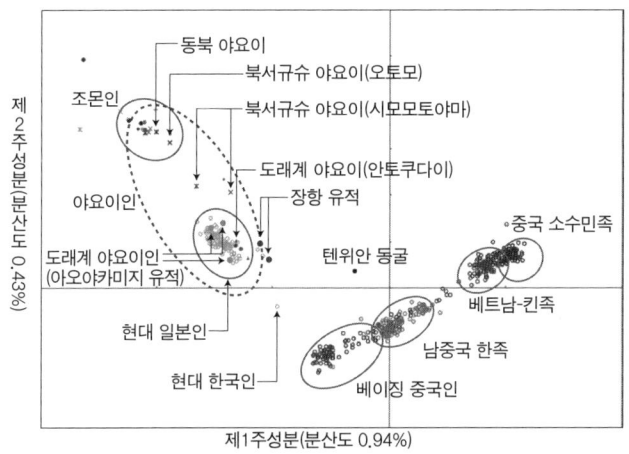

(그림 6-2) 게놈으로 본 동아시아 집단의 유전적 특징

큰 영향을 미치게 될 것이다.

야요이 시대

야요이 시대는 벼농사의 시작으로 정의되므로, 일본 전국이 동시에 조몬 시대에서 야요이 시대의 생활로 이행한 것이 아니다. 야요이 시대가 시작된 시기에 관해서는 지난 10년간 시끄러운 논쟁이 있었고, 현재는 북부 규슈에서 벼농사가 시작된 것이 약 3000년 전인 것으로 보

고 있다.

야요이 시대의 특징은 무논 벼농사뿐 아니라 금속기의 사용도 있다. 조몬 시대에는 이미 일종의 농경이 시작되었던 데 반해 금속기가 존재하지 않았음을 생각하면 객관적으로는 이쪽이 야요이 시대를 명확하게 정의하는 특징이 될 것 같다.

우리는 야요이 시대를 야요이식 토기, 무논 벼농사, 금속기의 사용이라는 세 가지 요소가 있는 사회라고 이해하고 있다. 특히 중요한 것은 농경과 금속기인데 이 두 가지 요소가 반드시 밀접한 관련이 있는 건 아니다. 유럽을 생각하면 알 수 있듯이 농경을 들여온 집단과 금속기를 들여온 집단은 기원설도 진출 시기도 다르다. 세계사 차원에서 보면 이 둘은 동시에 같은 집단에 의해 발명된 것이 아니고, 일본에서는 우연히 둘 다 야요이 시대에 유입되었을 뿐이라는 점을 이해해 둘 필요가 있다.

벼농사는 창장강 중류 지역에서 시작되었고 그곳에서 전파되어 갔다. 한편, 일본에 들어온 청동기의 원류는 동북아시아로 알려져 있다. 즉, 이 두 요소는 각기 다른 집단이 기원일 가능성이 있는 것이다. 이는 야요이 시대에 도래한 집단의 유래를 생각할 때 중요하다.

그림 6-3은 조몬인과 현대 일본인의 미토콘드리아 DNA의 하플로그룹을 비교한 그룹이다. 조몬인의 하플로그룹 구성은 단순하여 앞서 소개한 N9b와 M7a라는 두 개의 하플로그룹이 대부분을 차지하고 있다.

이와 비교하면 현대 일본인의 하플로그룹은 다양하다는 것을 알 수 있을 것이다.

이 하플로그룹들은 야요이 시대 이후에 유입된 것으로 추정되므로 도래인들이 현대 일본인의 형성에 큰 영향을 미쳤다는 것을 알 수 있다.

후나도마리의 조몬인 데이터를 이용해 현대 일본인에서 차지하는 조몬인 유래의 유전적인 요소를 계산하면 본토 일본인 중에 약 10퍼센트, 류큐제도의 현대인 중에 30퍼센트, 홋카이도의 아이누 집단에서는 70퍼센트 정도가 된다.

이는 홋카이도 최북단의 조몬인과 비교한 것이므로 본토나 오키나와의 조몬인을 기반으로 계산하면 값이 조금 달라질 가능성은 있지만 조몬인이 다른 집단과 유전적으로 크게 다르고, 상대적으로 내부의 차이가 적다는 것을 생각하면 비율이 크게 달라질 일은 없을 거라 예상된다.

적어도 본토의 현대 일본인에 관해서는 도래인들의 영

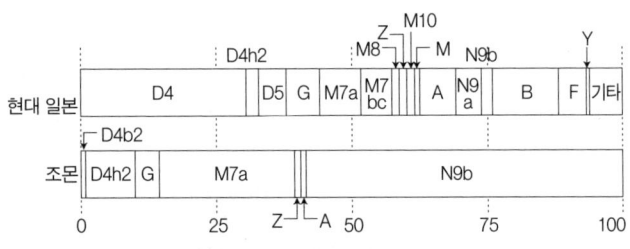

(그림 6-3) 현대 일본인과 조몬인의
미토콘드리아 DNA 하플로그룹 비율 비교

향이 상당히 크고, 경로 면에서는 주로 한반도가 기원인 집단이 도래하여 일본열도에 존재하던 집단을 흡수함으로써 형성되었다고 생각하는 편이 사실을 정확하게 나타낸다. 주체는 어디까지 도래인들인 것이다.

북부 규슈에서 최초로 벼농사가 시작되었어도 일본열도 각지에서는 조몬 시대와 같은 생활양식을 그대로 유지한 집단도 있었다. 야요이 시대에는 대륙으로부터 벼농사를 가지고 도래한 사람들과 기존 조몬인의 계통을 물려받은 사람들, 그리고 이 둘의 혼혈 집단이 있었을 것이고, 그 혼혈 비율은 같은 야요이인이라도 지역이나 시간과 함께 변화해 갔을 것으로 예상된다. 이를 반영하여 인골의 형태학적 연구가 진행되고 있는 규슈에서는 북부 규수를 중심으로 한 도래계 야요이인의 북서규슈, 나가

사키현과 사가현의 연안부를 비롯해 외딴섬에서 출토되는 조몬인의 직계 자손의 남규슈로 야요이인을 구별하고 있다(그림 6-4). 하지만 야요이인의 게놈 분석이 시작되면서 이 도식은 너무 단순하다는 걸 알게 되었다.

야요이인의 게놈

도래계 야요이인 중에 최초로 핵 게놈 분석이 이루어진 것은 후쿠오카현 나카가와시의 안토쿠다이 유적에서 출토된 여성의 인골이다. 이 유적에는 총 10기의 옹관이 있었고, 부장품으로 고호우라(오키나와 열대 해역에 서식하는 조개류로 밀집도가 치밀해서 갈아도 깨지지 않아 장신구의 재료로 사용되었다. 우리나라 대성동 고분에서도 출토되어 금관가야와 오키나와의 교류 가능성을 짐작하게 한다.: 역주) 조개로 만든 팔찌와 철검 등도 출토되고 있기 때문에 상당히 신분이 높은 그룹의 집단 묘일 것으로 추정되고 있다. 이 여성은 전형적인 도래계 야요이인으로 추측되었기 때문에 당초에는 그녀의 핵 게놈은 도래인의 고향으로 여겨지는 한반도나 중국의 현대인과 유사할 것으로 예상되었다. 하지만 조사 결과

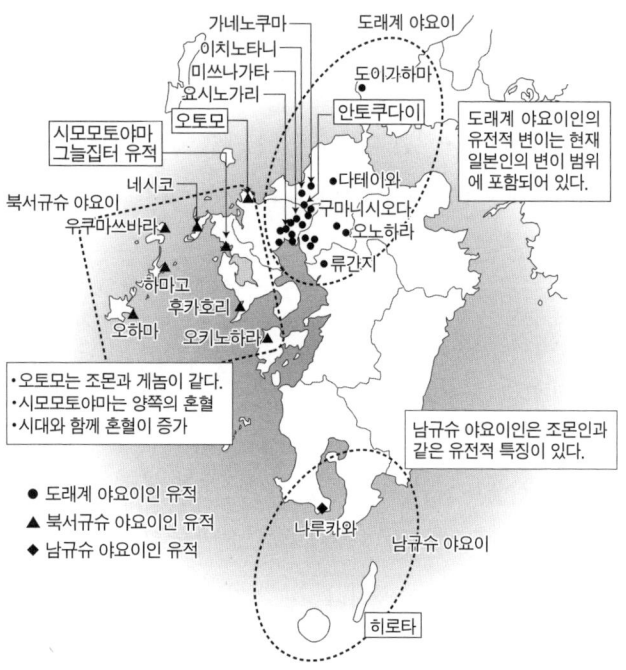

〈그림 6-4〉 야요이 시대 규슈 지방의 유적
네모 상자 안의 유적에서는 핵 게놈 분석이 진행 중이다.

그녀의 유전적인 특징은 현대 일본인의 범주에 들었고, 오히려 그중에서도 조몬인에 다소 더 가까운 위치에 있었다(그림 6-2).

안토쿠지 유적은 야요이 시대 중기의 것으로, 기존 조몬인과 혼혈이 있었더라도 이상할 게 없고, 그 때문에 현대 일본인의 특징에 가까워졌다고 생각할 수도 있다. 하지만 그 밖에도 야요이 시대에 도래해 온 사람의 게놈이 한국인이나 중국인에 가까웠다고 쉽게 결론 내려도 괜찮을지 재고해야 한다고 시사하는 결과도 있다.

그림 6-2의 장항 유적 인골은 우리가 분석한 한국 부산 교외의 약 6000년 전 신석기시대의 패총에서 출토된 인골이다. 이 두 개체의 인골 게놈은 현대의 한국인보다 조몬적인 요소가 많아 거의 현대 일본인과 같은 위치에 있다는 사실이 밝혀졌다. 즉, 시간을 거슬러 올라가면 한반도에서도 일본만큼은 아니지만 조몬적인 유전자가 차지하는 비율이 많아지는 것 같다.

여기서 말하는 '조몬적인 유전적 요소'란, '동아시아 연안 지역의 구석기시대 집단이 가지고 있었을 것으로 추정되는 오래된 유전적 요소'를 의미한다. 원래라면 일본열도에 국한해 사용되는 '조몬'이라는 용어는 다른 지역 집단에 사용해서는 안 되지만 달리 적당한 용어가 없기 때문에 여기서는 편의상 사용하기로 한다. 혹은 대륙 연안 지역에 남은 구석기시대로 거슬러 올라가는 유전자라고 바꿔 말해도 좋을 것이다. 이것이 현대인 집단에도 남아 있는 것이다. 대륙 연안 지역 집단과 조몬인의 유전자 공유는 이에 기인하는 현상이다.

당시에는 국경이 있을 리도 없고, 북부 규슈의 조몬인이 한반도의 집단과 교류를 했음이 고고 유물 연구를 통해서도 명확히 밝혀진 상태다. 한반도 남부의 신석기시대 유적에서는 조몬인이라 해도 될 정도의 유전적 유사성을 지닌 인골도 발견되고 있다. 오히려 조몬 시대의 한반도 남부 집단과 북부 규슈의 조몬인 집단을 구별하는 것 자체가 거의 무의미할지도 모른다.

또한 현대의 한국인과 중국 동북부 집단을 유전적으로 구별 가능한 것도 현대 일본인만큼은 아니지만 이런 요소가 원인일 것으로 여겨지고 있다.

열도 집단과 대륙계 집단

일본열도 집단만이 조몬적인 유전적 요소가 있다고 생각하는 것, 그리고 대륙의 현대인은 중국 동북부에서 한반도에 이르기까지 유전적 구성이 같다고 생각하는 것은 현실을 잘못 해석하는 것이다. 도래계 야요이인이라는 말에서 우리가 연상하는 것은 대륙의 집단, 특히 한반도의 현대인과 유전적 구성이 같은 사람들이지만 한반도 남부의 집단이 6000년 전에는 현대 일본인과 같은 수준의 조몬적 요소가 있었다는 사실은 지금까지 기존의 조몬인과 도래계 야요이인의 유전자를 전혀 다른 것으로 취급해 온 일본인 기원론을 다시 생각하게 했다.

2021년에는 중국 대륙의 집단과 한반도, 그리고 조몬인과 도래계 야요이인의 게놈을 비교한 연구 결과가 발표되었다. 이 연구의 목적은 원래 일본어나 한국어를 포함한 동아시아 여러 언어 간의 기원을 연구하는 것이었으나 그 결과는 한반도의 고대 집단을 비롯한 도래계 야요이인과 시랴오허강의 신석기시대 잡곡 농경민과의 유전적인 연속성을 시사했다. 이 잡곡 농경민이 6000년 전 이후에 한반도에 진출했고, 약 3300년 전에는 랴오둥반도와 산둥반도의 잡곡 농경민도 한반도에 유입됨으로써 잡곡 농경이 한반도에 전해졌다는 시나리오가 제시되고 있는 것이다(그림 6-5).

앞서 말한 대로 현재로서는 창장강 유역의 초기 벼농사 농경민의 게놈이 분석되지 않았기 때문에 벼농사의 기원지에서 한반도를 경유해 일본열도에 이르는 집단 이동의 시나리오는 완전한 게 아니다. 하지만 이 연구에서는 벼농사 농경민과 잡곡 농경민이 한반도에 유입되고

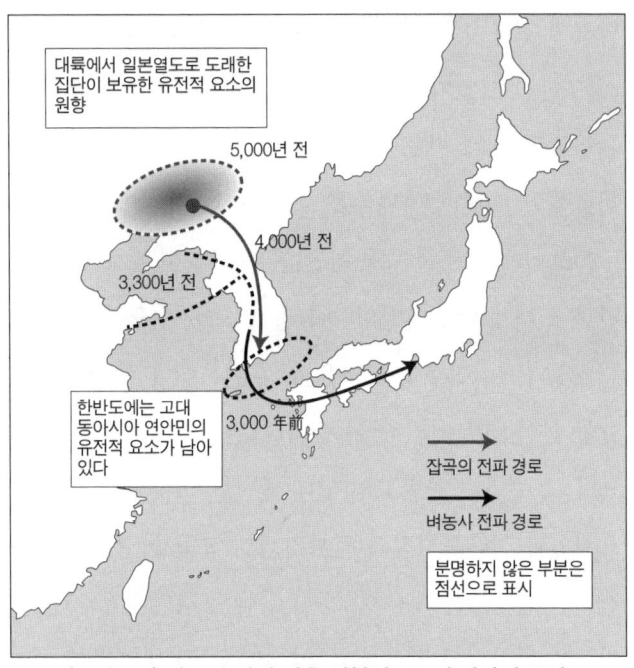

(그림 6-5) 야요이 시대 이후 일본열도로의 집단의 유입
3000년 전, 대륙의 농경민 확산이 일본열도에도 파급을 미쳤다.

거기서 현지 조몬계의 유전자를 갖는 집단과 혼혈함으로써 새로운 지역 집단이 형성되고, 그 안에서 태어난 도래계 야요이인이 3000년 전 이후에 일본열도에 도달했다는 스토리가 보인다.

중국 북부에 뿌리를 둔 잡곡 농경민이 청동기 등 금속기 문화인들이었다고 하면, 야요이 시대를 형성하는 문화 요소는 한반도에서 형성된 것이다. 다만, 현재 직접적으로 이를 밝혀 줄 게놈 증거는 없는 상태다.

야요이인의 핵 게놈 분석

게놈 분석 결과에 따르면 앞서 말한 북서규슈 야요이인도 기존과 같은 조몬인의 자손이라는 생각을 재고해 볼 필요가 있다. 지금까지 핵 게놈이 분석된 것은 야요이 시대 초기의 사가현 가라쓰시의 오토모 유적에서 출토된 여성 인골과 나가사키현 사세보시의 시모모토야마 그늘 집터 유적에서 출토된 야요이 시대 후기의 합장된 남녀 두 개체의 인골이다.

두 개체 모두, 인골의 형태는 조몬인과 공통되지만 시모모토야마의 남성 인골은 얼굴의 높이와 폭의 비율이 다소 도래계 야요이인에 가까웠다. 유전적인 특징을 보면 야요이 초기의 오토모 유적 인골은 조몬인과 완전히 같았지만 야요이 후기의 시모모토야마 사람들은 조몬인과 현대 일본인의 중간에 위치한다는 사실이 밝혀졌다 (그림 6-2).

즉, 형태상으로는 조몬계로 보여도 그 게놈은 조몬계부터 도래인과의 혼혈의 영향을 받은 개체까지 다양했던 것이다. 이 오토모 유적인은 한반도에서 볼 수 있는 고인돌이라는 석관 위에 커다란 돌을 덮은 묘에 매장되어 있었다. 이는 북부 규슈에서 조몬인의 자손이 한반도의 문화를 수용했다는 사실을 보여 주는 증거이다.

또한 그림에 표시한 도호쿠 지방의 야요이인은 이와테현 야요이 시대 후기의 인골이다. 도호쿠 지방에서는 이 시대에도 조몬인의 직계로 추정되는 사람들이 살고 있었다. 게놈을 보면 야요이인은 집단으로서의 실태가 있는 게 아님을 잘 알 수 있다. 현대를 제외하면 야요이 시대는 일본열도에서 유전적으로 가장 다양한 사람들이 살았던 시대인 것이다. 야요이 시대 초기에 북부 규슈 지역에서 기존의 조몬인과 혼혈이 시작되었고, 당초에는 유전적으로 달랐던 집단이 시간이 흐르면서 균일해져 갔다. 거기서 탄생한 본토 현대 일본인의 조상 집단은 드디어 벼농사의 확대와 함께 동쪽으로 향했고, 기존의 집단을 흡수하면서 도호쿠 지방까지 진출한 것이다.

도호쿠 지방에 도달한 도래계 농경민은 인구 면에서 기존 집단을 크게 웃돌았고, 이 둘의 결합은 거의 기존 집단을 흡수하는 형태로 이루어진 것으로 보인다. 때문에 현대인 집단에서는 도호쿠 지방의 조몬인 중에 다수를 차지하는 미토콘드리아 DNA의 하플로그룹 N9b의 비율이 낮아진 것으로 추정된다.

일본열도 내에서 야요이 시대 이후에 도래계 집단이 동진하며 기존의 조몬 집단을 흡수해 갔다면 각지에 남은 조몬인의 유전자를 차례차례 흡수한 게 된다. 그렇게 되면 애초에 북부 규슈의 도래계 야요이인은 현대 일본인과 비슷한 정도로 조몬인의 게놈을 보유하고 있을 것이므로 그 후에도 조몬계 게놈이 증가한다면 주성분 분석 그림상에서 현대 일본인이 더 조몬인에 가까운 위치에 있을 텐데 실제로는 그렇지 않다.

이 결과를 놓고 보면 야요이 중기 이후에도 대륙으로부터 많은 사람이 도래했다고 가정하지 않고서는 현대 일본인의 유전적인 특징을 설명할 수 없다. 고고학 분야에서는 고훈 시대(古墳時代. 일본 고고학 시대 구분 중의 하나로 3세기 말부터 8세기 초까지, 지배자의 권력을 과시하는 큰 규모의 봉분을 가진 무덤이 만들어진 시기이다.: 역주)에도 도래가 있었을 것으로 예상하는데, 지금까지의 인류학 연구에서는 증명되지 않았고, 야요이 시대 이후 대륙에서 도래한 실태는 수수께끼로 남아 있었다. 하지만 핵 게놈 해석에서도 야요이 시대 이후의 도래 사실이 예상됨으로써 현대 일본인 형성의 시나리오는 야요이에서 고훈 시대에 걸친 대륙 집단의 영향을 한층 더 고려하게 될 것이다.

우리 연구 그룹도 최근 수년 간 전국적으로 고훈 시대의 인골 게놈을 분석하고 있다. 고분에는 통상적으로 여러 개체의 인골이 매장되어 있고, 그들은 혈연관계가 있을 것으로 추측된다. 이 시대가 되면 명확한 계급이 출현하므로 지역의 무작위 샘플은 될 수 없다. 여기에 고훈 시대 인골 게놈 데이터 분석에 따르는 어려움이 있다. 동일 지역의 유적이라도 게놈 데이터 차가 큰 것도 많아, 집단의 특징을 파악하기 어렵다는 것을 알게 되었다. 전국적으로 혼혈이 진행되어 현대 일본인으로 이어지는 집단이 형성된 이 시기의 상황을 밝히기 위해서는 추가 연구가 필요하다.

2. 류큐제도 집단

류큐제도 집단의 성립

다음으로 류큐제도 집단의 성립에 대해 알아보자. 이 지역 집단의 성립을 생각할 때 중요한 것은 최초로 류큐제도에 도달한 것은 누구인가, 하는 기원의 문제다. 류큐제도는 외형을 알 수 있는 구석기시대 인골이 출토되고 있는 유일한 지역이지만 차세대 시퀀싱을 활용한 분석은 앞서 소개한 미나토가와인의 미토콘드리아 DNA가 유일하다. 때문에 DNA연구로 그 기원지를 특정하지는 못한 상태이고, 여전히 계통은 밝혀지지 않았다.

또한 류큐제도에서는 구석기시대 인골이 출토되고 있음에도 불구하고 본토 일본의 조몬 시대에 해당하는 패총 시대 전기부터 야요이~헤이안 시대에 해당하는 패총 후기, 중세에 해당하는 구스쿠 시대의 인골은 출토된 예가 그리 많지 않다. 때문에 인골의 형태도 DNA 연구도 그다지 진행되지 못한 실정이다.

류큐제도의 조몬 시대(오키나와의 문화 편년으로는 패총 시대 전기)의 인골 형태는 본토의 조몬인과 다르다는 지적도 있지만 미토콘드리아 DNA의 계통은 규슈의 조몬인과 공통된다. 이에 더해 류큐제도에서는 이 시대, 오키나와 본토와 사키시마 지방은 문화가 다르고(그림 6-1), 사키시마의 문화는 필리핀이나 타이완과 공통성이 있다는 의견이 있다. 하지만 미야코지마 유적에서 출토된 조몬 시대 해당기의 인골 게놈은 예상과 달리 본토 조몬인과 유사했다. 게놈 데이터에 따르면 조몬 시대 이후 류큐제도의 주요 인류의 이동은 본토 일본, 특히 규슈로부터 유입된 것이었다고 여겨지고 있다.

유적 수를 조사해 보니 류큐제도는 12세기 전후부터 시작된 구스쿠 시대에 급격하게 인구가 증가했다는 사실이 밝혀졌다. 이 시기는 류큐제도가 수렵채집 사회에서 농경사회로 전환하는 시기에 해당하는데 오키나와 본토와 사키시마가 같은 구스쿠 문화권에 들어간다. 때문에 이 사회를 구축한 주체는 누구인가 하는 것이 현대 류큐제도 집단의 성립을 생각하는 데 있어 중요해진다.

류큐제도 집단의 미토콘드리아 DNA

차세대 시퀀싱을 활용한 미토콘드리아 DNA 연구에 따르면 조몬 시대에는 류큐제도에서도 M7a와 N9b 두 종류의 하플로그룹만 출현하는 데 반해, 야요이 시대부터 헤이안 시대에 해당하는 패총 후기가 되면 소수이기는 하지만 본토 일본에서 유래한 것으로 예상되는 하플로그룹이 발견된다. 이로써 야요이 시대 이후 본토 일본의 집단 구성의 변화가 구스쿠 시대 이전에 류큐제도에도 영향을 미쳤을 가능성을 제기할 수 있다.

최근 수년간, 아마미(奄美)의 고고학 조사에서 구스쿠 시대가 시작되던 시기에 남규슈 등지에서 대규모의 농경민이 이주해 왔을 가능성이 제기되고 있고, 형질인류학이나 언어학 연구를 통해 도출된 몇몇 결과도 기본적으로는 이 가설을 지지하고 있다. 한편, 류큐제도의 현대인이 보유한 게놈은 일본 본토와는 명확히 분리된다고 알려져 있다. 이는 오키나와 집단의 형성사가 본토 일본과는 다르다는 사실을 나타내는 증거라고 생각할 수 있다.

이상을 종합해 보면 류큐제도의 구석기시대 인골과의 관계는 불분명하지만 조몬 시대 이후는 일본열도에서 집단의 이주가 있었고, 아마 7300년 전의 기카이칼데라(가고시마시에서 남쪽으로 100킬로미터 떨어진 곳에 위치한 해저화산.: 역주)를 만든 거대 화산 폭발 등의 영향으로 규슈와 연락이 단절됨으로서 독자적 집단으로 형성되었다는 시나리오를 쓸 수 있다. 류큐제도의 조몬인은 오키나와 본섬뿐 아니라 사키시마에도 진출했다고 생각할 수 있으나 현재의 게놈 정보로는 더 남쪽인 타이완이나 필리핀과의 교류에 대해 밝혀진 바는 없다.

그 후, 패총 시대 후기(야요이~헤이안 시대)가 되면 규슈와 교역이 시작되고, 서서히 본토 일본의 유전적인 영향을 받게 되는데 이것이 구스쿠 시대 개시기에 남규슈 농경민의 유입이라는 형태로 가속되어 현재에 이른다는 것이 게놈 데이터가 말하는 대략의 흐름이다. 현대 류큐제도 집단의 게놈에 조몬인 유래가 30퍼센트 정도 남아 있다는 사실은 후에 류큐제도에 도달하는 집단의 영향이 본토 일본보다 작았음을 나타내는 것으로 보인다.

류큐제도에 본격적으로 농업이 들어온 것은 북부 규슈에 도달한 뒤로 2000년 가까이 지난 후이다. 류큐제도의 고인골 DNA 분석은 아직 사례 수가 적어 결론을 내리기는 어렵지만 고인골 게놈이 분석되면 기층 집단과 농경민의 결합 양상도 명확해지고 류큐제도 집단의 형성 시나리오도 더 상세해질 것이다.

   류큐제도의 현대인 게놈에 관해서는 류큐대학이 대규모 게놈 연구를 진행하고 있고, 일본 그 어느 곳보다 현대인의 게놈에 대한 데이터를 많이 보유하고 있다. 그 결과, 오키나와의 현대인 집단 게놈이 섬 어디에 분포해 있고, 같은 섬 내에서도 미야코지마 등지에서는 유전적 구성이 지역마다 다르다는 사실도 알게 되었다. 이는 과거 각 지역에 있었던 급격한 인구 감소 등이 원인이었던 것으로 추정되며, 그 시기도 현대인의 데이터를 통해 유추할 수 있다. 앞으로 고대인의 게놈과 함께 고찰함으로써 더욱 상세한 집단의 역사가 밝혀질 것으로 기대된다.

3. 홋카이도 집단

홋카이도 집단의 성립

류큐제도에 비하면 홋카이도에서는 조몬 시대부터 에도시대에 이르기까지 DNA 분석에 적합한 상당수의 인골이 출토되고 있다. 때문에 인골의 형태나 게놈으로 인류 집단의 변천 양상을 어느 정도 추적할 수 있다. 문화편년상으로 벼농사가 유입되지 않은 홋카이도에서는 조몬 시대 다음에 속(續)조몬 시대가 이어졌고, 사쓰몬 시대(擦文時代. 약 1400~700년 전, 혼슈에서 말하는 나라·헤이안·가마쿠라 시대에 해당한다. '사쓰몬 시대'는 '사쓰몬 토기'를 사용한 시대라는 뜻이다.: 역주)를 거쳐 13세기에 아이누 문화가 형성된다고 알려져 있다. 그 사이에 5세기 무렵부터 10세기 무렵에 걸쳐 도동(道東. '도토'라 읽는다. 홋카이도의 지역 구분 중 하나이며 그 밖에 도앙, 도북, 도남이 존재한다.: 역주), 도북의 오호츠크 연안부에는 연해주가 기원으로 알려진 오호츠크 문화가 번성했다(그림 6-1).

오호츠크 문화인은 형태적으로 독특한 특징이 있는 사람들이었는데 이중구조 모델에서는 훗날의 아이누 사람들에게는 큰 영향을 미치지 않고 모습을 감췄고, 아이누 사람들은 조몬인의 직계 자손인 것으로 설명되어 왔다.

최근에 홋카이도의 조몬인과 오호츠크 문화인, 아이누 사람들의 미토콘드리아 DNA를 분석한 결과, 이 지역 집단의 형성에 관해 새로운 사실이 떠오르고 있다. 분석 결과, 아이누 사람들은 단순히 홋카이도 조몬인의 자손이 아니라 오호츠크 문화인의 유전적 영향을 강하게 받았다는 사실이 판명된 것이다. 그 때문에 현재 아이누 집단은 홋카이도의 조몬인을 기반으로 오호츠크 문화인의 유전자를 받아들임으로써 형성된 것으로 추정되고 있다.

후나도마리 유적의 조몬인 인골과 아이누 집단을 포함한 동아시아 현대인 집단의 SNP 데이터를 토대로 한 주성분 분석 결과가 있다. 여기에 표시한 아이누인들의 데이터는 홋카이도의 비라토리초에서만 수집한 것이므로 반드시 홋카이도의 아이누 집단을 대표하는 게 아니라는 사실에 주의할 필요는 있으나 그 결과값을 나타낸 도표를 보면 일직선으로 늘어선 것을 알 수가 있다.

이는 아이누 집단과 본토 일본인 집단 사이에 혼혈이 진행되고 있음을 나타내고 있는데, 후나도마리의 조몬인 게놈이 그 연장선상에는 없고 아이누 집단은 다소 원쪽으로 비껴 있다. 그림의 가로축은 대륙 현대인의 남북 방향의 차이를 나타내는 성분인데 왼쪽으로 갈수록 동북아시아 집단이 보유한 성분이 커진다는 것을 보여 준다. 따라서 이 그림에서도 아이누 사람들에게는 조몬인의 유전적 요소에 더해 연해주 집단의 요소가 있고, 훗날 본토 일본과의 혼혈도 진행되고 있음을 알 수 있다. 이 역시 아이누 집단의 형성에 오호츠크 문화 집단이 관여되어 있음을 증명하는 결과이다. 최근의 형태학적 연구도 이를 지지하고 있고, 또한 2021년에 발표된 레분섬 하마나카 2유적에서 발굴된 오호츠크 문화인의 핵 게놈 분석에서도 이와 같은 가능성이 제기되었다.

이 연구에서는 2000년 전에는 쿠릴열도를 경유해 캄차카반도 집단의 유전자가 유입되었고, 1500년 전에는 연해주로부터 유전자기 유입되었다고 추정되었다. 이 결과에서도 아이누 집단의 형성에 오호츠크 문화인이 관련되어 있음은 거의 틀림없는 사실로 보인다. 다만, 유감스럽게도 결합이 있었을 것으로 여겨지는 속조몬에서 사쓰몬 시대의 인골은 거의 출토되지 않고 있어, 현시점에서는 게놈 분석으로 결합 양상을 도출하지는 못하고 있다.

현대의 아이누인들은 조몬인의 게놈을 약 70퍼센트 가

지고 있고, 이는 일본열도 집단 중에서는 두드러지게 큰 숫자이다. 본토 일본인을 도래인의 후예라고 생각한다면 아이누 사람들은 홋카이도 조몬인의 후예라 할 수 있다. 한편, 대륙 북방계 원주민의 게놈을 물려받았다는 사실도 잊어서는 안 될 것이다. 이는 류큐제도의 현대인에게서 타이완 이남 집단의 유전적인 영향이 보이지 않는 것과는 대조적이다. 이 사실로부터 본토 일본의 주변이라는 근거로 같은 형성 과정을 거쳤을 것으로 생각하는 이중구조 모델로는 이 둘의 형성 경위를 설명할 수 없음은 분명해졌다. 홋카이도 집단의 형성 과정은 본토 일본과의 관계만으로는 파악할 수 없고, 홋카이도를 중심으로 자리 잡은 집단의 변천 시나리오를 만들 필요가 있음을 이해했으리라 믿는다. 이중구조 모델은 대륙으로부터의 벼농사 문화를 받아들인 중앙과, 늦게 받아들인 주변에 집단 간의 형질 차이가 발생했다고 보는데, 이 발상으로는 주변 집단과 다른 지역 집단과의 교류 형태를 파악할 수 없다. 홋카이도 원주민 집단의 형성사는 일본열도 집단의 형성 시나리오에 복안(複眼)적인 관점을 도입할 필요가 있음을 가르쳐 주고 있는 것이다.

칼럼4 왜국대란을 시사하는 인골의 증거

돗토리시 아오야초에 있는 아오야 가미지치(上寺地) 유적에서는 1998년부터 3년에 걸친 발굴로 다량의 토기와 목제품 등 고고 유물과 함께 5300점에 달하는 인골 조각이 발굴되었다. 이 인골들은 좁은 영역에 집단으로 매장된 점, 습지라서 유물의 상태가 좋다는 점, 개중에는 뇌가 남아 있는 것도 있다는 점에서 발굴 초기부터 큰 주목을 받았다. 인골군은 어느 정도는 개체별로 모여 있었으나 대부분은 산란 상태로 발견되었기 때문에 개체의 식별은 완전하지 않지만 형태학적 연구로 100개체 이상임이 밝혀졌다.

출토된 인골 가운데 32개체의 미토콘드리아 DNA가 차세대 시퀀싱을 활용해 분석되었고, 이는 단일 유적에서 출토된 인골 분석의 예로는 일본 최대 규모이다. 분석 결과, 미토콘드리아 DNA의 서열이 완전히 일치한 것은 2개체뿐이었고, 나머지 28개체, 약 90퍼센트 개체 사이에는 모계의 혈연이 인정되지 않았다. 또한 13개 샘플의 핵 게놈을 분석했는데 SNP 분석 결과를 통해 아오야 가미지치의 각 개체는 모두가 현대 일본인의 범주에 든다는 사실이 밝혀졌다(그림 6-2).

하지만 각각의 개체끼리는 좁은 범위에 속하지 않고, 현대 일본인의 유전적인 확산 안에 산재하는 형태였다. 즉, 조몬적인 유전자를 많이 보유한 것부터 대륙의 요소가 강한 것까지 다양했다. 이는 미토콘드리아 DNA의 계통이 다수 관찰되었다는 사실과도 일치한다.

인류의 유입이 적고 오래 유지된 촌락에서는 동족 간의 혼인이 증가한다. 그에 따라 최종적으로 구성되는 미토콘드리아 DNA 타입은 적어지고 상호 간의 핵 게놈 역시 기본적으로 유사해져 간다. 하지만 아오야 가미지치 유적에서는 출토된 인골 대부분이 아오야에서 같은 시기에 죽었을 것으로 추정되는 사람들 대부분은 혈연관계가 없었다. 이로써 아오야는 고대의 일반적인 촌락 이미지와는 다른 집단이었던 것으로 보인다. 목제 그릇류나 관옥(管玉. 구멍을 뚫은 짧은 대롱 모양의 구슬.: 역주) 등의 생산이 활발했던 것과 맞물려 생각하면 많은 사람이 유입과 이산을 반복한 고대 도시였을 가능성이 높은 것이다.

그리고 이 유적에서 출토된 인골에는 다수의 상흔이

있다. 자세히 살펴보니 네다리뼈에는 전투 등으로 인한 상흔으로 보이는 것들도 있었는데, 동시에 해체흔도 있어 출토 인골은 전투의 피해자만은 아니었을 가능성이 있을 것으로 추정된다. 참고로 인골의 방사성탄소연대측정법으로 분석한 결과 사람들은 2세기 후반에 사망한 것으로 판명되었다.

이 시대는 중국 한나라의 환제와 영제의 치세(146~189년)에 해당하고, 「위지왜인전(魏志倭人伝)」 등 여러 역사서에 기술된 왜국대란의 시기에 해당한다. 아오야 가미지치 유적은 당시의 혼란한 사회 상황을 보여 주는 대표적인 유적인 것이다. 주변 지역 고인골의 게놈 분석이 진행되면 이 집단의 형성 과정과 당시의 사회 상황 등에 대한 사실이 밝혀질 것이다.

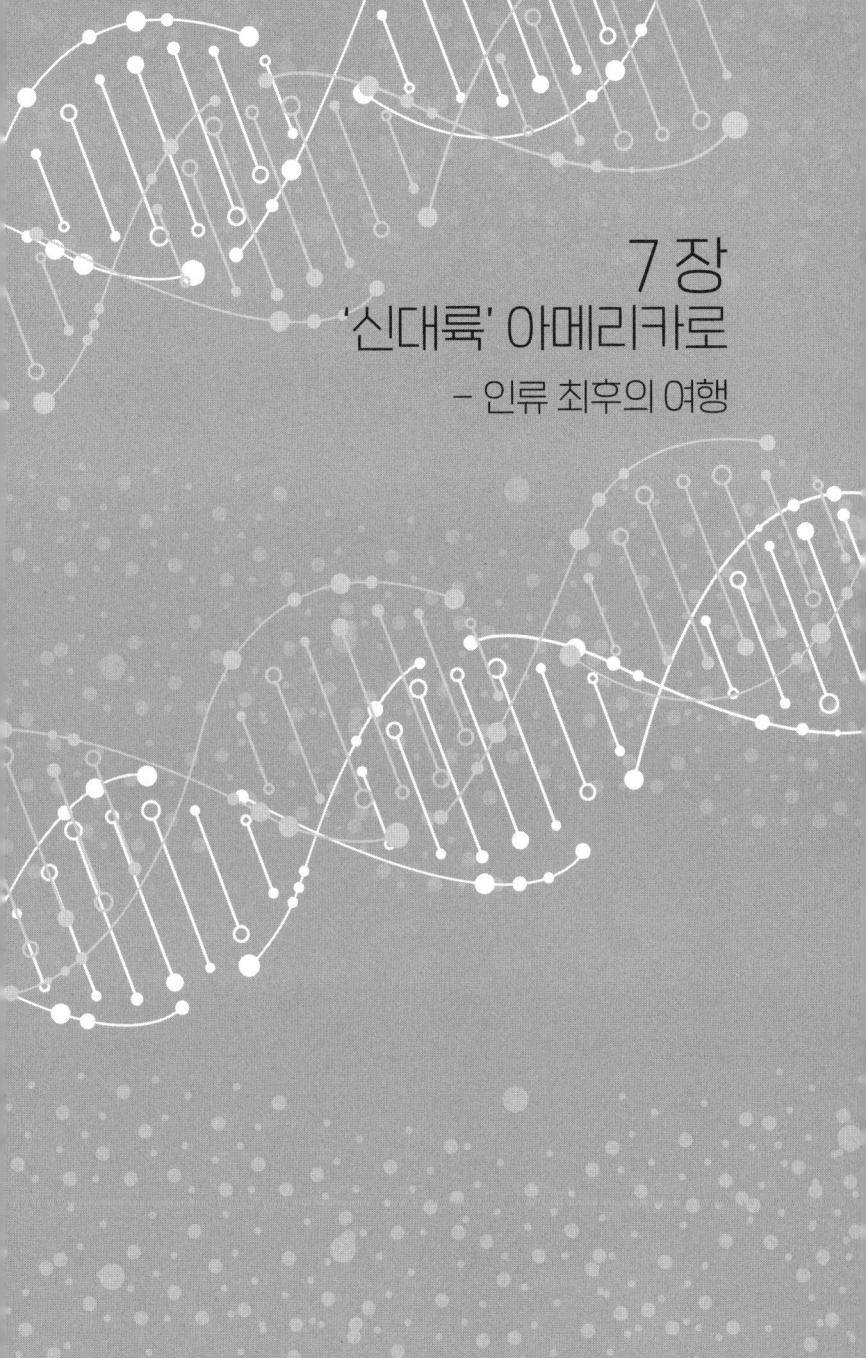

7장
'신대륙' 아메리카로
– 인류 최후의 여행

1. '최초의 아메리카인' 논쟁

아메리카 원주민

아메리카 대륙은 호모 사피엔스가 마지막으로 도달한 대륙이다. 아메리카 대륙에 대한 인류학이나 고고학, 언어학에서 최초의 아메리카인은 누구인가, 그들은 언제 어디에서 이 대륙에 도달했는가 하는 문제는 중심 연구 주제이고, 지금까지도 많은 학설이 주장되어 왔다.

20세기 말까지 아메리카 원주민의 조상은 대형 동물을 사냥하는 수렵채집민이고, 아시아에서 시베리아와 알래스카를 이었던 베링육교(Beringia)를 건너 이주했고, 알래스카의 코딜러란(Cordilleran ice sheet)과 로렌타이드 (Laurentide ice sheet)라는 두 개의 커다란 빙상 사이를 빠져나가 급속히 남북아메리카 대륙으로 퍼져 나간 것으로 추측되어 왔다. 이 문화는 발견된 유적의 명칭을 따서 클로비스 문화(Clovis culture)라 명명되었고, 이 수렵채집민 집단이 최초의 아메리카 원주인이었다고 생각하는 학설은 클로비스 퍼스트 모델이라 불리고 있었다.

아메리카 대륙으로 진출한 시기는 클로비스 문화 유

적의 방사성탄소 연대나 두 개의 빙상 사이에 난 통로인 무빙회랑(Ice Free Corridor)이 완성된 연대로 보아 약 1만 3000년 전일 것으로 추정되었다. 그리고 언어나 치아의 형태학, 고고학 분야의 연구를 통해 현재의 아메리카 원주민은 클로비스 문화의 유입을 포함해 아시아에서 밀려온 세 번의 이주의 물결로 형성되었다고 여겨져 왔다.

아시아에서 베링육교를 건너 인류가 진입했다는 점에 대해서는 연구자들 사이에 의견이 일치한다. 하지만 최근의 발굴과 연구 결과, 예를 들면 남미 최남단에 가까운 칠레의 몬테베르데 유적에서 클로비스 문화보다 더 오래된 인류의 유적이 발견되는 등 클로비스 퍼스트 모델로는 설명할 수 없는 다양한 사실이 밝혀지고 있다.

또한 길이 1500킬로미터에 달하는 무빙회랑도 너무나 추워서 인류의 이동 경로로 이용되지 못했을 거라 생각하게 되었다. 때문에 현재는 인류가 해안을 따라 북미로 이동했다는 설이 유력해졌다.

현 상태에는 남북아메리카 대륙의 원주민이 아시아에 기원을 둔다는 것 외에, 진입의 정확한 시기와 규모, 경로와 횟수 등에 대해서는 정설이 없다. 클로비스도 신대륙에서 가장 오래된 문화가 아니고, 초기에 북미 대륙의 남부로 퍼져 나간 집단에서 발생한 문화라 인식되고 있다. 이런 상황에서 최근에 급속하게 발전한 게놈 분석이 이들을 규명하는 데 큰 역할을 하게 되었다. 21세기가 되어 현대의 아메리카 대륙 원주민의 게놈이 분석되고, 2010년 이후에는 고대 게놈 분석도 가능해짐으로써 어렴풋이나마 아메리카 대륙 원주민의 형성 시나리오를 쓸 수 있게 되었다.

DNA가 말하는 신대륙 원주민의 기원

 아메리카 원주민은 인류가 갖는 유전적인 다양성이 분석된 최초의 집단 중 하나이다. 뭐니 뭐니 해도 미합중국은 가장 과학이 발달한 나라이기 때문에 인류의 DNA 분석이 가능해졌을 때, 아메리카 원주민이 가장 먼저 연구의 대상이 된 것은 이상한 일이 아니다. 그러므로 DNA로 아메리카 원주민의 기원을 연구하는 것은 고대 DNA 연구가 어떻게 발달했는지를 알 수 있는 좋은 예가 되고 있다. 그래서 지금부터는 우선 초창기의 연구에 대해 설명하고자 한다.

1980년대에는 DNA 서열을 직접 읽기가 어려웠으므로 미토콘드리아 DNA의 제한효소 절편의 패턴 차이나 서열 내에 있는 9염기의 결손 유무를 조사했다. 서열을 부분적으로 읽을 수 있게 되자 미토콘드리아 DNA 중에서도 특히 염기서열에 변이가 축적되어 있는 D-loop 영역의 일부가 분석되었다. 그 결과 아메리카 원주민의 미토콘드리아 DNA에는 각각 A~D, X라 명명된 5개의 하플로그룹이 있다는 사실이 밝혀졌다.

 이후의 연구에서 이들은 모두 아시아의 집단에 공유되어 있다는 사실이 확인되었고, 여기서 그들의 조상 집단이 아시아 집단에서 파생되었음이 증명되었다. 아시아에는 신대륙에서는 볼 수 없는 하플로그룹도 많이 존재하기 때문에 신대륙으로 진출한 것은 일부 집단이라는 사실도 알게 되었다.

 아메리카 원주민이 보유한 Y염색체 DNA와 미토콘드리아 DNA 모두 마찬가지로 아시아 집단의 부분집합이고, 기본적으로는 하플로그룹 C와 Q라는 고작 2개의 계통만이 신대륙에 유입되었다고 추정되고 있다. 이 둘은 미토콘드리아 DNA의 각 계통과 마찬가지로 남북 대륙의 원주민에 널리 분포하고 있고, 인류가 양 대륙으로 급속히 퍼져 나간 사실을 증명한다.

21세기가 되어 미토콘드리아 DNA의 전장염기서열을 활용한 계통 연구가 가능해지자 이 5개의 하플로그룹은 더욱 세분화되어 현재는 총 15개의 계통이 식별되고 있다. 다만 전장염기서열을 활용한 연구는 아직 남북아메리카 대륙의 모든 원주민 집단을 망라한 것은 아니며, 기본적으로는 현대인을 대상으로 했기 때문에 앞으로 고인골을 중심으로 연구가 진행되면 더 많은 계통이 추가될 가능성이 있다.

현대의 아메리카 원주민을 대상으로 한 DNA 연구에서 걸림돌이 되는 것은 콜럼버스 이후의 역사 속에서 신대륙의 원주민의 숫자가 극적으로 감소했다는 사실이다. 식민지 시대에 소멸해 버린 계통이 있을 가능성도 있고, 현대인의 데이터만으로 과거의 역사를 재현하기에는 한계가 있다.

미토콘드리아 DNA로 본 형성사

게놈 연구의 진전으로 신대륙의 원주민은 처음 예상보

다 큰 유전적 다양성을 가지고 있다는 사실이 잇따라 밝혀지고 있으나 추가된 계통은 모두 당초 확인된 5개 하플로그룹의 하위 계통이고, 아시아 집단 계통의 일부를 물려받았다는 결론에 변화는 없다.

한편, 신대륙 원주민의 하플로그룹이 갖는 다양성을 조사해 보니, 어느 계통이든 거의 같은 수준의 변이를 갖고 있다는 사실을 알게 되었다. 그 공통 조상이 탄생한 연대를 계산한 결과, 모두 약 3만 4000년 전이 된다는 사실이 밝혀졌다. 이는 모든 신대륙 원주민의 기원이 이 시기로 거슬러 올라간다는 사실을 보여 준다.

아시아의 동일 계통 하플로그룹과의 공통 조상은 이보다 수천 년을 더 거슬러 올라간다. 각 계통의 유전적 다양성으로 초기 집단의 인구 규모도 추정되고 있고, 신대륙으로 진출한 시점에서는 5000명에도 미치지 않는 집단이었지만 대륙으로 진출하면서 폭발적으로 인구가 증가했다는 사실도 밝혀졌다.

신대륙에 인류가 진입한 고고학적 증거는 고작 약 1만 6000년 전의 것으로만 한정되어 있어, 현재로서는 DNA로 추정되는 약 2만 4000년 전이라는 시기와 수천 년의 격차가 있다.

이 차이를 설명하기 위해 주장된 것이 '베링육교 격리 모델'이라 불리는 학설이다. 베링육교 격리 모델에서는 3만 년 전 이전에 베링육교에 도달한 집단이 마지막 최대 빙하기에 시베리아 쪽과 알래스카 쪽에 발달한 빙상에 가로막혀 수천 년 동안 격리되었고, 그사이에 아메리카 원주민 특유의 유전적 특징을 획득했으며, 그 후의 지구온난화와 더불어 알래스카 쪽으로 단번에 진출해 현재로 이어지는 신원주민 집단이 되었다고 간주한다.

시베리아에서 발굴이 진행된 결과, 일반적으로는 대략 2만 2000~1만 8000년 전에 겨우 인류가 진출했을 것으로 여겨졌던 시베리아 동북부의 야나강 유역에, 3만 년 전부터 인류가 생활하고 있었다는 사실이 밝혀졌다. 5장에서 설명했듯이 그곳에서 출토된 인골의 게놈도 분석되었다. 인류의 북극 진출이 대략 2만 년 전에 있었던 마지막 최대 빙하기보다 더 오래전이었음이 밝혀짐으로써 고고학적 증거로도 베링육교에는 마지막 최대 빙하기 이전부터 인류 집단이 거주했다고 가정할 수 있게 되었다.

2. 아메리카 원주민의 조상 집단

고대 게놈으로 알아보는 아메리카 신대륙의 확산

2014년에는 5장에서 소개한 바이칼호 부근의 말타 유적에서 출토된 고인골의 핵 게놈이 분석되었는데, 신대륙 원주민의 의외의 조상의 모습이 밝혀졌다. 현대 신대륙의 원주민들도 말타 인골의 게놈을 공유하고 있다는 사실이 판명된 것이다. 이리하여 최초로 신대륙에 진출한 집단은 단순히 동아시아의 조상 집단에서 분리된 것이 아니라 유라시아 서부의 집단과 공통된 유전자도 가지고 있다는 사실이 밝혀지게 되었다.

이 연구가 실행되기까지는 현대의 원주민이 보유한 유럽과의 공통 유전 요소는 콜럼버스의 신대륙 발견 이후의 혼혈에 의한 것이라고 여겨져 왔다. 말타의 게놈이 아득히 시간을 거슬러 올라 서유라시아와 신대륙을 연결한 것이다. 그 후에 시베리아와 동아시아에서 출토된 구석기시대 인골의 고대 게놈을 분석한 결과, 고대 아메리카 원주민 조상의 형성 과정도 추정할 수 있었다. 여기서는 시베리아에서 집단이 형성된 과정부터 아메리카 원주민의 형성까지 설명하고자 한다.

탈아프리카 이후, 유라시아 대륙으로 퍼져 나간 집단은 각각 동과 서로 향하는 집단으로 분리되었다. 그 분기가 일어난 직후인 약 3만 9000년 전에 동유라시아로 향한 그룹에서 남쪽으로 돌아 동아시아로 향한 집단과 북쪽으로 돌아 시베리아로 향한 고대 북시베리아 집단이 생겼다. 야나강 유적과 말타 유적의 인골로 대표되는 고대 북시베리아 집단은 그 후, 몇몇 그룹으로 갈라지면서 소멸했지만 게놈은 현대의 시베리아 원주민과 아메리카 원주민으로 전해졌다.

이들 그룹 가운데 2만 3000~2만 년 전에 동아시아 고대 집단과 혼혈을 한 그룹이 있었고, 그 집단이 고대 아메리카 원주민의 조상이 된 것으로 추정된다.

이 혼혈이 일어난 곳은 특정되지 않았지만 아마 바이칼호 주변이나 그보다 동쪽이나 북쪽 지역이었을 것으로 추측된다. 다만, 현재로서는 분석된 고대 게놈이 많지 않기 때문에 정확히 특정된 것은 아니다. 아직 신대륙 원주민의 기원지에 대해서는 불분명한 부분이 남아 있다.

아프리카에서 발견된 1만 1500년 전 인골의 게놈을 분석한 결과에서는 신대륙 집단 원주민의 조상 집단이 다른 아시아 집단에서 분기된 것은 대략 3만 6000년 전이고, 2만 5000년 전까지는 이 둘 사이에 유전적인 교류가 있었지만 그 후로는 교류가 단절된 사실도 밝혀졌다. 이는 미토콘드리아의 하플로그룹 계통분석을 통해 관찰된 시나리오와 일치한다.

바이칼호 부근에 있는 약 1만 8000년 전의 아폰토바·고라(Afontova-Gora) 유적에서 출토된 인골은 말타 유적의 인골보다 아메리카 원주민에 더 가깝다는 사실이 밝혀졌다. 때문에 아메리카 원주민의 조상 집단은 2만 4000년 전에 있었던 마지막 최대 빙하기보다 더 나중에 형성되었을 가능성이 높은 것으로 여겨지고 있다.

이러한 분석들에서도 신대륙의 조상 집단은 적어도 2만 년 전에는 형성이 완료된 것으로 여겨지고 있어, 베링육교 격리 모델을 지지하는 내용이다. 상세한 것은 불분명하지만 이 베링육교로 격리된 동안 집단의 유전적 분화도 진행된 것으로 추측된다. 그중에서 고대 아메리카 원주민, 고대 시베리아 원주민, 그리고 현 단계에서는 유전적 실태가 불분명한 그룹도 있었을 것으로 추측된다.

9000년 전 알래스카에서 출토된 인골의 게놈 분석 결과, 고대 베링육교 원주민 중에는 대륙으로 진출한 고대

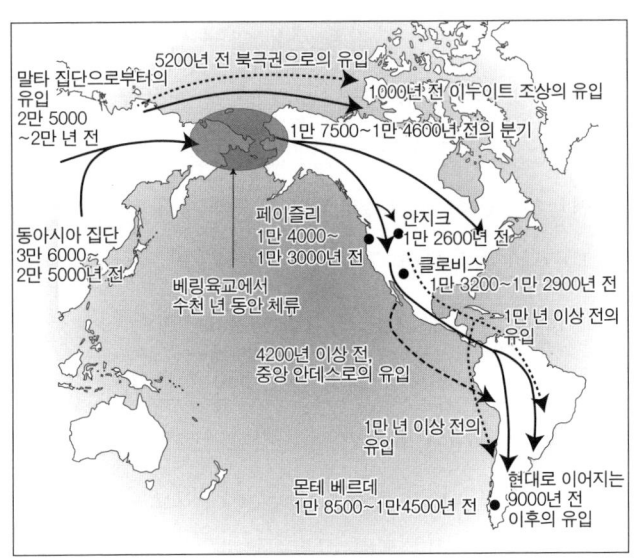

(그림 7-1) 남북아메리카 대륙에서의 집단의 확산

아메리카 원주민과는 달리, 남하하지 않고 알래스카에 머문 집단이 있었다는 사실을 알 수 있었다. 그리고 현재의 아메리카 원주민은 이누이트를 제외하고 기본적으로는 이때 베링육교에서 남하한 고대 아메리카 원주민의 자손이라는 사실도 밝혀졌다.

북미 대륙에서의 확산

그림 7-1은 남북아메리카 대륙에서 집단이 확산한 양상을 보여 주고 있다. 고대 게놈 연구에 따르면 남북아메리카에 광범위하게 분포하는 원주민 집단도 거슬러 올라가면 약 2만 년 전에 베링육교에 거주했던 원주민 집단에서 유래하는 것이 되므로, 과거 연구에서 주장되던 3번에 걸친 도래설은 부정된다.

남북아메리카 원주민의 조상 집단이 된 고대 아메리카 원주민은 2만 1000~1만 6000년 전에는 북미 북해안에서 최초의 집단 분기를 일으켰고, 이어 약 1만 7500~1만 4600년 전에 더 남쪽인 북미 해안에서 북방 아메리카 원주민과 남방 아메리카 원주민 등 두 개의 그룹으로 갈라졌다. 이 두 그룹 가운데 북방 아메리카 원주민은 남미대륙까지 도달하지 않았고, 북미 동부로 퍼져 나갔다. 그중에서 홀로세 이후의 지구온난화로 인해 더 북쪽으로 진출한 그룹이 출현했고, 그들은 알래스카와 유콘강 유역으로 퍼져 나간 것으로 추측된다. 이 시기에는 고대 베링육교 집단은 소멸했고, 새롭게 진출한 그들이 이 지역의 원주민이 되었다.

한편, 남방 아메리카 집단은 태평양 해안을 따라 남하

해 남미대륙에 도달했는데 그중에는 북미의 클로비스 문화를 탄생시킨 집단도 포함되어 있었다. 이는 클로비스 문화 유적인 안지크 유적에서 출토된 유아의 뼈 게놈을 분석한 결과 밝혀졌다. 클로비스 문화는 북미를 대표하지만 그 주역의 게놈은 현재 북미 원주민이 아닌, 남미 집단으로 이어졌다. 이 둘의 분기 연대를 생각하면 고대 아메리카 원주민은 지금까지 정설이었던 무빙회랑을 통과한 게 아니라 북미의 태평양 해안을 따라 남하하는 경로를 택했을 가능성이 강하다.

북극권에서는 약 5200년 전과 약 1000년 전, 2번에 걸쳐 시베리아로부터 집단이 유입되었고 후자가 현재의 이누이트의 조상이 되었다고 알려져 있다. 이 시기에는 베링해협이 형성되어 있었으므로 북미 대륙은 배를 타고 진출했을 것이다. 전자는 팔레오·에스키모라 불리며, 이를 대표하는 4000년 전 그린란드의 사카크(Saqqaq)에서 출토된 머리카락의 게놈이 분석되었다.

차세대 시퀀싱을 활용해 총체적으로 고대 게놈 분석이 이루어진 최초의 예가 네안데르탈인인 것으로 알려져 있지만 사실은 이것이 최초였다. 이 분석에서 이미 정착해 있던 남북아메리카 원주민 그룹 모두 그들과의 혼혈 흔적은 발견되지 않았다.

팔레오·에스키모의 문화는 약 1500년 전에 이누이트 집단으로 대체되는 형태로 소멸했으나 약 500년을 거슬러 올라간 2000년 전, 그들이 베링해협을 반대로 건너 시베리아에 도달해 자신들의 게놈을 현재의 시베리아 원주민인 에벤인과 축치인 들에게 전한 사실도 밝혀졌다.

이 팔레오·에스키모는 왜 소멸했을까? 그 원인은 현 단계에서는 알려진 바가 없다. 이누이트의 문화(툴레)는 약 1800년 전에는 베링해협 주변에 존재했고, 약 800년 전인 13세기에는 급속히 퍼져 그린란드에 도달했다. 그들은 팔레오·에스키모와는 달리 북방 아메리카 원주민의 다양한 그룹과 혼혈했다는 사실도 밝혀졌다.

아메리카 대륙 원주민의 유전적 특징

아메리카 원주민이 전체적으로 보유하고 있는 유전적 다양성은 다른 지역의 집단과 비교하면 현저하게 적다고 알려져 있다. 하지만 현대 아메리카 원주민 집단 간의 유전적 차이를 비교해 보니 구대륙 원주민 집단 간의 차이보다도 컸다. 각각의 집단은 긴 세월 독립적으로 존재함으로써 크기가 작은 집단 안에서 우연에 의해 유전자의 빈도가 변화하는 유전자의 부동(Genetic drift)이나 일시적인 개체수의 감소로 유전자의 다양성을 잃는 병목 효과 같은 현상으로 특유의 유전자 구조를 획득한 결과, 이 둘의 유전자 구성이 점점 크게 달라진 것으로 추정되고 있다.

게놈 분석의 발달로 클로비스 퍼스트 모델의 부정뿐 아니라 지금까지의 아메리카 원주민의 기원과 확산에 대한 정설은 근본적으로 재고되고 있다. 최근에는 멕시코의 치키후이테(Chiquihuite) 동굴에서 지금까지 가장 오래된 것으로 알려진 증거보다 1만 가까이 더 오래된 2만 6500년 전 인간 활동의 흔적이 발견되었다고 보고되기도 했다.

이들 연대가 맞다면 게놈 증거를 토대로 생각했을 때, 현재의 아메리카 원주민으로 이어지지 않는 전혀 다른 호모 사피엔스 계통이 신대륙에 진출했다는 얘기가 된다. 앞으로 연구가 어떻게 진전되느냐에 따라 현재의 학설도 크게 바뀔 가능성이 있는 것이다.

남미대륙에서의 중층적 확산

남미대륙에 최초로 진출한 것은 남방 아메리카 원주민이다. 북미 대륙의 안지크 유적에서 출토된 인골의 유전적 특징은 약 1만 년 전의 브라질이나 칠레의 유적에서 출토한 고인골도 공유하고 있어, 클로비스 문화의 주역이 남미까지 진출했음을 알 수 있다. 이는 그들이 상당히 급속도로 남미대륙까지 퍼져 나갔음을 나타낸다. 하지만 남미대륙에서 출토된 9000년 전 이후의 인골에서는 이 유전적 특징은 사라지고 없다. 때문에 중앙아메리카에서 남방 아메리카 집단의 다른 그룹이 태평양을 남하했고 그 집단의 자손으로 대체되었을 가능성이 제기되고 있다.

이 후발 집단의 유전적 특징은 현대의 남미 원주민에게도 공유되어 있고, 유전적인 연속성이 현재의 남아메리카 원주민의 조상이 된 것이다. 비교적 소수의 인원이 남미대륙의 광활한 지역으로 급속히 퍼져 나간 것은 지역 집단의 유전적인 다양성을 키우는 데 기여했다. 실제로 안데스산맥을 사이에 둔 동서 그룹은 유전적인 차이가 인정된다.

4200년 전 이후의 중앙 안데스 산악 지역 집단은 캘리

포니아의 채널 제도의 고대 집단과 유전적인 특징을 공유하고 있다는 사실도 밝혀졌다. 이는 4200년 전보다 더 오래된 시기에 북미에서 남미로 향하는 다른 집단의 유입이 있었다는 사실을 시사한다.

잉카의 DNA

남미대륙의 페루와 볼리비아를 중심으로 한 중앙 안데스 지역에서는 변화무쌍한 자연환경의 영향 등으로 고대로부터 다양한 문화가 번성했다. 남북으로는 4000킬로미터, 사막의 해안 지대부터 사람이 살 수 있는 한계인 고지대까지 표고의 차가 4500미터에 이르는 안데스 지역에서 꽃피운 문화를 통틀어 고대 안데스문명이라 부른다. 안데스 지역에서 문명이 발달하기 시작한 것은 약 5000년 전인데, 16세기에 최후의 문명이 된 잉카제국이 스페인에 정복당할 때까지 북쪽의 해안 지역과 남쪽의 산악 지대를 중심으로 몇몇 문화가 흥하고 망하기를 반복했다.

고대 게놈 분석으로 최초로 문화가 발생하기 이전인

5800년 전까지는 남북 산악 지대의 집단이 유전적으로 분화했다는 사실도 밝혀졌다. 그 후 주변의 해안 지역을 포괄하는 형태로 각각 비슷한 유전적 특징이 있는 집단이 주변으로 퍼져 나갔다. 2000년 전 이후에는 거의 지역 집단의 유전적인 구성은 고정되었고, 지역의 문화 변천은 인류의 유전적인 특징을 변화시키는 일 없이 계속된 것으로 추정된다.

한편, 안데스문명의 흥망을 보면, 지역에 고유문화가 꽃피운 시기와 전체를 통일하는 문화가 나타나는 시기가 교대로 출현한다. 최초의 통일된 문화는 3000년 전에 중앙 안데스의 산악 지대에서 번성한 차빈문화(Chavín)인데 이때는 남북의 산악 집단 사이에 어느 정도 유전적인 교류가 있었다는 사실이 밝혀졌다. 문화의 통일은 어느 정도 인류의 이동을 동반했을 것이다.

마지막 통일 문화인 잉카 시대에는 안데스 각 지역 집단의 유전적인 구성은 변함없었다. 하지만 잉카제국의 수도인 쿠스코에서는 다양한 지역의 유전적 특징을 지닌 집단이 살았다고 알려져 있다.

잉카의 경우, 미티마에스(Mitimaes)라 불리는 이주 정책을 펼쳤던 것으로 알려져 있다. 잉카족은 단기간에 안데스의 광활한 지역을 지배하는 대제국을 구축했지만 그 지배 원리 가운데 자신의 유전적 구성을 바꿔 가는 시스템을 취했을 가능성이 있다는 것은 흥미로운 사실이다. 하나의 지역 집단이 거대한 제국을 만들어 갈 때는 지배 지역에 영향을 미침과 동시에 자신도 주변의 영향을 받아 변화할 수밖에 없었을 것이다. 이는 문화에 국한된 게 아니라 인류의 유전적 구성에도 적용된다는 것을 잉카의 DNA는 말해 주고 있다.

카리브해를 향한 인류의 이동

700개 이상의 섬이 산재하는 카리브해는 아메리카 대륙에서 마지막으로 호모 사피엔스가 진출한 지역이다. 고고학적 증거를 통해 적어도 두 번 진출했다는 사실이 밝혀졌고, 첫 번째 진출은 6000년 전, 중앙아메리카와 남미에 기원하는 집단에 의해 이루어진 것으로 추측된다. 고대 게놈 분석 결과, 이 시기의 이주는 여러 번에 나눠 진행된 것으로 추정되고 있다.

이에 반해 2500년에 일어난 두 번째 이주의 물결은 무기를 동반한 것이었고, 남미대륙 북부에서 현재의 아마존 원주민과 같은 그룹이 그 주인공이라고 여겨진다. 최초로 진출한 그룹과 후발 집단이 공존했던 시기가 있지만 지금까지 분석된 개체에서는 거의 이종교배의 증거가 발견되지 않았다.

두 번째 이주가 있은 다음, 어느 정도 시간이 흐르면서 처음에 도달한 집단은 소멸한 것으로 보인다. 후발 집단도 유럽인과의 접촉으로 극적으로 숫자가 감소했다. 현재의 주민은 기본적으로는 대항해시대 이후에 도달한 사람들의 자손인데 원주민의 게놈이 섞인 유럽인과 노예로 끌려온 아프리카인의 게놈까지 현대인에게 이어졌다.

현시점에서는 중남미의 고대 게놈 분석 수가 적고, 시간적으로도 지역적으로도 충분하다고는 말할 수 없지만 연구의 진전으로 더욱 상세한 집단의 형성사가 그려질 것이다. 문자 기록이 거의 없는 남미대륙 지역 집단의 형성 시나리오가 고고학과 DNA 연구로 다시 쓰여질 것이다.

칼럼5 뱀파이어의 DNA

할리우드 영화 중에는 현대의 미국에 흡혈귀, 뱀파이어가 등장하는 것들이 여럿 있다. 상당히 황당무계한 설정이라 생각하지만 18~19세기의 미국이 뱀파이어의 존재를 믿었다는 사실이 그 배경일지도 모르겠다.

1990년, 뉴욕 동북부 코네티컷주의 그리스올드 인근 묘지에서 마치 해적기의 뼈처럼 두개골 아래에 넙다리뼈가 십자 모양으로 놓인 중년 남성의 사체가 발굴되었다. 관에는 JB55라는 이름이 박혀 있었다. 갈비뼈에는 만성 폐질환, 아마도 결핵으로 보이는 특유의 병변이 있어 그가 이 질병으로 사망했음을 말해 주고 있었다.

결핵은 결핵균을 흡입함으로써 감염되고, 균이 증가하면서 발병하는 만성질환이다. 전염성이 강해 2차 세계대전 전에는 세계 각지에서 주요 사인의 하나였던 위험한 질병이었다. 결핵의 한 증상인 황달로 인해 옅은 노랑으로 변한 피부, 부은 눈, 혈담으로 입 주위에 피가 묻는 것이 뱀파이어의 특징과 일치한다는 이유로 19세기 중반의 그리스올드에서는 결핵 환자를 뱀파이어로 간주하는 편견이 있었다고 알려져 있다. 가족 내에서 증상이 발생하거나 주위에 결핵 환자가 증가하면 뱀파이어의 짓이라고 여겼다. 사람의 눈을 피해 행동하는 모습이 햇빛을 피하는 것처럼 보였을 것이다. 당시에 환자는 질병뿐만 아니라 세상과도 싸워야 했다. 이렇듯 뱀파이어의 전설이 고작 200년 전에는 현실이었던 것이다. 사람들은 뱀파이어가 부활할까 두려워 결핵으로 죽은 사체를 다시 파서 심장을 제거하고 두개골과 넙다리뼈를 십자 모양으로 만들었다. 그는 뱀파이어로 간주된 사람들 중 하나였던 것이다.

JB55의 DNA, 핵 게놈의 SNP를 분석한 결과, 그가 유럽에 뿌리를 두고 있다는 사실이 확인되었다. Y염색체 DNA의 하플로그룹은 SNP와 STR(짧은 연쇄 반복. 같은 염기서열이 직렬로 반복해서 나타나는 패턴) 분석에서 백인 남성에게 많은 R1b임이 밝혀졌다. 미합중국은 개인의 DNA 감정이 활발하여 DNA 데이터로 뿌리를 찾는 서비스를 하는 민간 회사들이 있다. 이 JB55의 Y염색체 하플로그룹을 그런 데이터베이스로 검색한 결과, 하플로그룹 내의 변이까지 거의 같고, 이름의 앞 글자가 B로 시작하는 인물을 두 명 발견했다.

Y염색체는 남성에게 유전되므로 그 하플로그룹과 이름은 일치할 것으로 기대되었는데, 둘 다 Barber라는 이름이었다. 여기서 이 인물도 미스터 Barber일 것으로 추측되었다.

당시의 신문이나 역사 자료에서 19세기의 코네티컷주 그리스올드에 살았던 J. Barber라는 인물을 검색한 결과, John Barber라는 인물의 아들인 Nathan Barber라는 남자 아이가 12세에 사망했다는 사실을 알게 되었다. 실제로 JB55 관 옆에는 NB13이라는 표식이 박힌 관이 있어 그들은 아마 이 둘일 거라고 추정되었다. 관에 새겨진 알파벳과 숫자는 이니셜과 사망 연령인 것 같았다.

JB55는 아마 쉰다섯에 사망했을 것이다. 나이 차를 생각하면 아들이 죽고 얼마 지나지 않아 사망했는지도 모른다. 게놈 분석으로는 뱀파이어로 의심받고 아들을 앞세운 그의 심정을 알 길은 없지만 이렇듯 역사 속에 묻힌 사건의 단편을 엿볼 수는 있다.

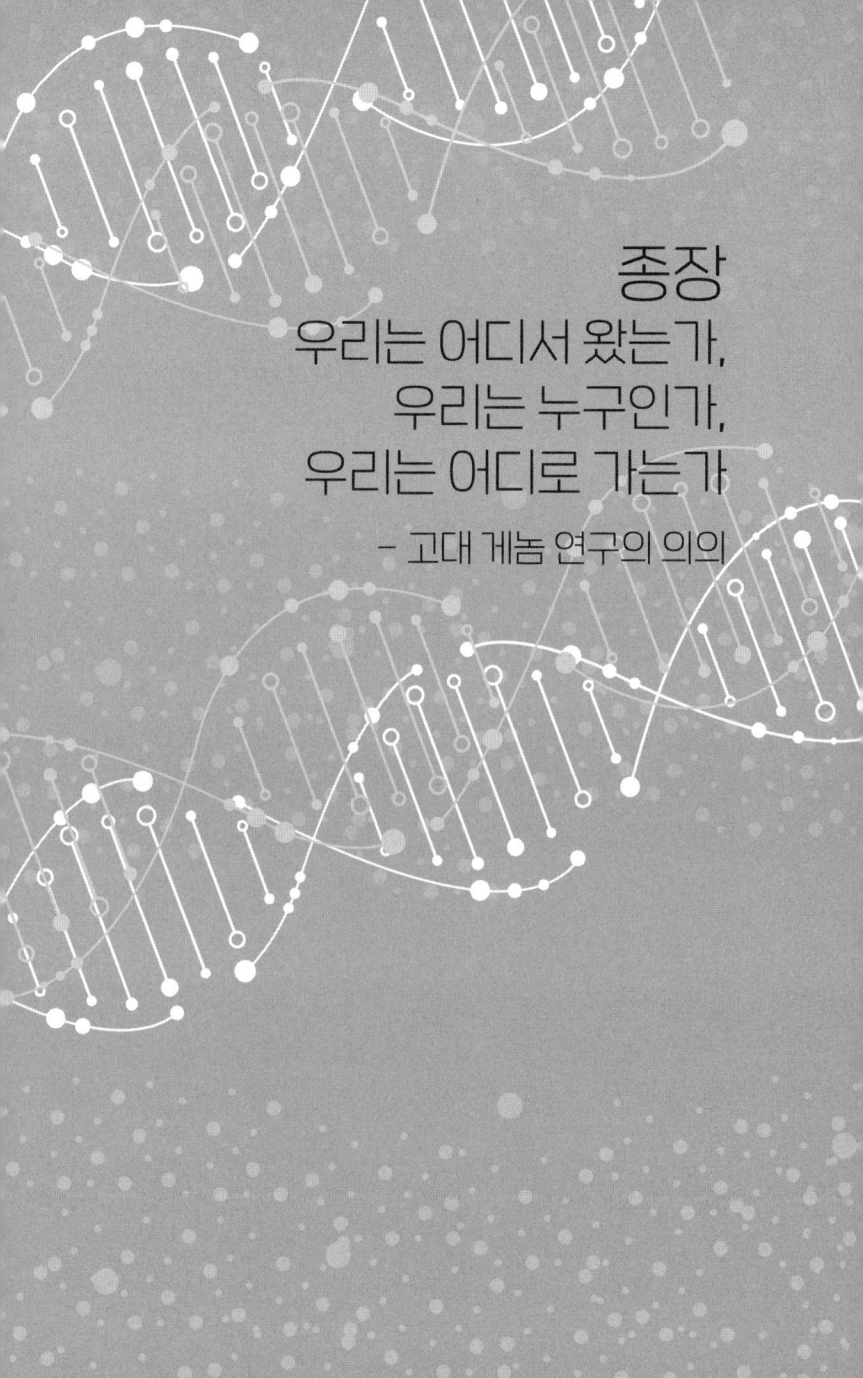

종장
우리는 어디서 왔는가, 우리는 누구인가, 우리는 어디로 가는가
– 고대 게놈 연구의 의의

과학적 탐구

이번 장의 표제는 폴 고갱의 대작 제목에서 따왔다. 워낙 유명한 그림이므로 본 적이 있는 독자도 많을 것이다. 물론 그림 자체의 박력도 있지만 철학적인 제목도 이 그림을 유명하게 만든 큰 요인이 되었다고 생각한다. 이는 인류가 갖는 근원적인 물음을 단적으로 나타내고 있기 때문일 것이다.

우리가 누구인가를 생각하기 위해서는 어디서 왔는지, 어떻게 만들어졌는지를 알아야 한다. 자신이 누구인지를 아는 것은 미래의 모습을 생각하기 위한 토대도 되는 것이다.

고갱이 이 대작을 그린 19세기 말에는 네안데르탈인에 이어 자바원인이 발견된 시기였다. 이 시대에 호모 사피엔스에 이은 화석의 발견과 그 계통의 이해가 인류의 기원을 밝힐 열쇠라는 사실이 인식되기 시작됐다.

지금까지 봐 온 것처럼 그 후 100년 이상에 걸친 연구 과정에서 인류 진화의 줄거리가 하나둘 밝혀져 왔다. 특히 최근 10년간의 고대 게놈 분석은 화석으로는 알 수 없었던 호모 사피엔스의 탄생에 관한 배경과 전 세계로 퍼져 나간 인류 집단의 유래에 대해 놀라운 사실들이 밝혀냈다. 현시점에서 고대 게놈 분석은 인류의 기원을 밝히는 데 있어 가장 강력한 도구이다. 앞으로 게놈 분석이 학문의 세계뿐 아니라, 사회에도 틀림없이 큰 영향을 미칠 것이다. 따라서 이번 장에서는 이 연구가 갖는 사회적 의미와 그 미래에 대해 다시 한 번 생각해 보고자 한다.

게놈으로 본 인종

19세기 전반, 유럽인이 인식하는 세계는 지구 규모로 확대되었다. 그리고 우리와 다른 인류 집단의 존재가 밝혀지자 인간이 갖는 생물학적인 측면에 주목하여 집단을 구분하는 연구가 시작되었다. 여기서 '인종'이라는 개념이 등장한 것이다.

하지만 20세기 후반 유전학 연구의 발전은 이 '인종'에 대한 개념을 크게 바꿔 놓게 된다. 호모 사피엔스는 사실 생물학적으로 하나의 종이고, 집단에 의한 차이는 인정되지만 전체로 보면 연속되어 있고 구분할 수 없다는 사실이 명확해졌기 때문이다.

애초에 종이라는 개념 자체도 생물학적으로 그렇게 엄

밀하게 정의할 수 있는 게 아니다. 자주 인용되는 종의 정의 중에 '자유롭게 교배하고, 생식능력이 있는 자손을 남기는 집단'이라는 개념이 있다. 이에 따르면 인류학자가 별개의 종으로 생각하는 호모 사피엔스와 네안데르탈인, 데니소바인 모두 자유롭게 교배하고 자손을 남겼으므로 같은 종의 생물로 생각해야할 것이다.

종의 정의는 어디까지나 현생의 생물에 적용한 것이므로, 시간의 축 위에서는 정의가 모호해지고 만다. '종'이라는 개념조차 엄밀히 정의할 수 없기 때문에 종의 하위 분류인 '인종'은 더욱 생물학적 실체가 없어지는 게 당연하다.

그림 8-1은 전 세계 현대인 집단을 대상으로 한 SNP 분석이다. 왼쪽은 아프리카인과 동아시아인, 그리고 유럽인이 명료하게 분리된 것처럼 보인다. 이것만 보면 자칫 인종이 유전적으로 구별할 수 있는 실체를 가진 것처럼 생각할 수 있다. 하지만 오른쪽 그림처럼 다양한 지역 집단을 추가해 가면, 유럽부터 동아시아의 집단까지 연속되어 있고, 그 어디에도 경계가 없다는 걸 알 수 있다. 결론을 말하자면, 종의 하부구조인 인종을 정의하는 것은 인위적인 기준을 도입하지 않는 한 불가능하다.

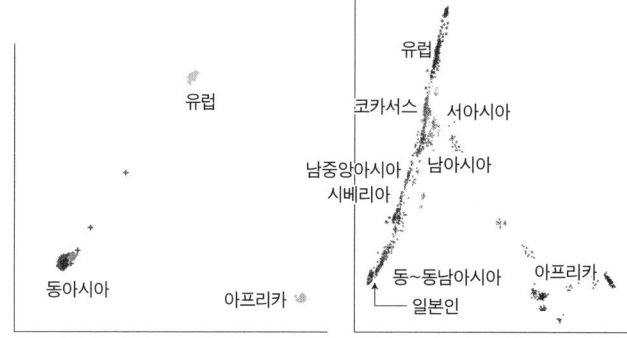

(그림 8-1) 세계 각지 현대인 집단의 SNP 분석
왼쪽: 유럽인, 동아시아인, 아프리카인의 SNP 데이터를 토대로 한 주성분 분석. 3개의 그룹은 명확히 분리 가능하다.
오른쪽: 동아시아인과 유럽인 외에 남아시아, 동남아시아, 중앙아시아, 서아시아 집단의 SNP 데이터를 추가한 것. 유럽에서 동아시아까지 집단이 연속적으로 존재하는 걸 알 수 있다.

인종을 구분하는 형질로 자주 언급되는 피부색을 보아도 연속적으로 변하고 있고, 어딘가에 인위적 기준을 적용하지 않는 한 구분할 수 없다. 인종 구분은 과학적, 객관적인 것이 아니라 자의적인 것임을 알아야 한다.

자의적인 변경이 가능한 기준을 활용해 생물학적으로 엄밀하게 논의하기는 불가능하다. 때문에 원래 '인종'은 인류의 생물학적인 연구에서 도출된 구분이지만, 현재 자연과학의 학술논문에서 사용되는 일은 없다. 만약 사용되는 연구가 있다면 그것은 과학적 가치가 낮다고 판단할 수 있다. 이런 이유로 이 책에서는 이 용어를 사용하지 않았다. 한편, 일반적 용어로서의 '인종'이라는 단어는 남아 있고 일상에서 사용되기도 한다. 다만, 이 경우는 뒤에서 설명할 '민족'이라는 말과 구별 없이 사용되는 경우가 많은 것 같다.

게놈의 차이가 의미하는 것

게놈 데이터로 집단 간의 차이를 살펴볼 때는 같은 집단 내에서 보이는 유전자의 변이가 다른 집단과의 차이보다 더 크다는 사실도 알아 둘 필요가 있다.

이 책에서는 집단의 기원과 관계에 대해 조사할 목적으로 집단 간의 차이를 살펴봤는데 이것이 이런 연구에는 유효하지만 그 이상의 의미는 없다. 전 세계 각 지역의 집단에서 같은 집단에 속하는 두 명씩을 선발해 개인별로 50만 종의 SNP를 조사한 다음 계통수를 만든 그림을 보면 다음과 같은 것들을 알 수 있다.

가지의 길이는 유전적 차이, 구체적으로는 염기서열의 차이의 정도에 비례한다. 어느 집단도 같은 집단에 속하는 두 명이 공통의 조상에 이르는 길이는 길고, 그에 비해 집단과 집단의 차이는 가운데 부분에 몰려 있어, 상대적으로 짧다는 것을 알 수 있다. 베이징의 중국인과 일본인 사이의 차이는 가장 짧고, 가장 먼 아프리카인(나이지리아의 요루바족)과의 거리도 같은 집단 내 두 명 사이의 거리에 비해 대단히 짧다는 걸 알 수 있다. 같은 집단 내 개인 간의 차이가 집단과 집단을 비교했을 때보다 훨씬 더 긴 것이다.

이것이 유전자로 본 인류 집단의 실태이며, 지금까지 우리는 이 집단 간의 차이에 주목해 왔던 것이다. 같은 집단에 속하는 개인 간의 유전적인 차이가 훨씬 크다는 것을 알면 집단 간의 차이에는 그다지 적극적인 의미가 없다는 사실도 알 수 있다. 유전자에 의해 규정되는 각종 형질이나 능력은 같은 집단 내에서의 변이가 크기 때문에, 집단과 집단을 비교해 우열을 가리는 것은 의미가 없다.

애초에 호모 사피엔스의 게놈은 99.9퍼센트가 동일하다. 연구자들은 나머지 0.1퍼센트의 차이게 주목하여 개인별 혹은 집단별 차이를 밝혀내고 있다. 미세한 차이를 문제 삼는다는 것은 과학적 방법으로서는 옳기 때문에 연구의 발전 방향상 틀리지 않다. 이 0.1퍼센트 안에 사람들 사이에 보이는 외형이나 능력 차이의 원인이 되는 변이가 있는 것도 사실이다. 다만, 대부분은 교배 집단 내에서 발생하는 임의의 변화이고, 기본적으로 능력 등의 차이를 나타내는 것은 아니다. 이는 결과를 이해하는 데 있어 중요하다.

유전자의 역할

게놈 연구가 발달함에 따라 유전자의 역할에 대해서도 자세히 알게 되었고, 집단의 형성과 같은 논의와는 별개로 인간의 우열을 DNA의 서열 차이로까지 환원할 수 있다고 생각하게 되었다.

호모 사피엔스가 전 세계로 퍼져 나가는 가운데 네안데르탈인이나 데니소바인으로부터 환경 적응에 유리한 유전자를 물려받았다는 사실도 알게 되었다. 어떤 환경에서는 유리하게 작용하거나 불리해지는 유전자의 차이가 있는 것은 사실이다. 게놈 연구가 발달하면서 이런 예는 점점 증가할 것이다. 특정 집단에만 유리한 유전자가 공유되고 있다는 사실이 판명될 가능성도 있다. 이것이 집단에 우열이 있다는 생각의 근거가 되고 있는지도 모른다.

하지만 앞으로 살펴보겠지만 집단이 갖는 유전자의 구성은 시간과 함께 크게 변하기 때문에 길게 생각하면 특정 유전자의 유무를 집단의 우열로 귀결시키는 것은 의미가 없다.

게놈의 차이를 중시한다는 것은 0.1퍼센트의 차이에 무게를 두는 사고방식―사실 그 안에 기능적인 의미를 갖는 것은 거의 없지만―이다. 사람의 우열을 결정하는 요인이 '차이'에 있다고 생각하는 것이다. 이 사고방식이 돌고 돌아, 흔히 말하는 능력주의의 입장으로 이어졌다.

한편, 인간의 가치는 나머지 99.9퍼센트의 공통성에도 있을 것이므로 이쪽을 중시하면 '인류는 평등하다'는 사고방식에 도달한다. 사람으로서의 가치를 차이에서 찾을 것인가, 아니면 공통성에서 찾을 것인가. 각자 의미가 있고 어느 것이 옳다 판단할 수는 없다. 다만, 현실 사회에서는 차이 쪽에 더 많은 가치를 두는 것 같다.

미토콘드리아와 Y염색체의 DNA는 각각 모계와 부계 단일 계통으로 전해지지만 핵 게놈은 아버지와 어머니로부터 물려받는다. 그리고 우리는 그것을 무작위로 섞어 새로운 조합으로 아이에게 전달한다. 유전자의 흐름을 실에 비유하면, 각각의 개인은 호모 사피엔스라는 거대한 망을 구성하는 하나의 매듭으로 볼 수 있을 것이다. 그 매듭이 각자 다채로운 빛을 발한다고 상상해 주기 바란다. 밝고 따뜻한 계열의 빛도, 눈에 띄지 않는 차가운 계열의 빛도 있겠지만 '전체를 구성하는 요소'라는 의미에서 중요한 것은 개개의 색이 아닌, '매듭이 있다는 것' 자체라고 생각할 수도 있다. 개인은 망을 구성하는 데 있어서는 동등한 가치를 지니고 있다. 여기에 적극적인 의미를 두는 것도 중요할 것이다.

민족과 지역 집단

호모 사피엔스라는 일종의 생물을 생물학적인 특징으로 세분화할 수는 없지만 현실 세계에서는 언어나 종교 등 문화적 차이에 의해 정의되는 '민족'이라 불리는 집단도 존재한다. 그렇다면 이 '민족'에는 생물학적인 기초가 있는 것일까? 예를 들어 '순수한 민족'의 경우, 생물학적으로는 어떤 상태를 가리키는 걸까? 이에 대해 생각해 보자.

지금까지 봐 왔듯이 21세기에 가능해진 고대 게놈 분석으로 세계 각 지역 집단의 형성사가 밝혀지고 있다. 그 결과, 민족이라는 집단의 형성은 인류사의 척도로 생각했을 때 그다지 오래된 게 아니라는 사실도 밝혀졌다. 가장 긴 역사를 가진 민족도 수천 년 정도일 것이다. 호모 사피엔스가 아프리카를 떠난 지 6만 년이 지났기 때문에 그 후의 인류사에서 보더라도 전체의 10퍼센트 정도의 시간밖에 되지 않는다.

민족이라는 말로 일괄되는 집단의 유전적인 성격이 각각 다르다는 인식도 중요하다. 일본인의 감각으로는 같은 민족이라 하면 유전적으로도 동일성이 높은 집단이라 생각하기 쉽다. 하지만 최근 수년간의 고대 게놈 연구로 인류 집단은 이합과 집산을 거듭하면서 유전적인 성격을 변화시키며 존속한다는 사실이 밝혀졌다. 적어도 '순수한 민족'이라는 개념이 장기간에 걸쳐 타 집단과의 결합을 거치지 않고 존속하는 집단이라고 정의한다면 수천 년 정도의 수준으로만 존재한다는 사실이 밝혀진 것이다.

중국의 한민족은 5000년 전부터 동북 지역과 남부 지역에 살던 3개 집단의 완만한 융합 과정에서 생겨났으며 현재도 그 과정이 진행 중이라는 사실이 알려져 있다. 유전적으로 동일한 집단이 장기간에 걸쳐 존속하는 건 아닌 것이다.

세계적으로 보면 세계화가 유전자의 교류를 촉진하는 방향으로 작용하고 있기 때문에, 점점 민족이라는 개념과 유전자의 공통성으로 묶이는 집단의 차이는 커질 것이다. 전에는 유전적 동일성이 높았던 집단도 다른 지역 집단과의 결합으로 그 특징이 변화되어 갈 것이다.

우리 세상은 점점 민족과 유전자가 서로 대응 관계를 보이지 않는 방향으로 변화할 것이기 때문에 민족은 점점 생물학적 실태를 잃을 것이고, 이 둘을 혼동한 결론은 의미가 없어질 것이다.

지역 집단의 유전적 특징

이런 상황에서 현재 개개 연구의 대상이 되는 것은 지역의 집단이다. 보통 현대인의 DNA 샘플을 채취할 때는 조부모 대까지 거슬러 올라가 그 지역에 거주하고 있는 사람들을 대상으로 한다. 즉, 현대의 지역 집단은 3세대 정도 위까지 사람들의 집단인 것이다. 현대인을 대상으로 한 세계 각 지역 집단의 유전적인 특징이 이 정도 시대의 폭 안에서 논의되고 있다는 것은 알아 둘 필요가 있다.

지역 집단의 유전적 특징은 주변과의 관계, 혹은 질병의 유행이나 전쟁 등의 영향으로 항상 변화하면서 계속되고 있다. 때문에 동일한 지역 집단이라도 과거와 현재는 유전적으로 다른 집단이 된 경우도 드물지 않다. 우리는 현재의 관점으로 과거를 보는 데 익숙하고, 현재가 도달점인 것 같은 착각에 사로잡히는 경우가 많은데, 그것도 잘못임을 인식하는 것도 중요하다. 결코 지금의 상황이 그대로 미래까지 그대로 이어지지 않는다.

세계사 차원에서 보면 수천 년 전부터 16세기 무렵까지는 세계 대부분의 지역 집단은 거의 유전적인 특징의 변화 없이 존속했다고 볼 수 있다. 그 후, 유럽인에 의한 '발견'이 있었고 세계화 시대를 맞는다. 온갖 사건이 국경을 넘어 전달되는 현대는 인류사로 보면 오래 지속된 지역 분화 시대에서 대규모 결합 시대로 변화하는 단계라 볼 수 있을 것이다.

이 변화의 속도는 점점 빨라지고 있어 백 년 단위로 보면 일본열도도 예외가 아니다. 우리가 보고 있는 것은 늘

역사의 단면이지 항구적인 것은 아니다. 이를 이해하는 것은 앞으로의 세상을 생각할 때 중요하다. 이런 교훈도 고대 게놈 분석이 가르쳐 준 중요한 사실이라 할 수 있을 것이다.

문화와 집단의 변천 관계

세계사든 일본사든 우리가 학교에서 배우는 것은 문화와 정치형태의 변천사이다. 한편, 인류의 유전자가 어떻게 변화해 왔는지에 대해 생각하지는 않았다.

유럽, 특히 북방 지역에서는 청동기시대 이후에 집단의 교체에 가까운 변화가 있었다. 일본에서도 조몬 시대부터 야요이, 고훈 시대에 걸쳐 대규모의 유전적 변화가 일어났다. 하지만 문화의 편년 관점에서 이는 거의 의식되지 않았고, 어떻게든 집단으로서 이어져 온 것처럼 생각해 왔다.

예를 들어 '야요이 시대에 이르러 고대국가가 탄생했다'는 식의 표현을 보자. 이렇게 표현하면 일본열도에 거주하던 사람들이 야요이 시대가 되자 자발적으로 국가를 건설한 것처럼 생각할 수 있다. 하지만 지금까지의 게놈 연구 결과를 보면 아마 그 시대에 대륙으로부터 국가라는 체제를 가진 집단이 도래했다고 보는 게 정확하다는 게 알려진 사실이다. 고대 게놈 분석은 지금까지 거의 뒤돌아보지 않았던 문화와 정치체제의 변천과 집단의 유전적인 변화에 대해 새로이 생각할 재료를 제공해 주고 있는 것이다.

문화와 집단의 관계성에 대해서는 다양한 유형을 생각할 수 있다. 예를 들어, 문화만을 받아들여 집단을 구성하는 생물학적 인간은 변하지 않는 패턴, 집단 간에 혼혈이 일어나는 패턴, 그리고 완전한 집단의 교체 등이다. 이런 분석에 관해 문자 사료가 없는 지역이나 시대에는 게놈 분석만이 길잡이가 된다. 예가 많지는 않지만 지금까지 세계 각지에서 이루어진 연구를 보면 문화의 변천과 집단의 유전적인 변화는 경우에 따라 다르고, 특히 보편적인 법칙 같은 것은 아직 발견되지 않았다. 그래도 지금까지 전혀 고려되지 않았던 양자의 관계가 밝혀져 가면 문화의 변천에 관해서도 새로운 해석이 등장하고, 고고학이나 역사학, 언어학에도 큰 영향을 줄 것으로 예상된다.

고대 게놈 연구의 목표

 이 책에서 다룬 연구가 밝히려는 것이 인류 집단의 기원과 확산의 역사인 것은 분명하지만, 현시점에서 무게가 실려 있는 것은 호모 사피엔스의 탄생 경위를 둘러싼 연구, 그리고 탈아프리카 후 초기 이동 상황을 재현하는 것이다. 네안데르탈인이나 데니소바인의 게놈을 분석한 결과에서는 지금까지 전혀 알려지지 않았던 호모 사피엔스의 형성에 관한 경위가 하나둘 밝혀지고 있다.

 앞으로 그들의 게놈을 수백 개체 단위로 분석할 수 있다면, 호모 사피엔스 특유의 게놈이 더욱 명확해져서 우리는 누구인가, 라는 질문에 대한 답을 얻을 수 있을 것이라 기대되고 있다. 과거에는 '인간이란 무엇인가'라는 연구에 대한 답을, 유럽과 시베리아의 동굴에 잠든 뼛조각에서 얻을 수 있으리라고는 아무도 생각지 못했을 테지만 고대 게놈 분석은 이를 가능하게 만들어 가고 하려 하고 있다.

 한편, 탈아프리카 후 호모 사피엔스가 세계로 퍼져 나간 발자취에 대해서도 게놈 분석 이전의 연구는 거의 손을 댈 수 없었다. 인골의 형태학적인 연구에서는 어느 정도 형태를 알 수 있는 화석 인골이 출토되지 않으면 계통에 관한 논의를 할 수 없다. 때문에 화석 기록이 빈약한 6~2만 년 전까지의 호모 사피엔스의 초기 확산 상황에 대해서는 추측을 하기에도 어려운 상황이었다. 이에 반해 형태 연구에 적합하지 않은 작은 뼛조각에서도 조건에 따라서는 충분한 유전 정보를 얻을 수 있게 됨으로써 그 데이터를 토대로 한 인류 확산의 시나리오를 쓸 수 있게 되었다.

특히 기온이 낮은 지역에서는 동굴의 퇴적물에서도 데이터를 얻을 수 있게 되어 더욱 상세한 분석이 가능해졌다. 고위도 지방의 인류 집단 확산 시나리오는 더욱 정밀해질 것으로 기대된다. 다음은 저위도 지역의 변성이 진행된 DNA에서 어떻게 게놈 데이터를 추출할 수 있느냐, 그 기술혁신이 연구 진전의 열쇠를 쥐고 있다.

고대 게놈 연구의 의의

현재 사용되고 있는 역사 교과서는 아프리카에서 인류가 탄생한 이후, 과거 '4대 문명'이라고도 불린 고대 문명의 발전을 얘기한다. 거기에 이르기까지의 인류의 여정에 대해서는 기재되어 있지 않다. 중남미의 역사에 이르면 유럽인의 세계 진출의 결과 정도로만 거론될 뿐 통사적 관점에서 다루는 경우는 거의 없다.

교과서가 기술해야 할 것은 '전 세계로 퍼져 나간 호모 사피엔스는 유전적으로는 거의 동일하다고 해도 될 정도로 균일한 집단'이라는 관점과, '모든 문화는 같은 기원에서 탄생한 것이며 문명의 형태 차이는 환경의 차이나 역사적 경위, 그리고 사람들 선택의 결과'라는 인식이다.

이런 기본적인 인식 없이 다양한 사회를 올바르게 이해할 수는 없음에도 불구하고 교과서에는 이런 내용이 기술되어 있지 않다. 그 밖에 고대 게놈 연구를 통해 인류가 도달한 시점부터 현재에 이르기까지 즉, 통사적으로 전 세계에 존재하는 집단의 역사를 알 수 있다. 앞으로도 각지의 인골만 확보할 수 있다면 집단이 형성된 정확한 시나리오를 제공할 수 있게 된다. 이는 다양한 학문 분야에서 새로운 해석을 도출하는 데 기여할 것이며, 그에 따라 우리의 역사와 문명에 대한 인식도 필연적으로 바뀔 것이다. 이런 커다란 가능성이 잠재된 것이 바로 고대 게놈 연구이다.

마치며

 이 책에서는 최근 눈부신 발전을 이루고 있는 고대 게놈 분석에 기반한 인류의 진화사, 그리고 호모 사피엔스의 확산과 집단의 형성에 관해 설명했다.

 가능한 한 최신 정보를 담으려 했지만 이 분야는 그야말로 나날이 발전하고 있어 이 책이 출간될 즈음에는 또 새로운 논문이 발표되어 있을 것이다. 그중에는 결론을 바꿔 버릴 만한 중요한 것이 포함되어 있을지도 모른다.

 이는 최첨단 과학을 소개하는 책의 숙명이라 할 수 있다. 이 책은 2021년 시점의 정보에 기반해서 쓰였고, 앞으로의 연구에 따라 다른 시나리오가 제시될 수도 있다는 것을 숙지해 주면 감사하겠다.

 내가 고인골의 DNA 분석을 시작한 것은 1980년대 말이다. 당시는 사가의과대학에 소속되어 있었는데, 미국립위생연구소(NIH)에서 유학을 끝내고 구마모토대학에 부임한 대학 동기인 구니사다 다카히로(国貞隆弘)와 오랜 만에 만나 이야기를 나누던 중, 최근 미국에서 PCR법이라는 획기적인 실험 기법이 개발되어 고대인의 DNA도 분석할 수 있게 되었다는 이야기를 들었다.

나는 분자생물학에 대해서는 초보나 마찬가지였는데 다행히(?) 분석용 인골을 손에 넣을 수 있는 위치에 있었다. 그래서 우리는 도전해 보기로 했다. 고인골의 DNA 분석은 당시의 최첨단 기술이었다. 참고가 될 만한 입문서도 없었기 때문에 둘이서 상의하고 이런저런 기술적 시도를 하면서 실험을 계속했다. 저녁 무렵 사가를 떠나 구마모토에서 밤새 실험을 하고, 아침에는 다시 사가에 있는 대학으로 돌아오는 생활은 조금 힘들었지만, 어찌어찌하여 고대 DNA 분석 기법을 익힐 수 있게 되었다.

하지만 그 당시는 미토콘드리아 DNA의 겨우 100염기 정도의 서열을 읽는 것만도 시간과 수고가 들던 시절이라 데이터도 별로 얻지 못했고, 지금 수준에서 보면 모호한 결론을 얻었을 뿐이다. 그 후, 현대인의 미토콘드리아 DNA 데이터가 축적되면서 하플로그룹을 정확히 판정할 수 있게 되자 그제야 고대 DNA 분석을 '과학적으로' 말할 수 있는 토양이 마련되었다.

그 후, 고대 DNA 연구는 서서히 저변이 확대되면서 필자는 일본인의 기원을 비롯해 안데스 원주민의 기원과 집단 형성에 관한 연구를 시작했다. 그 성과는 2007년에 출판한 『일본인이 된 조상들』(NHK출판)에 담겨 있다.

2010년 이후에는 연구 기법도 크게 달라졌다. '시작하며'에서도 언급했듯 차세대 시퀀싱이 실용화되어 미토콘드리아 DNA 데이터뿐 아니라 핵 게놈 데이터를 다룰 수 있게 된 것이다.

이 책의 골자를 이루는 성과는 주로 이 차세대 시퀀싱의 실용화 이후에 얻은 데이터에 기반하고 있다. 이 성과에는 괄목할 만한 것이 있는데, 고인골에 극소량밖에 남아 있지 않은 DNA를 분석하기 때문에 사실 데이터의 정밀도에는 편차가 있다. 당연한 말이지만 결론의 신빙성은 게놈 데이터의 질에 의존하게 되고, 바로 이 점이 의심스러운 논문도 적지 않다. 이 책에서는 신뢰도가 높은 데이터에 초점을 맞췄기 때문에 굳이 거론하지 않은 연구도 있다.

차세대 시퀀싱의 출현으로 연구 시스템도 크게 달라졌다. 지금까지는 미토콘드리아 DNA 연구의 경우, 연구 조직은 고작 몇 명 정도이고 혼자 샘플링부터 DNA 분석, 논문 작성까지 모든 과정을 담당하는 게 다반사였다.

하지만 차세대 시퀀싱을 활용한 연구는 수십 명, 때로는 백 명이 넘는 연구자가 공동 작업을 해야 한다. 생화학이나 생물 정보학 분야의 고도의 지식도 필요하다. DNA 시료의 조정 과정도 기존의 방법보다 훨씬 복잡해졌고, 다량의 게놈 데이터를 처리하기 위한 대형 컴퓨터도 필수적이다.

또한 연구를 위해서는 거액의 자금이 필요하다. 실제로 이 책에서 언급한 연구는 대부분 세계적으로 열 손가락 안에 드는 대형 연구 시설에서 이루어진 것이다. 이는 학문 분야가 발전하는 데 있어 어쩔 수 없는 면도 있지만 폐해도 있다. 특히 자국에서는 고대 게놈 분석이 불가능한 나라의 연구자로부터 샘플을 제공받는 경우에는 주의가 필요하다. 보고서에는 인골이 갖는 고고학적 배경 정보가 현지어로 적힌 경우도 많고, 이를 고려하지 않은 채 게놈 데이터가 분석되거나 고고학이나 형질인류학 등 다른 연구에서 얻어진 데이터와 대조 검증하는 작업이 누락되었을 위험성이 있다.

일본에서도 해외 소재의 연구실에서 샘플 제공을 의뢰받았다는 얘기를 들을 때가 있다. 우리도 해외와 공동 연구를 할 때가 있는데, 단순히 샘플을 제공하는 것 이상의 적극적인 관계를 갖는 게 중요하다. 예를 들어 6장에서 언급한 동아시아의 고대 집단과 도래계 야요이인의 관계를 조사하는 연구는 독일과 한국의 연구자들과의 공동 연구였는데, 필자는 일본 도래계 야요이인의 게놈 분석을 담당해, 토론을 거듭하며 논문을 작성했다.

또한 일본열도 집단의 형성에 관한 기술은 주로 2018년부터 시작된 문부과학성 과학연구비 보조금 신학술 영역 연구 '게놈 서열을 중심으로 한 야포네시아(Japonesia. 일본을 뜻하는 라틴어 'Japonia'에, 군도를 뜻하는 라틴어의 어미 'nesia'를 붙여 만든 '일본 군도'라는 뜻의 조어. 일본의 전후 소설가 시마오 도시오가 본토 혹은 도쿄 중심의 단일성의 정치를 부정하기 위해 만들었다.: 역주)인의 기원과 형성에 관한 규명'(영역(領域) 약칭명: 야포네시아게놈, 대표: 사이토 나루야 국립유전학연구소 교수)을 위한 자금으로 추진된 공동 연구의 성과를 기반으로 하고 있다. 이 프로젝트는 2022년도에 종료되므로 더욱 자세한 성과가 곧 발표될 것으로 기대하고 있다.

눈부신 발견이 잇따르고 있는 이 분야에서 뒤처지지 않고 지속적으로 연구하려면 최선 성과를 파악하고 있어야 한다. 이런 초조함에서 논문을 읽을 때마다 기록해 두었던 메모를 지역별로 재구성한 것이 바로 이 책이다.

그 내용에 대해 저자인 본인에게 모든 책임이 있음은 당연하지만, 1장에 관해서는 화석인류와 영장류의 전문가인 사가대학 의학부의 기쿠치 야스히로 강사의 감수를 받았다. 2장부터는 필자의 공동 연구자인 국립과학박물관 인류연구부의 간자와 히데아키 연구원이 검토해 주었다. 또한 6장에서 제시한 견해는 필자가 야마나시대학 의학부의 아다치 노보루 및 가쿠다 쓰네오 교수와 함께 진행한 공동 연구 데이터에 빚진 바가 크다. 이 자리를 빌려 감사의 인사를 드린다.

마지막으로 이 책을 간행할 기회를 준 세키 도모요시 씨와 원고 작성에 도움과 조언을 아끼지 않은 주코신서 편집부의 야나기 후미요시 씨에게 감사의 인사를 전한다.

2021년 11월
시노다 겐이치

참고문헌

제1장

- 로빈 던바(2016) 『인류 진화의 수수께끼를 풀다 (人類進化の謎を解き明かす)』 인터 시프트.
- 루이즈 험프리 & 크리스 스트링어(2018) 『사피엔스 이야기(サピエンス物語)』 X-Knowledge.
- 유발 하라리 (2016) 『사피엔스 전사(サピエンス全史)』 가와데 서방신사.
- 시노다 겐이치 편(2013) 「화석과 게놈으로 살펴보는 인류의 기원과 확산(化石とゲノムで探る人類の起源と拡散)」 『별책 닛케이사이언스』 194, 닛케이사이언스사.

제2장

- Browning, S. R. et al. (2018) Analysis of Human Sequence Data Reveals Two Pulses of Archaic Denisovan Admixture. *Cell* 173 (1), pp. 53-61.
- Castellano, S. et al. (2014) Patterns of coding variation in the complete exomes of three Neandertals. *Proceedings of the National Academy of Sciences* (PNAS) 111 (18), pp. 6666-6671.
- Chen, F. et al. (2019) A late Middle Pleistocene Denisovan mandible from the Tibetan Plateau. *Nature* 569, pp. 409-412.
- Dalén, L. et al. (2012) Partial Genetic Turnover in Neandertals: Continuity in the East and Population Replacement in the West. *Molecular Biology and Evolution* 29 (8), pp. 1893-1897.
- Dannemann, M. et al. (2016) Introgression of Neandertal-and Denisovan-like Haplotypes Contributes to Adaptive Variation in Human Toll-like Receptors. *American Journal of Human Genetics* 98 (1), pp. 22-33.

- Douka, K. et al. (2019) Age estimates for hominin fossils and the onset of the Upper Palaeolithic at Denisova Cave. *Nature* 565, pp. 640-644.
- Gokhman, D. et al. (2014) Reconstructing the DNA Methylation Maps of the Neandertal and the Denisovan. *Science* 344 (6183), pp. 523-527.
- Green, R. E. et al. (2008) A Complete Neandertal Mitochondrial Genome Sequence Determined by High-Throughput Sequencing. *Cell* 134 (3), pp. 416-426.
- Green, R. E. et al. (2010) A Draft Sequence of the Neandertal Genome. *Science* 328 (5979), pp. 710-722.
- Hajdinjak, M. et al. (2018) Reconstructing the genetic history of late Neanderthals. *Nature* 555, pp. 652-656.
- Jacobs, Z. et al. (2019) Timing of archaic hominin occupation of Denisova Cave in southern Siberia. *Nature* 565, pp. 594-599.
- Khrameeva, E. E. et al. (2014) Neanderthal ancestry drives evolution of lipid catabolism in contemporary Europeans. *Nature Communications* 5, Article 3584.
- Krause, J. et al. (2010) The complete mitochondrial DNA genome of an unknown hominin from southern Siberia. *Nature* 464, pp. 894-897.
- Krings, M. et al. (1997) Neandertal DNA Sequences and the Origin of Modern Humans. *Cell* 90 (1), pp. 19-30.
- Kuhlwilm, M. et al. (2016) Ancient gene flow from early modern humans into Eastern Neanderthals. *Nature* 530, pp. 429-433.
- Li, Z. Y. et al. (2017) Late Pleistocene archaic human crania from Xuchang, China. *Science* 355 (6328), pp. 969-972.
- Lohse, K. and Frantz L. A. F. (2014) Neandertal Admixture in Eurasia Confirmed by Maximum-Likelihood Analysis of Three Genomes. *Genetics* 196 (4), pp. 1241-1251.
- Mafessonia, F. et al. (2020) A high-coverage Neandertal genome from Chagyrskaya Cave. *PNAS* 117 (26), pp. 15132-15136.
- Massilani, D. et al. (2020) Denisovan ancestry and population history of early East Asians. *Science* 370 (6516), pp. 579-583.

- Meyer, M. et al. (2012) A High-Coverage Genome Sequence from an Archaic Denisovan Individual. *Science* 338 (6104), pp. 222-226.
- Meyer, M. et al. (2016) Nuclear DNA sequences from the Middle Pleistocene Sima de los Huesos hominins. *Nature* 531, pp. 504-507.
- Ni, X. et al. (2021) Massive cranium from Harbin in northeastern China establishes a new Middle Pleistocene human lineage. *The Innovation* 2 (3).
- Petr, M. et al. (2019) Limits of long-term selection against Neandertal introgression. *PNAS* 116 (5), pp. 1639-1644.
- Peyrégne, S. et al. (2019) Nuclear DNA from two early Neandertals reveals 80,000 years of genetic continuity in Europe. *Science Advances* 5 (6).
- Posth, C. et al. (2017) Deeply divergent archaic mitochondrial genome provides lower time boundary for African gene flow into Neanderthals. *Nature Communications* 8, Article 16046.
- Prüfer, K. et al. (2014) The complete genome sequence of a Neanderthal from the Altai Mountains. *Nature* 505, pp. 43-49.
- Prüfer, K. et al. (2017) A high-coverage Neandertal genome from Vindija Cave in Croatia. *Science* 358 (6363), pp. 655-658.
- Reich, D. et al. (2010) Genetic history of an archaic hominin group from Denisova Cave in Siberia. *Nature* 468, pp. 1053-1060.
- Rogers, A. R. et al. (2020) Neanderthal-Denisovan ancestors interbred with a distantly related hominin. *Science Advances* 6 (8).
- Sankararaman, S. et al. (2014) The genomic landscape of Neanderthal ancestry in present-day humans. *Nature* 507, pp. 354-357.
- Sankararaman, S. et al. (2016) The Combined Landscape of Denisovan and Neanderthal Ancestry in Present-Day Humans. *Current Biology* 26 (9), pp. 1241-1247.
- Sawyer, S. et al. (2015) Nuclear and mitochondrial DNA sequences from two Denisovan individuals. *PNAS* 112 (51), pp. 15696-15700.
- Schaefer, N. K. et al. (2021) An ancestral recombination graph of human, Neanderthal, and Denisovan genomes. *Science Advances* 7 (8).
- Simonti, C. N. et al. (2016) The phenotypic legacy of admixture be-

tween modern humans and Neandertals. *Science* 351 (6274), pp. 737-741.
- Skov, L. et al. (2019) The nature of Neanderthal introgression revealed by 27,566 Icelandic genomes. *Nature* 582, pp. 78-83.
- Slon, V. et al. (2017) A fourth Denisovan individual. *Science Advances* 3 (7).
- Slon, V. et al. (2017) Neandertal and Denisovan DNA from Pleistocene sediments. *Science* 356 (6338), pp. 605-608.
- Slon, V. et al. (2018) The genome of the offspring of a Neanderthal mother and a Denisovan father. *Nature* 561, pp. 113-116.
- Temme, S. et al. (2014) A Novel Family of Human Leukocyte Antigen Class II Receptors May Have Its Origin in Archaic Human Species. *Journal of Biological Chemistry* 289 (2), pp. 639-653.
- Trujillo, C. A. et al. (2021) Reintroduction of the archaic variant of NOVA 1 in cortical organoids alters neurodevelopment. *Science* 371 (6530).
- Vernot, B. and Akey, J. M. (2014) Resurrecting Surviving Neandertal Lineages from Modern Human Genomes. *Science* 343 (6174), pp. 1017- 1021.
- Vernot, B. et al. (2021) Unearthing Neanderthal population history using nuclear and mitochondrial DNA from cave sediments. *Science* 372 (6542).
- Wall, J. D. et al. (2013) Higher Levels of Neanderthal Ancestry in East Asians than in Europeans. *Genetics* 194 (1), pp. 199-209.
- Welker, F. et al. (2020) The dental proteome of Homo antecessor. *Nature* 580, pp. 235-238.
- Zavala, E.I. et al. (2021) Pleistocene sediment DNA reveals hominin and faunal turnovers at Denisova Cave. *Nature* 595, pp. 399-403.

제3장

- Behar, D. M. et al. (2008) The Dawn of Human Matrilineal Diversity. *The American Journal of Human Genetics* 82, pp. 1130-1140.
- Berniell-Lee, G. et al. (2009) Genetic and Demographic Implications of the Bantu Expansion: Insights from Human Paternal Lineages. *Molecular Biology and Evolution* 26 (7), pp. 1581-1589.
- Campbell, M. C. and Tishkoff, S. A. (2010) The Evolution of Human Genetic and Phenotypic Variation in Africa. *Current Biology* 20 (4), pp. R166-R173.
- Choudhury, A. et al. (2020) High-depth African genomes inform human migration and health. *Nature* 586, pp. 741-748.
- Fregel, R. et al. (2018) Ancient genomes from North Africa evidence prehistoric migrations to the Maghreb from both the Levant and Europe. *PNAS* 115 (26), pp. 6774-6779.
- González-Fortes, G. et al. (2019) A western route of prehistoric human migration from Africa into the Iberian Peninsula. *Proceedings of the Royal Society B 286* (1985).
- Gurdasani, D. et al. (2015) The African Genome Variation Project shapes medical genetics in Africa. *Nature* 517, pp. 327-332.
- Hollfelder, N. et al. (2021) The deep population history in Africa. *Human Molecular Genetics* 30 (R 1), pp. R2-R10.
- Lachance, J. et al. (2012) Evolutionary History and Adaptation from High-Coverage Whole-Genome Sequences of Diverse African Hunter-Gatherers. *Cell* 150 (3), pp. 457-469.
- Lipson, M. et al. (2020) Ancient West African foragers in the context of African population history. *Nature* 577, pp. 665-670.
- Llorente, M. G. et al. (2015) Ancient Ethiopian genome reveals extensive Eurasian admixture in Eastern Africa. *Science* 350 (6262), pp. 820-822.
- Lorente-Galdos, B. et al. (2019) Whole-genome sequence analysis of a Pan African set of samples reveals archaic gene flow from an extinct

basal population of modern humans into sub-Saharan populations. *Genome Biology* 20, Article 77.

- Mendez, F. L. et al. (2013) An African American Paternal Lineage Adds an Extremely Ancient Root to the Human Y Chromosome Phylogenetic Tree. *American Journal of Human Genetics* 92 (3), pp. 454-459.
- Poloni, E. S. et al. (2009) Genetic Evidence for Complexity in Ethnic Differentiation and History in East Africa. *Annals of Human Genetics* 73 (6), pp. 582-600.
- Prendergast, M. E. et al. (2019) Ancient DNA reveals a multistep spread of the first herders into sub-Saharan Africa. *Science* 365 (6448).
- Scerri, E. M. L. et al. (2018) Did Our Species Evolve in Subdivided Populations across Africa, and Why Does It Matter? *Trends in Ecology & Evolution* 33 (8), pp. 582-594.
- Schlebusch, C. M. et al. (2017) Southern African ancient genomes estimate modern human divergence to 350,000 to 260,000 years ago. *Science* 358 (6363), pp. 652-655.
- Schuster, S. C. et al. (2010) Complete Khoisan and Bantu genomes from southern Africa. *Nature* 463, pp. 943-947.
- Stringer, C. (2016) The origin and evolution of Homo sapiens. *Philosophical Transactions B* 371 (1698).
- van de Loosdrecht, M. et al. (2018) Pleistocene North African genomes link Near Eastern and sub-Saharan African human populations. *Science* 360 (6388), pp. 548-552.
- Veeramah, K. R. et al. (2011) An Early Divergence of KhoeSan Ancestors from Those of Other Modern Humans Is Supported by an ABC-Based Analysis of Autosomal Resequencing Data. *Molecular Biology and Evolution* 29 (2) pp. 617-630.
- Wang, K. et al. (2020) Ancient genomes reveal complex patterns of population movement, interaction, and replacement in sub-Saharan Africa. *Science Advances* 6 (24).

제4장

- Allentoft, M. E. et al. (2015) Population genomics of Bronze Age Eurasia. *Nature* 522, pp. 167-172.
- Ammerman, A. J. et al. (2006) Comment on "Ancient DNA from the First European Farmers in 7500-Year-Old Neolithic Sites."*Science* 312 (5782), p.1875.
- Benazzi, S. et al. (2015) The makers of the Protoaurignacian and implications for Neandertal extinction. *Science* 348 (6236), pp. 793-796.
- Bollongino, R. et al. (2013) 2000 Years of Parallel Societies in Stone Age Central Europe. *Science* 342 (6157), pp. 479-481.
- Bramanti, B. et al. (2009) Genetic Discontinuity Between Local Hunter-Gatherers and Central Europe's First Farmers. *Science* 326 (5949), pp. 137-140.
- Brandt, G. et al. (2013) Ancient DNA Reveals Key Stages in the Formation of Central European Mitochondrial Genetic Diversity. *Science* 342 (6155), pp. 257-261.
- Brunel, S. et al. (2020) Ancient genomes from present-day France unveil 7,000 years of its demographic history. *PNAS* 117 (23), pp. 12791-12798.
- Clemente, F. et al. (2021) The genomic history of the Aegean palatial civilizations. *Cell* 184 (10), pp. 2565-2586.
- Feldman, M. et al. (2016) A High-Coverage Yersinia pestis Genome from a Sixth-Century Justinianic Plague Victim. *Molecular Biology and Evolution* 33 (11), pp. 2911-2923.
- Feldman, M. et al. (2019) Late Pleistocene human genome suggests a local origin for the first farmers of central Anatolia. *Nature Communications* 10, Article 1218.
- Forster, P. and Matsumura, S. (2005) Did Early Humans Go North or South? *Science* 308 (5724), pp. 965-966.
- Freilich, S. et al. (2021) Reconstructing genetic histories and social organisation in Neolithic and Bronze Age Croatia. *Scientific Reports* 11,

Article 16729.
- Fu, Q. et al. (2014) Genome sequence of a 45,000-year-old modern human from western Siberia. *Nature* 514, pp. 445-449.
- Fu, Q. et al. (2015) An early modern human from Romania with a recent Neanderthal ancestor. *Nature* 524, pp. 216-219.
- Fu, Q. et al. (2016) The genetic history of Ice Age Europe. *Nature* 534, pp. 200-205.
- Furtwängler, A. et al. (2020) Ancient genomes reveal social and genetic structure of Late Neolithic Switzerland. *Nature Communications* 11, Article 1915.
- Gamba, C. et al. (2014) Genome flux and stasis in a five millennium transect of European prehistory. *Nature Communications* 5, Article 5257.
- González-Fortes, G. et al. (2017) Paleogenomic Evidence for Multigenerational Mixing between Neolithic Farmers and Mesolithic Hunter- Gatherers in the Lower Danube Basin. *Current Biology* 27 (12), pp. 1801- 1810.
- Haak, W. et al. (2005) Ancient DNA from the First European Farmers in 7500-Year-Old Neolithic Sites. *Science* 310 (5750), pp. 1016-1018.
- Haak, W. et al. (2015) Massive migration from the steppe was a source for Indo-European languages in Europe. *Nature* 522, pp. 207-211.
- Hajdinjak, M. et al. (2021) Initial Upper Palaeolithic humans in Europe had recent Neanderthal ancestry. *Nature* 592, pp. 253-257.
- Hervella, M. et al. (2016) The mitogenome of a 35,000-year-old Homo sapiens from Europe supports a Palaeolithic back-migration to Africa. *Scientific Reports* 6, Article 25501.
- Hofmanová, Z. et al. (2016) Early farmers from across Europe directly descended from Neolithic Aegeans. *PNAS* 113 (25), pp. 6886-6891.
- Hublin, J. J. et al. (2012) Radiocarbon dates from the Grotte du Renne and Césaire support a Neandertal origin for the Châtelperronian. *PNAS* 109 (46), pp. 18743-18748.

- Hublin, J. J. et al. (2020) Initial Upper Palaeolithic Homo sapiens from Bacho Kiro Cave, Bulgaria. *Nature* 581, pp. 299-302.
- Immel, A. et al. (2020) Gene-flow from steppe individuals into Cucuteni-Trypillia associated populations indicates long-standing contacts and gradual admixture. *Scientific Reports* 10, Article 4253.
- Immel, A. et al. (2021) Genome-wide study of a Neolithic Wartberg grave community reveals distinct HLA variation and hunter-gatherer ancestry. *Communications Biology* 4, Article 113.
- Jensen, T. Z. T. et al. (2019) A 5700 year-old human genome and oral microbiome from chewed birch pitch. *Nature Communications* 10, Article 5520.
- Keller, A. et al. (2012) New insights into the Tyrolean Iceman's origin and phenotype as inferred by whole-genome sequencing. *Nature Communications* 3, Article 698.
- Kilinç, G. M. et al. (2016) The Demographic Development of the First Farmers in Anatolia. *Current Biology* 26 (19), pp. 2659-2666.
- Kivisild, T. et al. (2004) Ethiopian Mitochondrial DNA Heritage: Tracking Gene Flow Across and Around the Gate of Tears. *American Journal of Human Genetics* 75 (5), pp. 752-770.
- Krzewińska, M. et al. (2018) Ancient genomes suggest the eastern Pontic-Caspian steppe as the source of western Iron Age nomads. *Science Advances* 4 (10).
- Lamnidis, T. C. et al. (2018) Ancient Fennoscandian genomes reveal origin and spread of Siberian ancestry in Europe. *Nature Communications* 9, Article 5018.
- Lazaridis, I. et al. (2014) Ancient human genomes suggest three ancestral populations for present-day Europeans. *Nature* 513, pp. 409-413.
- Lazaridis, I. et al. (2016) Genomic insights into the origin of farming in the ancient Near East. *Nature* 536, pp. 419-424.
- Li, J. Z. et al. (2008) Worldwide Human Relationships Inferred from Genome-Wide Patterns of Variation. *Science* 319 (5866), pp. 1100-1104.

- Linderholm, A. et al. (2020) Corded Ware cultural complexity uncovered using genomic and isotopic analysis from south-eastern Poland. *Scientific Reports* 10, Article 6885.
- Lipson, M. and Reich, D. (2017) A Working Model of the Deep Relationships of Diverse Modern Human Genetic Lineages Outside of Africa. *Molecular Biology and Evolution* 34 (4), pp. 889-902.
- Lipson, M. et al. (2017) Parallel palaeogenomic transects reveal complex genetic history of early European farmers. *Nature* 551, pp. 368-372.
- Liu, Y. et al. (2021) Insights into human history from the first decade of ancient human genomics. *Science* 373 (6562), pp. 1479-1484.
- Marcus, J. H. et al. (2020) Genetic history from the Middle Neolithic to present on the Mediterranean island of Sardinia. *Nature Communications* 11, Article 939.
- Mathieson, I. et al. (2018) The genomic history of southeastern Europe. *Nature* 555, pp. 197-203.
- Mittnik, A. et al. (2016) A Molecular Approach to the Sexing of the Triple Burial at the Upper Paleolithic Site of Dolní Věstonice. *PLoS ONE* 11 (10).
- Mittnik, A. et al. (2018) The genetic prehistory of the Baltic Sea region. *Nature Communications* 9, Article 442.
- Olalde, I. et al. (2014) Derived immune and ancestral pigmentation alleles in a 7,000-year-old Mesolithic European. *Nature* 507, pp. 225-228.
- Olalde, I. et al. (2018) The Beaker Phenomenon and the Genomic Transformation of Northwest Europe. *Nature* 555, pp. 190-196.
- Olalde, I. et al. (2019) The genomic history of the Iberian Peninsula over the past 8000 years. *Science* 363 (6432), pp. 1230-1234.
- Papac, L. et al. (2021) Dynamic changes in genomic and social structures in third millennium BCE central Europe. *Science Advances* 7 (35).
- Pinhasi, R. et. al (2012) The genetic history of Europeans. *Trends in Ge-

netics 28 (10), pp. 496-505.
- Prüfer, K. et al. (2021) A genome sequence from a modern human skull over 45,000 years old from Zlatý kůň in Czechia. *Nature Ecology and Evolution* 5, pp. 820-825.
- Rivollat, M. et al. (2015) When the Waves of European Neolithization Met: First Paleogenetic Evidence from Early Farmers in the Southern Paris Basin. *PLoS ONE* 10 (4).
- Rivollat, M. et al. (2020) Ancient genome-wide DNA from France highlights the complexity of interactions between Mesolithic hunter-gatherers and Neolithic farmers. *Science Advances* 6 (20).
- Rowold, D. J. et al. (2007) Mitochondrial DNA gene flow indicates preferred usage of the Levant Corridor over the Horn of Africa passageway. *Journal of Human Genetics* 52, pp. 436-447.
- Saag, L. et al. (2021) Genetic ancestry changes in Stone to Bronze Age transition in the East European plain. *Science Advances* 7 (4).
- Sampietro, M. L. et al. (2007) Palaeogenetic evidence supports a dual model of Neolithic spreading into Europe. *Proceedings of the Royal Society B* 274 (1622), pp. 2161-2167.
- Sánchez-Quinto, F. et al. (2019) Megalithic tombs in western and northern Neolithic Europe were linked to a kindred society. *PNAS* 116 (19), pp. 9469-9474.
- Saupe, T. et al. (2021) Ancient genomes reveal structural shifts after the arrival of Steppe-related ancestry in the Italian Peninsula. *Current Biology* 31 (12), pp. 2576-2591.
- Schiffels, S. et al. (2016) Iron Age and Anglo-Saxon genomes from East England reveal British migration history. *Nature Communications* 7, Article 10408.
- Seguin-Orlando, A. et al. (2014) Genomic structure in Europeans dating back at least 36,200 years. *Science* 346 (6213), pp. 1113-1118.
- Sikora, M. et al. (2017) Ancient genomes show social and reproductive behavior of early Upper Palcolithic foragers. *Science* 358 (6363), pp.

659-662.
- Skoglund, P. et al. (2014) Genomic Diversity and Admixture Differs for Stone-Age Scandinavian Foragers and Farmers. *Science* 344 (6185), pp. 747-750.
- Skoglund, P. and Mathieson, I. (2018) Ancient Genomics of Modern Humans: The First Decade. *Annual Review of Genomics and Human Genetics* 19, pp. 381-404.
- Stewart, J. R. and Stringer, C. B. (2012) Human Evolution Out of Africa: The Role of Refugia and Climate Change. *Science* 335 (6074), pp. 1317-1321.
- Spyrou, M. A. et al. (2019) Phylogeography of the second plague pandemic revealed through analysis of historical Yersinia pestis genomes. *Nature Communications* 10, Article 4470.
- Teschler-Nicola, M. et al. (2020) Ancient DNA reveals monozygotic newborn twins from the Upper Palaeolithic. *Communications Biology* 3, Article 650.
- The 1000 Genomes Project Consortium (2012) An integrated map of genetic variation from 1,092 human genomes. *Nature* 491, pp. 56-65.
- Wang, C. C. et al. (2019) Ancient human genome-wide data from a 3000-year interval in the Caucasus corresponds with eco-geographic regions. *Nature Communications* 10, Article 590.
- Welker, F. et al. (2016) Palaeoproteomic evidence identifies archaic hominins associated with the Châtelperronian at the Grotte du Renne. *PNAS* 113 (40), pp. 11162-11167.
- Yang, M. A. et al. (2017) 40,000-Year-Old Individual from Asia Provides Insight into Early Population Structure in Eurasia. *Current Biology* 27 (20), pp. 3202-3208.

제5장

- Atkinson, Q. D. et. al. (2008) mtDNA Variation Predicts Population Size

in Humans and Reveals a Major Southern Asian Chapter in Human Prehistory. *Molecular Biology and Evolution* 25 (2), pp. 468-474.
- Bergström, A. et al. (2017) A Neolithic expansion, but strong genetic structure, in the independent history of New Guinea. *Science* 357 (6356), pp. 1160-1163.
- Broushaki, F. et al. (2016) Early Neolithic genomes from the eastern Fertile Crescent. *Science* 353 (6298), pp. 499-503.
- Carlhoff, S. et al. (2021) Genome of a middle Holocene hunter-gatherer from Wallacea. *Nature* 596, pp. 543-547.
- Chandrasekar, A. et al. (2009) Updating Phylogeny of Mitochondrial DNA Macrohaplogroup M in India: Dispersal of Modern Human in South Asian Corridor. *PLoS ONE* 4 (10).
- Choin, J. et al. (2021) Genomic insights into population history and biological adaptation in Oceania. *Nature* 592, pp. 583-589.
- de Barros Damgaard, P. et al. (2018) The first horse herders and the impact of early Bronze Age steppe expansions into Asia. *Science* 360 (6396).
- de Barros Damgaard, P. et al. (2018) 137 ancient human genomes from across the Eurasian steppes. *Nature* 557, pp. 369-374.
- Devièse, T. et al. (2019) Compound-specific radiocarbon dating and mitochondrial DNA analysis of the Pleistocene hominin from Salkhit Mongolia. *Nature Communications* 10, Article 274.
- Fehren-Schmitz, L. et al. (2017) Genetic Ancestry of Rapanui before and after European Contact. *Current Biology* 27 (20), pp. 3209-3215.
- Friedlaender, J. et al. (2005) Expanding Southwest Pacific Mitochondrial Haplogroups P and Q. *Molecular Biology and Evolution* 22 (6), pp. 1506-1517.
- Friedlaender, J. et al. (2007) Melanesian mtDNA Complexity. *PLoS ONE* 2 (2).
- Fu, Q. et al. (2013) DNA analysis of an early modern human from Tianyuan Cave, China. *PNAS* 110 (6), pp. 2223-2227.

- Gallego-Llorente, M. et al. (2016) *The genetics of an early Neolithic pastoralist from the Zagros, Iran. Scientific Reports* 6, Article 31326.
- Gnecchi-Ruscone, G. A. et al. (2021) Ancient genomic time transect from the Central Asian Steppe unravels the history of the Scythians. *Science Advances* 7 (13).
- Harris, D. N. et al. (2020) Evolutionary history of modern Samoans. *PNAS* 117 (17), pp. 9458-9465.
- Heiske, M. et al. (2021) Genetic evidence and historical theories of the Asian and African origins of the present Malagasy population. *Human Molecular Genetics* 30 (RI), pp. R72-R78.
- Hill, C. et al. (2006) Phylogeography and Ethnogenesis of Aboriginal Southeast Asians. *Molecular Biology and Evolution* 23 (12), pp. 2480-2491.
- Hill, C. et al. (2007) A Mitochondrial Stratigraphy for Island Southeast Asia. *American Journal of Human Genetics* 80 (1), pp. 29-43.
- Hollard, C. et al. (2018) New genetic evidence of affinities and discontinuities between bronze age Siberian populations. *American Journal of Physical Anthropology* 167 (1), pp. 97-107.
- Hudjashov, G. et al. (2007) Revealing the prehistoric settlement of Australia by Y chromosome and mtDNA analysis. *PNAS* 104 (21), pp. 8726-8730.
- Hudjashov, G. et al. (2018) Investigating the origins of eastern Polynesians using genome-wide data from the Leeward Society Isles. *Scientific Reports* 8, Article 1823.
- Ioannidis, A. G. et al. (2020) Native American gene flow into Polynesia predating Easter Island settlement. *Nature* 583, pp. 572-577.
- Jeong, C. et al. (2018) Bronze Age population dynamics and the rise of dairy pastoralism on the eastern Eurasian steppe. *PNAS* 115 (48).
- Jones, E. R. et al. (2015) Upper Palaeolithic genomes reveal deep roots of modern Eurasians. *Nature Communications* 6, Article 8912.
- Larena, M. et al. (2021) Multiple migrations to the Philippines during

the last 50,000 years. *PNAS* 118 (13).
- Li, F. et al. (2019) Heading north: Late Pleistocene environments and human dispersals in central and eastern Asia. *PLoS ONE* 14 (5).
- Lipson, M. et al. (2014) Reconstructing Austronesian population history in Island Southeast Asia. *Nature Communications* 5, Article 4689.
- Lipson, M. et al. (2018) Population Turnover in Remote Oceania Shortly after Initial Settlement. *Current Biology* 28 (7), pp. 1157-1165.
- Mathieson, I. et al. (2015) Genome-wide patterns of selection in 230 ancient Eurasians. *Nature* 528, pp. 499-503.
- McColl, H. et al. (2018) The prehistoric peopling of Southeast Asia. *Science* 361 (6397), pp. 88-92.
- Mellars, P. et al. (2013) Genetic and archaeological perspectives on the initial modern human colonization of southern Asia. *PNAS* 110 (26), pp. 10699-10704.
- Moorjani, P. et al. (2013) Genetic Evidence for Recent Population Mixture in India. *American Journal of Human Genetics* 93 (3), pp. 422-438.
- Moreno-Mayar, J. V. et al. (2014) Genome-wide Ancestry Patterns in Rapanui Suggest Pre-European Admixture with Native Americans. *Current Biology* 24 (21), pp. 2518-2525.
- Narasimhan, V. M. et al. (2019) The formation of human populations in South and Central Asia. *Science* 365 (6457).
- Ning, C. et al. (2019) Ancient Genomes Reveal Yamnaya-Related Ancestry and a Potential Source of Indo-European Speakers in Iron Age Tianshan. *Current Biology* 29 (15), pp. 2526-2532.
- Ning, C. et al. (2020) Ancient genomes from northern China suggest links between subsistence changes and human migration. *Nature Communications* 11, Article 2700.
- Palanichamy, M. G. et al. (2004) Phylogeny of Mitochondrial DNA Macrohaplogroup N in India, Based on Complete Sequencing: Implications for the Peopling of South Asia. *American Journal of Human Genetics* 75 (6), pp. 966-978.

- Rasmussen, M. et al. (2011) An Aboriginal Australian Genome Reveals Separate Human Dispersals into Asia. *Science* 334 (6052), pp. 94-98.
- Reich, D. et al. (2009) Reconstructing Indian population history. *Nature* 461, pp. 489-494.
- Ringbauer, H. et al. (2020) Increased rate of close-kin unions in the central Andes in the half millennium before European contact. *Current Biology* 30 (17), pp. R980-R981.
- Sarkissian, C. D. et al. (2013) Ancient DNA Reveals Prehistoric Gene-Flow from Siberia in the Complex Human Population History of North East Europe. *PLoS Genetics* 9 (2).
- Shinde, V. et al. (2019) An Ancient Harappan Genome Lacks Ancestry from Steppe Pastoralists or Iranian Farmers. *Cell* 179 (3), pp. 729-735.
- Shinoda, K. (2011) "Mitochondrial DNA of Human Remains at Man Bac,"*MAN BAC: The Excavation of a Late Neolithic Site in Northern Vietnam.* Australian National University E Press, pp. 123-132.
- Sikora, M. et al. (2019) The population history of northeastern Siberia since the Pleistocene. *Nature* 570, pp. 182-188.
- Skoglund, P. et al. (2016) Genomic insights into the peopling of the Southwest Pacific. *Nature* 538, pp. 510-513.
- Soares, P. et al. (2008) Climate Change and Postglacial Human Dispersals in Southeast Asia. *Molecular Biology and Evolution* 25 (6), pp. 1209-1218.
- Soares, P. et al. (2011) Ancient Voyaging and Polynesian Origins. *American Journal of Human Genetics* 88 (2), pp. 239-247.
- Stoneking, M. and Delfin, F. (2010) The Human Genetic History of East Asia: Weaving a Complex Tapestry. *Current Biology* 20 (4), pp. R188-R193.
- Sun, C. et al. (2006) The Dazzling Array of Basal Branches in the mtDNA Macrohaplogroup M from India as Inferred from Complete Genomes. *Molecular Biology and Evolution* 23 (3), pp. 683-690.
- Sun, X. F. et al. (2021) Ancient DNA and multimethod dating confirm

the late arrival of anatomically modern humans in southern China. *PNAS* 118 (8).
- Thangaraj, K. et al. (2005). Reconstructing the Origin of Andaman Islanders. *Science* 308 (5724), p. 996.
- Thangaraj, K. et al. (2006) In situ origin of deep rooting lineages of mitochondrial Macrohaplogroup 'M' in India. *BMC Genomics* 7, Article 151.
- The HUGO Pan-Asian SNP Consortium (2009) Mapping Human Genetic Diversity in Asia. *Science* 326 (5959), pp. 1541-1545.
- Trejaut, J. A. et al. (2005) Traces of Archaic Mitochondrial Lineages Persist in Austronesian-Speaking Formosan Populations. *PLoS Biology* 3 (8).
- Wang, C. C.et al. (2021) Genomic insights into the formation of human populations in East Asia. *Nature* 591, pp. 413-419.
- Wang, T. et al. (2021) Human population history at the crossroads of East and Southeast Asia since 11,000 years ago. *Cell* 184 (14), pp. 3829-3841.
- Wang, W. et al. (2021) Ancient Xinjiang mitogenomes reveal intense admixture with high genetic diversity. *Science Advances* 7 (14).
- Wollstein, A. et al. (2010) Demographic History of Oceania Inferred from Genome-wide Data. *Current Biology* 20 (22), pp. 1983-1992.
- Xie, C. Z. et al. (2007) Evidence of ancient DNA reveals the first European lineage in Iron Age Central China. *Proceedings of the Royal Society B* 274 (1618), pp. 1597-1602.
- Xu, S. et al. (2012) Genetic dating indicates that the Asian-Papuan admixture through Eastern Indonesia corresponds to the Austronesian expansion. *PNAS* 109 (12), pp. 4574-4579.
- Yaka, R. et al. (2021) Variable kinship patterns in Neolithic Anatolia revealed by ancient genomes. *Current Biology* 31 (11), pp. 2455-2468.
- Yang, M. A. et al. (2020) Ancient DNA indicates human population shifts and admixture in northern and southern China. *Science* 369 (6501), pp. 282-288.

- Zhang, F. et al (2007) Genetic studies of human diversity in East Asia. *Philosophical Transactions B* 362 (1482), pp. 987-996.

제6장

- 아사토 스스무 / 도이 나오미(1999) 『오키나와인은 어디에서 왔는가(沖繩人はどこから来たか)』 보더잉크.
- 이케다 지로(1998) 『일본인이 온 길(日本人のきた道)』 아사히신문출판.
- 간자와 히데아키 외(2020) 「가고시마현 다카라지마 오이케 유적 B지점 출토 패총 전기 인골의 DNA 분석(鹿児島県宝島大池遺跡B地点出土貝塚前期人骨のDNA分析)」 『국립역사민속박물관 연구보고』 219, 국립역사민속박물관, pp. 257-263.
- 시노다 겐이치 외(2013) 「사라호사오네타바루 동혈 유적 신이시가키공항 건설공사에 따른 긴급 발굴 조사 보고서(白保竿根田原洞穴遺跡新石垣空港建設工事に伴う緊急発掘調査報告書)」 『오키나와 현립 매장문화재센터-조사보고서』 65, 오키나와 현립 매장문화재센터, pp. 219-228.
- 시노다 겐이치 외(2020) 「돗토리현 아오도리시 아오야가미지 유적 출토 야요이 후기 인골의 DNA 분석(鳥取県鳥取市青谷上寺地遺跡出土弥生後期人骨のDNA分析)」 『국립역사민속박물관 연구보고』 219, 국립역사민속박물관, pp. 163-177.
- 시노다 겐이치(2019) 「신판 일본인이 된 조상들(新版 日本人になった祖先たち)」 NHK 출판.
- 시노다 겐이치 / 아다치 노보루 (2011) 「니시가하라 패총 출토 인골의 DNA 분석(西ヶ原貝塚出土人骨のDNA分析)」 『『기타쿠 니시가하라 패총』 도쿄도 매장문화재센터 조사보고서』 265 (3), pp. 56-60.
- 시노다 겐이치 외(2017) 「사세보시 이와시타 동혈 및 시모모토야마 그늘집터 유적 출토 인골의 미토콘드리아 DNA 분석(佐世保市岩下洞穴および下本山岩陰遺跡出土人骨のミトコンドリア DNA分析)」 『Anthropological Science』 125 (1), 일본인류학회, pp. 49 - 63.
- 시노다 겐이치 외(2019) 「북서규슈 야요이인의 유전적인 특징(西北九州弥生人の遺伝的な特徴)」 『Anthropological Science』 127 (1), 일본인류학회, pp. 25-

43.
- 시노다 겐이치 외(2019)「한국 가덕도 장항 유적 출토 인골의 DNA 분석(韓国加徳島獐項遺跡出土人骨のDNA分析)」한국문화재연구원 논문집·문물 9, pp. 167-186.
- 시노다 겐이치 외(2020)「후쿠오카현 나카가와시 안토쿠다이 유적 출토 야요이 중기 인골의 DNA 분석(福岡県那珂川市安徳台遺跡出土弥生中期人骨のDNA分析)」『국립역사민속박물관 연구보고』219, 국립역사민속박물관, pp. 199-210.
- 시노다 겐이치 외(2020)「오키나와현 차탄초 출토 패총 후기 인골의 DNA 분석-이레바루D유적·한잔바루A유적(沖縄県北谷町出土貝塚後期人骨のDNA分析-伊礼原D遺跡·平安山原A遺跡」「국립역사민속박물관 연구보고」219, 국립역사민속박물관, pp. 321-326.
- 시노다 겐이치 외(2020)「오키나와현 요미탄손 출토 패총시대 인골의 DNA 분석-모멘바루 유적·우후도바루 유적(沖縄県読谷村出土貝塚時代人骨のDNA分析-木綿原遺跡·大当原遺跡)」『국립역사민속박물관 연구보고』219, 국립역사민속박물관, pp. 295-299.
- 시노다 겐이치 외(2021)「아이치현 기요스시 아사히 유적 출토 야요이 인골의 미토콘드리아 DNA 분석(愛知県清須市朝日遺跡出土弥生人骨のミトコンドリアDNA分析)」『국립역사민속박물관 연구보고』228, pp. 277-286.
- 시노다 겐이치 외(2021)「가고시마현 내 출토 인골의 DNA 분석-이즈미 패총·구누기바루 패총(鹿児島県内出土文人骨のDNA 分析-出水貝塚·柊原貝塚)」『국립역사민속박물관 연구보고』228, pp. 403-410.
- 시노다 겐이치 외(2021)「남규슈 고훈 시대 인골의 미토콘드리아 DNA 분석-섬 내 지하식 횡혈묘·마치다보리 유적·다치오노보리 유족(南九州古墳時代人骨のミトコンドリアDNA分析-島内地下式横穴墓群·町田堀遺跡·立小野堀遺跡)」『국립역사민속박물관 연구보고』228, pp. 417- 426.
- 시노다 겐이치 외(2021)「가고시마현 미나미타네초 히로타 유적 출토 인골의 미토콘드리아 DNA 분석(鹿児島県南種子町広田遺跡出土人骨のミトコンドリアDNA分析)」『국립역사민속박물관 연구보고』228, pp. 433-440.
- 시노다 겐이치 외(2021)「가고시마현 도쿠노시마 소개 유적 출토 인골의 미토콘드리아 DNA 분석-오모나와 제1패총·도마친 유적·시타바루 동혈 유

적(鹿児島県徳之島在所遺跡出土人骨のミトコンドリアDNA分析-面縄第１貝塚·トマチン遺跡·下原洞穴遺跡)」『국립역사민속박물관 연구보고』 228, pp. 449-458.
- 다카미야 히로토 편(2018) 『아마미·오키나와제도 선사학의 최전선(奄美·沖縄諸島先史学の最前線)』 남포신샤.
- 다케오카 도시키(2011) 『구석기시대인의 역사(旧石器時代人の歴史)』 고단샤.
- 데무라 마사아키(2021) 「47개 지자체인의 게놈이 밝히는 일본인의 기원(47都道府県人のゲノムが明かす日本人の起源)」『닛케이사이언스』 51, pp. 30-37.
- 나카하시 다카히로(2005) 『일본인의 기원(日本人の起源)』 고단샤.
- 나카하시 다카히로(2015) 『왜인으로 가는 길(倭人への道)』 요시카와홍문관.
- 하니하라 가즈로(1995) 『일본인의 형성(日本人の成り立ち)』 인문서원.
- 야마구치 빈(1999) 『일본인의 성장 과정(日本人の生いたち)』 미스즈서방.
- 야마사키 신지(2014) 「뼈와 조개가 말하는 오키나와의 구석기시대(骨と貝が語る沖縄の旧石器時代)」『milsil』 제7권 제4호, pp. 9-12.
- Adachi, N. et al. (2008) Mitochondrial DNA Analysis of Jomon Skeletons From the Funadomari Site, Hokkaido, and Its Implication for the Origins of Native American. *American Journal of Physical Anthropology* 138 (3), pp. 255-265.
- Adachi, N. et al. (2011) Mitochondrial DNA analysis of Hokkaido Jomon skeletons: remnants of archaic maternal lineages at the southwestern edge of former Beringia. *American Journal of Physical Anthropology* 146 (3), pp. 346-360.
- Adachi, N. et al. (2013) Mitochondrial DNA analysis of the human skeleton of the initial Jomon phase excavated at the Yugura cave site, Nagano, Japan. *Anthropological Science* 121 (2), pp. 137-143.
- Adachi, N. et al. (2015) "Further Analyses of Hokkaido Jomon Mitochondrial DNA," *Emergence and Diversity of Modern Human Behavior in Paleolithic Asia.* Texas A&M University Press, pp. 406-417.
- Adachi, N. et al. (2017) Ethnic derivation of the Ainu inferred from ancient mitochondrial DNA data. *American Journal of Physical Anthropology* 165 (1), pp. 139-148.
- Hanihara, K. (1991) Dual Structure Model for the Population History of

the Japanese. *Japan Review* 2, pp. 1-33.
- Japanese Archipelago Human Population Genetics Consortium (2012) The history of human populations in the Japanese Archipelago inferred from genome-wide SNP data with a special reference to the Ainu and the Ryukyuan populations. *Journal of Human Genetics* 57, pp. 787-795.
- Kanzawa-Kiriyama, H. et al. (2017) A partial nuclear genome of the Jomons who lived 3000 years ago in Fukushima, Japan. *Journal of Human Genetics* 62, pp. 213-221.
- Kanzawa-Kiriyama, H. et al. (2019) Late Jomon male and female genome sequences from the Funadomari site in Hokkaido, Japan. *Anthropological Science* 127 (2), pp. 83-108.
- Koganebuchi, K. et al. (2012) Autosomal and Y-chromosomal STR markers reveal a close relationship between Hokkaido Ainu and Ryukyu islanders. *Anthropological Science* 120 (3), pp. 199-208.
- Kondo, M. and Matsu'ura, S. (2005) Dating of the Hamakita human remains from Japan. *Anthropological Science* 113 (2), pp. 155-161.
- Mao, X. et al. (2021) The deep population history of northern East Asia from the Late Pleistocene to the Holocene. *Cell* 184 (12), pp. 3256-3266.
- Matsukusa, H. et al. (2010) A Genetic Analysis of the Sakishima Islanders Reveals No Relationship with Taiwan Aborigines but Shared Ancestry with Ainu and Main-island Japanese. *American Journal of Physical Anthropology* 142 (2), pp. 211-223.
- Mizuno, F. et al. (2021) Population dynamics in the Japanese Archipelago since the Pleistocene revealed by the complete mitochondrial genome sequences. *Scientific Reports* 11, Article 12018.
- Nonaka, I. et al. (2007) Y-chromosomal Binary Haplogroups in the Japanese Population and their Relationship to 16 Y-STR Polymorphisms. *Annals of Human Genetics* 71 (4), pp. 480-495.
- Peng, M. S. et al. (2011) Inland post-glacial dispersal in East Asia re-

vealed by mitochondrial haplogroup M9a'b. *BMC Biology* 9, Article 2.
- Peng, M. S. and Zhang, Y. P. (2011) Inferring the Population Expansions in Peopling of Japan. *PLoS ONE* 6 (6).
- Sato, T. et al. (2007) Origins and genetic features of the Okhotsk people, revealed by ancient mitochondrial DNA analysis. *Journal of Human Genetics* 52, pp. 618-627.
- Sato, T. et al. (2011) Genetic features of ancient West Siberian people of the Middle Ages, revealed by mitochondrial DNA haplogroup analysis. *Journal of Human Genetics* 56, pp. 602-608.
- Sato, T. et al. (2014) Genome-Wide SNP Analysis Reveals Population Structure and Demographic History of the Ryukyu Islanders in the Southern Part of the Japanese Archipelago. *Molecular Biology and Evolution* 31 (11), pp. 2929-2940.
- Sato, T. et al. (2021) Whole-Genome Sequencing of a 900-Year-Old Human Skeleton Supports Two Past Migration Events from the Russian Far East to Northern Japan. *Genome Biology and Evolution* 13 (9).
- Sato, Y. et al. (2014) Overview of genetic variation in the Y chromosome of modern Japanese males. *Anthropological Science* 122 (3), pp. 131-136.
- Shinoda, K. and Doi, N. (2008) Mitochondrial DNA Analysis of Human Skeletal Remains Obtained from the Old Tomb of Suubaru: Genetic Characteristics of the Westernmost Island Japan. *Bulletin of National Museum of Nature and Science Series D* 34, pp. 11-18.
- Shinoda, K. et al. (2012) Mitochondrial DNA polymorphisms in late Shell midden period skeletal remains excavated from two archaeological sites in Okinawa. *Bulletin of National Museum of Nature and Science Series D* 38, pp. 51-61.
- Shinoda, K. et al. (2013) Ancient DNA analysis of skeletal remains from the Gusuku period excavated from two archaeological sites in the Ryukyu Islands, Japan. *Bulletin of National Museum of Nature and Science Series D* 39, pp. 1-8.

- Shinoda, K. (2014) "Genetic structure of the Japanese and the formation of the Ainu population," The Ainu: Indigenous people of Japan. *Hokkaido University Center for Ainu and Indigenous Studies,* pp. 27-42.
- Tanaka, M. et al. (2004) Mitochondrial Genome Variation in Eastern Asia and the Peopling of Japan. *Genome Research* 14, pp. 1832-1850.
- Yamaguchi-Kabata, Y. et al. (2008) Japanese Population Structure, Based on SNP Genotypes from 7003 Individuals Compared to Other Ethnic Groups: Effects on Population-Based Association Studies. *American Journal of Human Genetics* 83 (4), pp. 445-456.

제7장

- Achilli, A. et al. (2008) The Phylogeny of the Four Pan-American MtDNA Haplogroups: Implications for Evolutionary and Disease Studies. *PLoS ONE* 3 (3).
- Benett, M. R. et al. (2021) Evidence of humans in North America during the Last Glacial Maximum. *Science* 373 (6562), pp. 1528-1531.
- Bisso-Machado, R. et al. (2011) Distribution of Y-Chromosome Q Lineages in Native Americans. *American Journal of Human Biology* 23 (4), pp. 563-566.
- Chatters, J. C. et al. (2014) Late Pleistocene Human Skeleton and mtDNA Link Paleoamericans and Modern Native Americans. *Science* 344 (6185), pp. 750-754.
- Daniels-Higginbotham, J. et al. (2019) DNA Testing Reveals the Putative Identity of JB55, a 19th Century Vampire Buried in Griswold, Connecticut. *Genes* 10 (9), Article 636.
- Dillehay, T. D. et al. (2008) Monte Verde: Seaweed, Food, Medicine, and the Peopling of South America. *Science* 320 (5877), pp. 784-786.
- Dillehay, T. D. (2009) Probing deeper into first American studies. *PNAS* 106 (4), pp. 971-978.
- Dulik, M. C. et al. (2012) Y-chromosome analysis reveals genetic diver-

gence and new founding native lineages in Athapaskan- and Eskimoan-speaking populations. *PNAS* 109 (22), pp. 8471-8476.
- Fagundes, N. J. R. et al. (2008) Mitochondrial Population Genomics Supports a Single Pre-Clovis Origin with a Coastal Route for the Peopling of the Americas. *American Journal of Human Genetics* 82 (3), pp. 583-592.
- Fernandes, D. M. et al. (2021) A genetic history of the pre-contact Caribbean. *Nature* 590, pp. 103-110.
- Flegontov, P. et al. (2019) Palaeo-Eskimo genetic ancestry and the peopling of Chukotka and North America. *Nature* 570, pp. 236-240.
- Harris, D. N. et al. (2018) Evolutionary genomic dynamics of Peruvians before, during, and after the Inca Empire. *PNAS* 115 (28), pp. E6526-E6535.
- Jenkins, D. L. et al. (2012) Clovis Age Western Stemmed Projectile Points and Human Coprolites at the Paisley Caves. *Science* 337 (6091), pp. 223-228.
- Kitchen, A. et al. (2008) A Three-Stage Colonization Model for the Peopling of the Americas. *PLoS ONE* 3 (2).
- Lindo, J. et al. (2017) Ancient individuals from the North American Northwest Coast reveal 10,000 years of regional genetic continuity. *PNAS* 114 (16), pp. 4093-4098.
- Lindo, J. et al. (2018) The genetic prehistory of the Andean highlands 7000 years BP though European contact. *Science Advances* 4 (11).
- Llamas, B. et al. (2016) Ancient mitochondrial DNA provides high-resolution time scale of the peopling of the Americas. *Science Advances* 2 (4).
- Moreno-Mayar, J. V. et al. (2018) Early human dispersals within the Americas. *Science* 362 (6419).
- Moreno-Mayar, J. V. et al. (2018) Terminal Pleistocene Alaskan genome reveals first founding population of Native Americans. *Nature* 553, pp. 203-207.

- Nägele, K. et al. (2020) Genomic insights into the early peopling of the Caribbean. *Science* 369 (6502), pp. 456-460.
- Nakatsuka, N. et al. (2020) Ancient genomes in South Patagonia reveal population movements associated with technological shifts and geography. *Nature Communications* 11, Article 3868.
- Nakatsuka, N. et al. (2020) A Paleogenomic Reconstruction of the Deep Population History of the Andes. *Cell* 181 (5), pp. 1131-1145.
- Perego, U. A. et al. (2010) The initial peopling of the Americas: A growing number of founding mitochondrial genomes from Beringia. *Genome Research* 20, pp. 1174-1179.
- Posth, C. et al. (2018) Reconstructing the Deep Population History of Central and South America. *Cell* 175 (5), pp. 1185-1197.
- Raghavan, M. et al. (2014) Upper Palaeolithic Siberian genome reveals dual ancestry of Native Americans. *Nature* 505, pp. 87-91.
- Raghavan, M. et al. (2015) Genomic evidence for the Pleistocene and recent population history of Native Americans. *Science* 349 (6250).
- Rasmussen, M. et al. (2010) Ancient human genome sequence of an extinct Palaeo-Eskimo. *Nature* 463, pp. 757-762.
- Rasmussen, M. et al. (2014) The genome of a Late Pleistocene human from a Clovis burial site in western Montana. *Nature* 506, pp. 225-229.
- Rasmussen, M. et al. (2015) The ancestry and affiliations of Kennewick Man. *Nature* 523, pp. 455-458.
- Reich, D. et al. (2012) Reconstructing Native American population history. *Nature* 488, pp. 370-374.
- Scheib, C. L. et al. (2018) Ancient human parallel lineages within North America contributed to a coastal expansion. *Science* 360 (6392), pp. 1024-1027.
- Schroeder, H. et al. (2018) Origins and genetic legacies of the Caribbean Taino. *PNAS* 115 (10), pp. 2341-2346.
- Skoglund, P. et al. (2015) Genetic evidence for two founding popula-

tions of the Americas. *Nature* 525, pp. 104-108.
- Tamm, E. et al (2007) Beringian Standstill and Spread of Native American Founders. *PLoS ONE* 2 (9).
- Volodko, N. V. et al. (2008) Mitochondrial Genome Diversity in Arctic Siberians, with Particular Reference to the Evolutionary History of Beringia and Pleistocenic Peopling of the Americas. *American Journal of Human Genetics* 82 (5), pp. 1084-1100.
- Wang, S. et al. (2007) Genetic Variation and Population Structure in Native Americans. *PLoS Genetics* 3 (11).
- Willerslev, E. and Meltzer, D. J. (2021) Peopling of the Americas as inferred from ancient genomics. *Nature* 594, pp. 356-364.
- 인토 미치코 편(2013) 『인류의 이동지(人類の移動誌)』 린센서점.

종장

- 도쿠나가 가쓰시(2014) 「유전자·게놈으로 보는 인간의 다양성(遺伝子·ゲノムから見るヒトの多様性)」『학술 동향』 19권 7호, 일본학술협력재단, pp. 72-75.
- 나카사카 에미코 / 이케다 겐이치 편(2021) 『인간의 이동과 민족-월경하는 타자와 공생하는 사회를 향해(人の移動とエスニシティー越境する他者と共生する社会に向けて)』 아카시서점.

역자 후기

얼마 전까지 막연하게 이루어져 온 인류 진화 연구는 2006년 차세대 시퀀싱의 실용화로 핵 DNA 분석이 가능해짐에 따라 눈부신 발전을 거듭하고 있다. 뿐만 아니라 2022년 스반테 페보 박사의 노벨 생리의학상 수상으로 이 분야의 중요성이 다시 한번 세상에 널리 알려졌다.

저자는 이렇듯 최신 고대 DNA 연구로 새롭게 밝혀지거나 수정된 내용을 이 책에 담고 있다. 예를 들어 사피엔스와는 별개의 종으로 인식되던 네안데르탈인이 사실은 우리의 숨은 조상이라든가, 화석 계통 연구에서는 거의 무시되어온 다른 계통 인류와 장기간에 걸친 이종교배가 있었고, 그 영향이 호모 사피엔스의 유전자에도 남아 있다는 사실이 밝혀진 것이다.

그런데 논문 작성이 더 쉬웠을 저자는 왜 굳이 일반 독자 대상으로 출간까지 하는 수고를 했을까? 우리가 현재의 모습에 이른 것은 자연선택과 집단의 혼혈 등이 복잡하게 얽힌 결과이며, 이런 특징들을 세트로 가지게 된 것은 "우연"에 의한 것이라는 그의 말에 어쩌면 답이 있을지도 모르겠다. 학자로서의 지적 호기심을 넘어, 과학적으로 여지없이 밝혀진 현생인류의 성립 과정을 대중에게 널리 알림으로써 오만과 편견에서 비롯된 역사적 만행이 다시는 되풀이 되지 않기를 바라는 마음이 컸을 거라는 내 마음을 슬쩍 투영해 본다.

유럽인들의 아프리카·아메리카 정복과 노예화. 홀로코스트, 아르메니아 집단 학살. 지금도 지구 곳곳을 피로 물들이고 있는 우월주의와 선민의식. 우리는 모두 오랜 세월 돌연변이가 축적된 결과물일 뿐인데…. 우생학의 창시자 프랜시스 골턴, 우생학 신봉자 데이비드 스타 조던, 홀로코스트의 원흉 아돌프 히틀러의 사망으로부터 그리 오래 지나지 않은 1950년, 유네스코는 현재 지구상에 살고 있는 모든 사람은 '호모 사피엔스'라는 하나의 종임을 선언했다.

인간과 침팬지의 DNA가 98.8퍼센트 일치한다는 것은 유명한 얘기이고, 현생인류의 유전자 중 2~4퍼센트는 네안데르탈인에게서 물려받았다는 사실이 밝혀짐으로써 우리가 호모 사피엔스 단일종이 아님도 알게 되었다. 자료 검색 중에 최근에는 화석 없이 고인류의 흔적만 있는

흙에서 데니소바인과 네안데르탈인의 유전자를 채취하거나, 흙 속에 묻힌 상태의 고인류 화석을 스캔해 생김새를 파악하는 데 성공했다는 흥미로운 기사도 접했다. 이렇듯 그 이름이 주는 이미지와는 달리 고인류학은 눈부시게 진화하고 있었다.

동시에 유발 하라리의 예견처럼 호모 사피엔스의 시대가 종말을 맞이하고 머지않아 전혀 새로운 인류가 등장하게 되면 인류의 진화는 자연선택적 진화 파트와 인공 진화 파트로 나뉘어 기술될지도 모르겠다.

이 방대한 내용을 홀로 감당하기에는 역량이 한참 부족하여 번역 과정에서 여러 도서를 참고했다. 유럽이나 아프리카는 물론, 중국이나 일본에 비해서도 많이 뒤처진 한반도의 고인류 연구 현실을 목도하면서 슬쩍 자존심이 상하는 건 어쩔 수 없었다. 우리나라의 경제력에 비해 기초 학문에 대한 투자가 현저히 미미함을 다시 한번 체감한 가운데, 마지막으로 혹독한 현실에서도 사명감을 가지고 묵묵히 연구하고 후계 전공자를 키우고자 애쓰시는 학자들의 노고에 경의를 표한다.

김소연

인류의 기원
-고대 DNA가 말하는 호모 사피엔스의 '위대한 여행'-

초판 1쇄 인쇄 2025년 7월 10일
초판 1쇄 발행 2025년 7월 15일

저자 : 시노다 겐이치
번역 : 김소연

펴낸이 : 이동섭
편집 : 이민규
책임 편집 : 유연식
디자인 : 조세연
표지 디자인 : 공중정원
기획·편집 : 송정환, 박소진
영업·마케팅 : 조정훈, 김려홍
e-BOOK : 홍인표, 최정수, 김은혜, 정희철, 김유빈
라이츠 : 서찬웅, 서유림
관리 : 이윤미

㈜에이케이커뮤니케이션즈
등록 1996년 7월 9일(제302-1996-00026호)
주소 : 08513 서울특별시 금천구 디지털로 178, B동 1805호
TEL : 02-702-7963~5 FAX : 0303-3440-2024
http://www.amusementkorea.co.kr

ISBN 979-11-274-9145-1 04470
ISBN 979-11-7024-600-8 04080 (세트)

JINRUI NO KIGEN KODAI DNA GA KATARU HOMO SAPIENS NO "OINARU TABI"
by Kenichi Shinoda
copyright © Kenichi Shinoda, 2022
All rights reserved.
First published in Japan by CHUOKORON-SHINSHA, INC., Tokyo.

This Korean edition published
by arrangement with CHUOKORON-SHINSHA, INC., Tokyo
in care of Tuttle-Mori Agency, Inc., Tokyo.

이 책의 한국어판 저작권은 일본 CHUOKORON-SHINSHA와의 독점계약으로
㈜에이케이커뮤니케이션즈에 있습니다.
저작권법에 의해 한국 내에서 보호를 받는 저작물이므로 무단전재와 무단복제를 금합니다.

*잘못된 책은 구입한 곳에서 무료로 바꿔드립니다.

AK 인문 시리즈

001 이와나미 신서의 역사　가노 마사나오 지음 | 기미정 옮김
이와나미 신서의 사상·학문적 성과의 발자취

002 논문 잘 쓰는 법　시미즈 이쿠타로 지음 | 김수희 옮김
글의 시작과 전개, 마무리를 위한 실천적 조언

003 자유와 규율　이케다 기요시 지음 | 김수희 옮김
엄격한 규율 속에서 자유의 정신을 배양하는 영국의 교육

004 외국어 잘 하는 법　지노 에이이치 지음 | 김수희 옮김
외국어 습득을 위한 저자의 체험과 외국어 달인들의 지혜

005 일본병　가네코 마사루, 고다마 다쓰히코 지음 | 김준 옮김
일본의 사회·문화·정치적 쇠퇴, 일본병

006 강상중과 함께 읽는 나쓰메 소세키　강상중 지음 | 김수희 옮김
강상중의 탁월한 해석으로 나쓰메 소세키 작품 세계를 통찰

007 잉카의 세계를 알다　기무라 히데오, 다카노 준 지음 | 남지연 옮김
위대하고 신비로운 「잉카 제국」의 흔적

008 수학 공부법　도야마 히라쿠 지음 | 박미정 옮김
수학의 개념을 바로잡는 참신한 교육법

009 우주론 입문　사토 가쓰히코 지음 | 김효진 옮김
물리학과 천체 관측의 파란만장한 역사

010 우경화하는 일본 정치　나카노 고이치 지음 | 김수희 옮김
낱낱이 밝히는 일본 정치 우경화의 현주소

011 악이란 무엇인가　나카지마 요시미치 지음 | 박미정 옮김
선한 행위 속에 녹아든 악에 대한 철학적 고찰

012 포스트 자본주의　히로이 요시노리 지음 | 박제이 옮김
자본주의·사회주의·생태학이 교차하는 미래 사회상

013 인간 시황제　쓰루마 가즈유키 지음 | 김경호 옮김
기존의 폭군상이 아닌 한 인간으로서의 시황제를 조명

014 콤플렉스　가와이 하야오 지음 | 위정훈 옮김
탐험의 가능성으로 가득 찬 미답의 영역, 콤플렉스

015 배움이란 무엇인가　이마이 무쓰미 지음 | 김수희 옮김
인지과학의 성과를 바탕으로 알아보는 배움의 구조

016 프랑스 혁명　지즈카 다다미 지음 | 남지연 옮김
막대한 희생을 치른 프랑스 혁명의 빛과 어둠

017 철학을 사용하는 법　와시다 기요카즈 지음 | 김진희 옮김
'지성의 폐활량'을 기르기 위한 실천적 방법

018 르포 트럼프 왕국　가나리 류이치 지음 | 김진희 옮김
트럼프를 지지하는 사람들의 생생한 목소리

019 사이토 다카시의 교육력　사이토 다카시 지음 | 남지연 옮김
가르치는 사람의 교육력을 위한 창조적 교육의 원리

020 원전 프로파간다　혼마 류 지음 | 박제이 옮김
진실을 일깨우는 원전 프로파간다의 구조와 역사

021 허블　이에 마사노리 지음 | 김효진 옮김
허블의 영광과 좌절의 생애, 인간적인 면모를 조명

022 한자　시라카와 시즈카 지음 | 심경호 옮김
문자학적 성과를 바탕으로 보는 한자의 기원과 발달

023 지적 생산의 기술　우메사오 다다오 지음 | 김욱 옮김
지적인 정보 생산을 위한 여러 연구 비법의 정수

024 조세 피난처　시가 사쿠라 지음 | 김효진 옮김
조세 피난처의 실태를 둘러싼 어둠의 내막

025 고사성어를 알면 중국사가 보인다   이나미 리쓰코 지음 | 이동철, 박은희 옮김
중국사의 명장면 속에서 피어난 고사성어의 깊은 울림

026 수면장애와 우울증   시미즈 데쓰오 지음 | 김수희 옮김
우울증을 예방하기 위한 수면 개선과 숙면법

027 아이의 사회력   가도와키 아쓰시 지음 | 김수희 옮김
아이들의 행복한 성장을 위한 교육법

028 쑨원   후카마치 히데오 지음 | 박제이 옮김
독재 지향의 민주주의자이자 희대의 트릭스터 쑨원

029 중국사가 낳은 천재들   이나미 리쓰코 지음 | 이동철, 박은희 옮김
중국사를 빛낸 걸출한 재능과 독특한 캐릭터의 인물들

030 마르틴 루터   도쿠젠 요시카즈 지음 | 김진희 옮김
평생 성서의 '말'을 설파한 루터의 감동적인 여정

031 고민의 정체   가야마 리카 지음 | 김수희 옮김
고민을 고민으로 만들지 않을 방법에 대한 힌트

032 나쓰메 소세키 평전   도가와 신스케 지음 | 김수희 옮김
일본의 대문호 나쓰메 소세키의 일생

033 이슬람문화   이즈쓰 도시히코 지음 | 조영렬 옮김
이슬람 세계 구조를 지탱하는 종교·문화적 밑바탕

034 아인슈타인의 생각   사토 후미타카 지음 | 김효진 옮김
아인슈타인이 개척한 우주의 새로운 지식

035 음악의 기초   아쿠타가와 야스시 지음 | 김수희 옮김
음악을 더욱 깊게 즐기는 특별한 음악 입문서

036 우주와 별 이야기   하타나카 다케오 지음 | 김세원 옮김
거대한 우주 진화의 비밀과 신비한 아름다움

037 과학의 방법   나카야 우키치로 지음 | 김수희 옮김
과학의 본질을 꿰뚫어본 과학론의 명저

038 **교토** 하야시야 다쓰사부로 지음 | 김효진 옮김
일본 역사학자가 들려주는 진짜 교토 이야기

039 **다윈의 생애** 야스기 류이치 지음 | 박제이 옮김
위대한 과학자 다윈이 걸어온 인간적인 발전

040 **일본 과학기술 총력전** 야마모토 요시타카 지음 | 서의동 옮김
구로후네에서 후쿠시마 원전까지, 근대일본 150년 역사

041 **밥 딜런** 유아사 마나부 지음 | 김수희 옮김
시대를 노래했던 밥 딜런의 인생 이야기

042 **감자로 보는 세계사** 야마모토 노리오 지음 | 김효진 옮김
인류 역사와 문명에 기여해온 감자

043 **중국 5대 소설** 삼국지연의·서유기 편 이나미 리쓰코 지음 | 장원철 옮김
중국문학의 전문가가 안내하는 중국 고전소설의 매력

044 **99세 하루 한마디** 무노 다케지 지음 | 김진희 옮김
99세 저널리스트의 인생 통찰과 역사적 증언

045 **불교입문** 사이구사 미쓰요시 지음 | 이동철 옮김
불교 사상의 전개와 그 진정한 의미

046 **중국 5대 소설** 수호전·금병매·홍루몽 편 이나미 리쓰코 지음 | 장원철 옮김
「수호전」, 「금병매」, 「홍루몽」의 상호 불가분의 인과관계

047 **로마 산책** 가와시마 히데아키 지음 | 김효진 옮김
'영원의 도시' 로마의 거리마다 담긴 흥미로운 이야기

048 **카레로 보는 인도 문화** 가라시마 노보루 지음 | 김진희 옮김
인도 요리를 테마로 풀어내는 인도 문화론

049 **애덤 스미스** 다카시마 젠야 지음 | 김동환 옮김
애덤 스미스의 전모와 그가 추구한 사상의 본뜻

050 **프리덤, 어떻게 자유로 번역되었는가** 야나부 아키라 지음 | 김옥희 옮김
실증적인 자료로 알아보는 근대 서양 개념어의 번역사

051 농경은 어떻게 시작되었는가   나카오 사스케 지음 | 김효진 옮김
인간의 생활과 뗄 수 없는 재배 식물의 기원

052 말과 국가   다나카 가쓰히코 지음 | 김수희 옮김
국가의 사회와 정치가 언어 형성 과정에 미치는 영향

053 헤이세이平成) 일본의 잃어버린 30년   요시미 슌야 지음 | 서의동 옮김
헤이세이의 좌절을 보여주는 일본 최신 사정 설명서

054 미야모토 무사시   우오즈미 다카시 지음 | 김수희 옮김
『오륜서』를 중심으로 보는 미야모토 무사시의 삶의 궤적

055 만요슈 선집   사이토 모키치 지음 | 김수희 옮김
시대를 넘어 사랑받는 만요슈 걸작선

056 주자학과 양명학   시마다 겐지 지음 | 김석근 옮김
같으면서도 달랐던 주자학과 양명학의 역사적 역할

057 메이지 유신   다나카 아키라 지음 | 김정희 옮김
다양한 사료를 통해 분석하는 메이지 유신의 명과 암

058 쉽게 따라하는 행동경제학   오타케 후미오 지음 | 김동환 옮김
보다 좋은 행동을 이끌어내는 넛지의 설계법

059 독소전쟁   오키 다케시 지음 | 박삼헌 옮김
2차 세계대전의 향방을 결정지은 독소전쟁의 다양한 측면

060 문학이란 무엇인가   구와바라 다케오 지음 | 김수희 옮김
바람직한 문학의 모습과 향유 방법에 관한 명쾌한 해답

061 우키요에   오쿠보 준이치 지음 | 이연식 옮김
전 세계 화가들을 단숨에 매료시킨 우키요에의 모든 것

062 한무제   요시카와 고지로 지음 | 장원철 옮김
생동감 있는 표현과 핍진한 묘사로 되살려낸 무제의 시대

063 동시대 일본 소설을 만나러 가다   사이토 미나코 지음 | 김정희 옮김
문학의 시대 정신으로 알아보는 동시대 문학의 존재 의미

064 인도철학강의　아카마쓰 아키히코 지음 | 권서용 옮김
난해한 인도철학의 재미와 넓이를 향한 지적 자극

065 무한과 연속　도야마 히라쿠 지음 | 위정훈 옮김
현대수학을 복잡한 수식 없이 친절하게 설명하는 개념서

066 나쓰메 소세키, 문명을 논하다　미요시 유키오 지음 | 김수희 옮김
나쓰메 소세키의 신랄한 근대와 문명 비판론

067 미국 흑인의 역사　혼다 소조 지음 | 김효진 옮김
진정한 해방을 위해 고군분투해온 미국 흑인들의 발자취

068 소크라테스, 죽음으로 자신의 철학을 증명하다
　다나카 미치타로 지음 | 김지윤 옮김
철학자 소크라테스가 보여주는 철학적 삶에 대한 옹호

069 사상으로서의 근대경제학　모리시마 미치오 지음 | 이승무 옮김
20세기를 뜨겁게 달군 근대경제학을 쉽게 설명

070 사회과학 방법론　오쓰카 히사오 지음 | 김석근 옮김
여러 사회과학 주제의 이해를 돕고 사회과학의 나아갈 길을 제시

071 무가와 천황　이마타니 아키라 지음 | 이근우 옮김
무가 권력과 길항하며 천황제가 존속할 수 있었던 이유

072 혼자 하는 영어 공부　이마이 무쓰미 지음 | 김수희 옮김
인지과학 지식을 활용한 합리적인 영어 독학

073 도교 사상　가미쓰카 요시코 지음 | 장원철, 이동철 옮김
도교 원전을 통해 도교의 전체상을 파악

074 한일관계사　기미야 다다시 지음 | 이원덕 옮김
한일 교류의 역사를 통해 관계 개선을 모색

075 데이터로 읽는 세계경제　미야자키 이사무, 다야 데이조 지음 | 여인만 옮김
세계경제의 기본구조에 관한 주요 흐름과 현안의 핵심을 파악

076 동남아시아사　후루타 모토오 지음 | 장원철 옮김
교류사의 관점에서 살펴보는 동남아시아 역사의 정수

077 물리학이란 무엇인가 도모나가 신이치로 지음 | 장석봉, 유승을 옮김
현대문명을 쌓아올린 물리학 이야기를 흥미롭게 풀어낸 입문서

078 일본 사상사 스에키 후미히코 지음 | 김수희 옮김
일본의 역사적 흐름을 응시하며 그려나가는 일본 사상사의 청사진

079 민속학 입문 기쿠치 아키라 지음 | 김현욱 옮김
민속학의 방법론으로 지금, 여기의 삶을 분석

080 이바라기 노리코 선집 이바라기 노리코 지음 | 조영렬 옮김
한국 문학을 사랑했던 이바라기 노리코의 명시 모음

081 설탕으로 보는 세계사 가와키타 미노루 지음 | 김정희 옮김
설탕의 역사를 통해 들여다보는 세계사의 연결고리.

082 천하와 천조의 중국사 단조 히로시 지음 | 권용철 옮김
'천하'와 '천조'의 전모를 그려낸 웅대한 역사 이야기

083 스포츠로 보는 동아시아사 다카시마 고 지음 | 장원철, 이화진 옮김
동아시아 스포츠의 역사와 당시 정치적 양상의 밀접한 관계!

084 슈퍼파워 미국의 핵전력 와타나베 다카시 지음 | 김남은 옮김
미국 핵전력의 실제 운용 현황과 안고 있는 과제

085 영국사 강의 곤도 가즈히코 지음 | 김경원 옮김
섬세하고 역동적으로 그려내는 영국의 역사

086 책의 역사 다카미야 도시유키 지음 | 김수희 옮김
책을 사랑하고 지키려던 사람들과 함께해온 책의 역사

087 프랑스사 강의 시바타 미치오 지음 | 정애영 옮김
10개의 테마로 프랑스사의 독자성을 참신하게 그려낸 통사

088 일본 중세적 세계의 형성 이시모다 쇼 지음 | 김현경 옮김
고대에서 중세로 넘어가는 전환기 일본사의 큰 흐름

089 이슬람에서 바라보는 유럽 나이토 마사노리 지음 | 권용철 옮김
이슬람 세계의 눈을 통해 들여다보는 유럽 사회의 심층